普通高等教育“十二五”规划教材（高职高专教育）

数字化测图

主编　李　玲
编写　罗　娇　杜向科
　　　邱冬冬　王　焱
主审　黄国斌

中国电力出版社
CHINA ELECTRIC POWER PRESS

内 容 提 要

本书为普通高等教育“十二五”规划教材（高职高专教育）。全书共分九个单元，主要内容为数字测图概述、地形图制图基础知识、数字测图项目的技术设计、野外数据采集设备、数字测图外业、数字测图内业、地图扫描矢量化、数字测图成果质量检查验收、数字地形图的应用，附录配有数字化测图实训指导书和校内测图常用编码实例。本书与现阶段数字测图新技术、新软件、新应用相结合，引入最新的软硬件使用。全书在内容选取上贴近现场生产，突出从外业数据采集到内业机助制图整个流程中的软硬件的操作应用、质量控制及各种技术指标要求方面的内容。本书图文并茂，讲练结合，配合实例和案例分析等形式进行阐述。

本书可作为高职高专院校工程测量技术及相关专业的教材，也可供相关人员参考。

图书在版编目（CIP）数据

数字化测图/李玲主编. —北京：中国电力出版社，2014.12

普通高等教育“十二五”规划教材．高职高专教育

ISBN 978-7-5123-6734-0

Ⅰ．①数…　Ⅱ．①李…　Ⅲ．①数字化测图-高等职业教育-教材　Ⅳ．①P231.5

中国版本图书馆 CIP 数据核字（2014）第 256815 号

中国电力出版社出版、发行

（北京市东城区北京站西街 19 号　100005　http：//www.cepp.sgcc.com.cn）

航远印刷有限公司印刷

各地新华书店经售

*

2014 年 12 月第一版　2014 年 12 月北京第一次印刷

787 毫米×1092 毫米　16 开本　15.5 印张　374 千字

定价 **31.00** 元

前　言

"数字化测图"是工程测量技术及相关专业的一门实践性较强的专业课程，涉及内容广泛，技术多样，不仅包括多种现代测绘仪器、多种测图软件的综合应用，也是与数字测图相关的众多行业标准、规程的综合应用。因此，该课程具有较高的技术性和综合性，具备学科知识更新快、涉及知识面广、操作性强等特点。

本书在编写上注重基础理论与实践紧密结合，根据我国高职教育培养目标，针对高职高专学生的学习特点，以及各高职院校数字测图教学设备和软件的装备情况，在编写过程中本着通俗易懂、好用实用的原则；在内容选取上贴近现场生产，并引入多种我国现行测图规范与规程，突出从外业数据采集到内业机助制图整个流程中的软硬件的操作应用、质量控制及各种技术指标要求方面的内容。全书为避免出现专业教材晦涩难懂的现象，采用图文并茂、讲练结合、配合实例和案例分析等形式进行阐述。

在吸取我国同类数字测图教材优点的基础上，结合现阶段数字测图新技术、新软件、新应用的飞速发展，教材内容现势性强、知识全面，涉入最新的软硬件使用、新规定、新技术。重点培养学生对现代测绘仪器软件的操作技能、对测绘规范国标等文档的阅读理解能力，培养学生按规范要求独立测绘地形图与地籍图的综合应用能力，在理论和实践学习中使其逐步具备测绘工程师的基本素质，进而培养出实用型、技能型的专业人才。

本书由江苏建筑职业技术学院李玲担任主编，各单元编写人员及分工：浙江建设职业技术学院杜向科编写单元一；江苏建筑职业技术学院李玲编写单元二、三、4.1、6.3、6.5、6.6 节，单元八和附录，且与石家庄职业技术学院王焱共同编写 4.2 节；徐州勘察测绘研究院罗娇编写单元五、九；江苏建筑职业技术学院邱冬冬编写 6.1、6.2、6.4 和 7.1～7.4 节；石家庄职业技术学院王焱编写 7.5 节。全书由李玲统稿和定稿。

本书由江苏建筑职业技术学院黄国斌老师主审，在此表示衷心的感谢。

本书适用于高职高专院校工程测量技术专业及其他相关专业，也可作为从事测绘生产人士自学通用教材。教学中以安排 60 学时基本教学附加 3 周左右实训教学为宜。

本书在编写过程中，参阅了大量我国现行测图规范和大量文献，引用了同类书刊中的一些资料，引用了拓普康 GIS-3 系列全站仪说明书，南方测绘 CASS 地形地籍成图系统软件使用手册。在此，谨向有关作者和单位表示感谢。

限于编者水平，书中不妥之处恳请读者批评指正。

编　者

2014 年 8 月

目　录

单元一　数字测图概述

学习目标

了解数字测图的基本概念、相对于白板测图（又称白纸测图）技术的特点及其发展前景。掌握数字测图系统构成、数字测图输出产品的不同类别及其各自的特点。

1.1　数字测图的基本概念

随着电子技术和计算机技术日新月异的发展及其在测绘领域的广泛应用，20 世纪 80 年代产生了电子速测仪、电子数据终端，并逐步构成了野外数据采集系统，将其与内外业机助制图系统相结合，形成了一套从野外数据采集到内业制图全过程的、实现数字化和自动化的测量制图系统，人们通常称为数字化测图（简称数字测图）或机助成图。广义的数字测图主要包括全野外数字测图（或称地面数字测图、内外一体化测图）、地图数字化成图、摄影测量和遥感数字测图。

数字测图的基本思想，就是将采集的各种有关的地物和地貌信息以数字形式，通过数据接口传输给计算机进行处理，得到内容丰富的电子地图，需要时由电子计算机的图形输出设备绘出地形图或各种专题地图。

1.1.1　数字测图的特点

传统的大比例尺白纸测图目前已被数字测图所取代，这是因为数字测图具有诸多纸质图所不具有的特点。

1. 点位精度高

传统的经纬仪配合平板、量角器的图解测图方法（如在 1∶500 的地籍测量中测绘房屋要用皮尺或钢尺量距用坐标法展点），其地物点的平面位置误差主要受展绘误差和测定误差、测定地物点的视距误差和方向误差、地形图上地物点的刺点误差等影响。实际的图上误差可达±0.47mm。经纬仪视距法测定地形点高程时，即使在较平坦地区视距为 150m，地形点高程测定误差也达±0.06m。而且随着倾斜角的增大，高程测定误差会急剧增加。红外测距仪和电子速测仪普及后，虽然测距和测角的精度大大提高，但是沿用白纸测图方法绘制的地形图却体现不出仪器精度的提高。也就是说，无论怎样提高测距和测角的精度，图解地形图的精度却变化不大，浪费了应有的精度。这就是白纸测图致命的弱点。数字测图则不同，测定地物点的误差在距离 450m 内约为±22mm，测定地形点的高程误差在 450m 内约为±21mm。若距离在 300m 以内，测定地物点误差约为±15mm，测定地形点高差约为±18mm。电子速测仪的测量数据作为电子信息可以自动传输、记录、存储、处理和成图，在全过程中原始数据的精度毫无损失，从而获得高精度（与仪器测量同精度）的测量成果。数字地形图最好地反映了外业测量的高精度，也最好地体现了仪器发展更新、精度提高等高科技进步的价值。

2. 测图用图自动化

传统的测图方式主要是通过手工操作，外业人工记录、人工绘制地形图，并且在图上人工量算坐标、距离和面积等。数字测图野外测量自动记录，自动解算，使内业数据自动处理、自动成图、自动绘图，并向用图者提供可处理的数字图，用户可自动提取各种数据信息；使其作业效率高，劳动强度小，错误几率小，绘制的地形图精确、美观、规范。

3. 便于图件成果的更新

城镇的发展加速了城镇建筑物和结构的变化，采用地面数字测图能克服大比例尺白纸测图连续更新的困难。数字测图的成果是以点的定位信息和绘图信息存入计算机，实地房屋的改建扩建、变更地籍或房产时，只需输入变化信息的坐标、代码，经过数据处理就能方便地做到更新和修改，始终保持图面整体的可靠性和现势性，数字测图可谓“一劳永逸”。

4. 避免因图纸伸缩带来的各种误差

表示在图纸上的地图信息随着时间的推移，图纸容易产生变形而出现误差。数字测图的成果以数字信息保存，能够使测图用图的精度保持一致，精度无一点损失，避免了对图纸的依赖性。

5. 能以各种形式输出成果

计算机与显示器、打印机联机时，可以显示或打印各种需要的资料信息。与绘图仪联机可以绘制出各种比例尺的地形图、专题图，以满足不同用户的需要。

6. 成果的深加工利用

数字测图分层存放，可使地面信息无限存放，不受图面负载量的限制，从而便于成果的深加工利用，拓宽测绘工作的服务面，开拓市场。例如，CASS 软件总共定义 28 个层（用户可根据需要定义新层）。房屋、电力线、铁路、植被、道路、水系、地貌等均存于不同的图层中，通过关闭层、打开层等操作来提取相关信息，便可方便地得到所需的测区内各类专题图、综合图，如路网图、电网图、管线图、地形图等。又如，在数字地图的基础上，可以综合相关内容补充加工成不同用户所需要的城市规划用图、城市建设用图、房地产图，以及各种管理的用图和工程用图。

7. 作为 GIS 的信息源

地理信息系统（GIS）具有方便的信息查询检索功能、空间分析功能及辅助决策功能，在国民经济、办公自动化及人们日常生活中都有广泛的应用。然而，要建立一个 GIS，花在数据采集上的时间和精力约占整个工作的 80%。GIS 要发挥辅助决策的功能，需要现势性强的地理信息资料。数字测图能提供现势性强的地理基础信息。经过一定的格式转换，其成果即可直接进入 GIS 的数据库，并更新现势的数据库。

1.1.2 数字地图产品 4D 介绍

测绘行业最常用的 4D 地图产品指的是 DEM 、DOM 、DLG 、DRG 四种数字地图，4D 产品常用于摄影测量中。数字测图的数字地形图产品就是一种 DLG 。

数字高程模型（ Digital Elevation Model，DEM）是在高斯投影平面上规则格网点平面坐标（X，Y）及其高程（Z）的数据集。该数据集从数学上描述了一定区域地貌形态的空间分布。DEM 的水平间距可随地貌类型不同而改变，根据不同的高程精度，可分为不同等级产品。

数字正射影图像（Digital Orthophoto Map，DOM）是利用数字高程模型对扫描处理的数字化的航空相片/遥感相片（单片/彩色），经逐像元进行纠正，再按影像镶嵌，根据图幅范围裁剪生成的影像数据，一般带有千米格网、图廓内/外整饰和注记的平面图。

数字线划地图（Digital Line Graphic，DLG）是包含核心地形要素（包括居民地、交通、水系、独立地物、管线、境界等）的矢量数据集，它对各类要素进行分层分类存储并保存了各要素间的空间关系和相关属性信息。

数字栅格地图（Digital Raster Graphic，DRG）是纸质地形图的数字化产品。每幅图经扫描、纠正、图幅处理及数据压缩处理后，形成在内容、几何精度和色彩上与地形图保持一致的栅格文件。

4D产品是GIS重要的数据源。

1.2　数字测图系统构成

1.2.1　数字测图系统介绍

数字测图系统是以计算机为核心，在外连输入、输出设备硬件和软件的支持下，对地形空间数据进行采集、输入、成图、处理、绘图、输出、管理的测绘系统。数字测图系统主要由数据输入、数据处理和数据输出三部分组成，如图1-1所示。

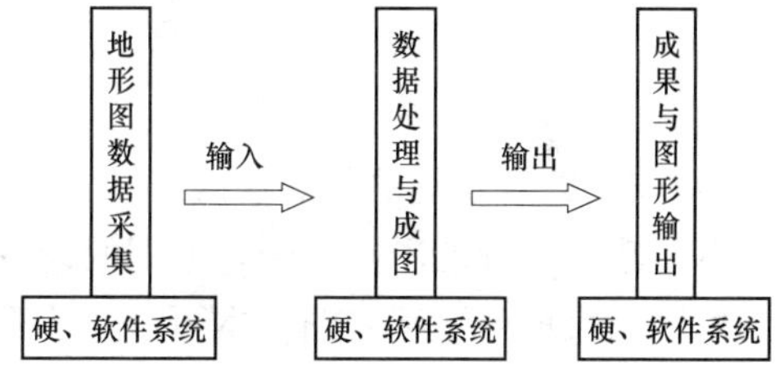

图1-1　数字测图系统概念框图

目前，大多数数字化测图系统内容丰富，具有多种数据采集方法和多种功能，应用广泛。一个优秀的数字测图系统结构如图1-2所示。

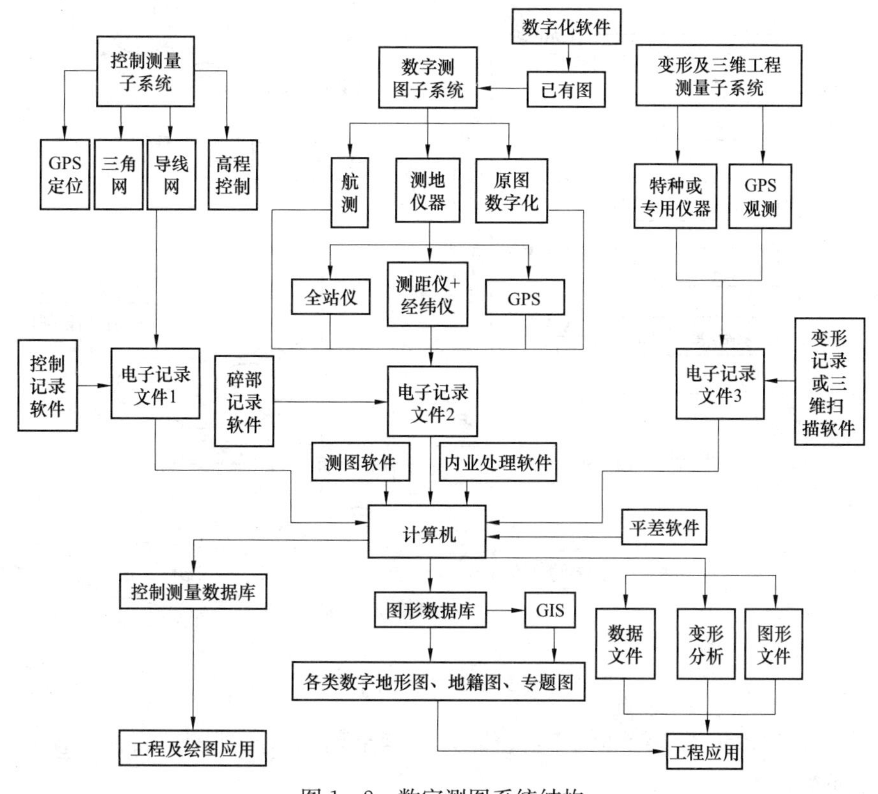

图1-2　数字测图系统结构

数字测图系统所需硬件的基本配置及其连接方式如图1-3所示。大比例尺数字测图系统软件包括地形地籍测图系统、地下管线测图系统、房地产测量管理系统与城市规划成图管理系统等。

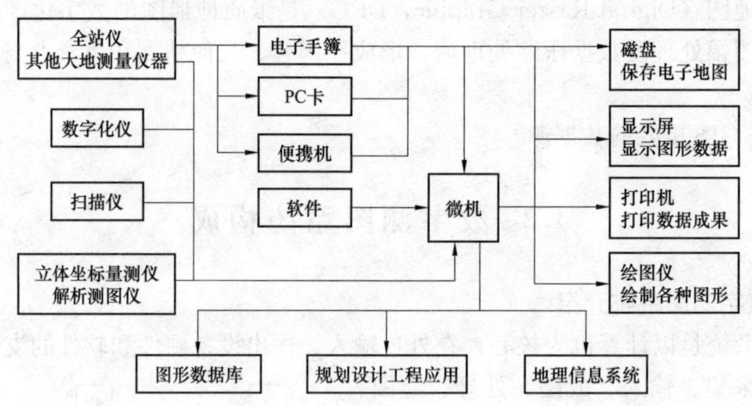

图1-3 数字测图系统所需硬件的基本配置及其连接方式

1.2.2 数字测图的作业模式

由于软件设计的思路不同，使用的设备不同，数字测图有不同的作业模式（见图1-4），现代大比例尺地面数字测图基本可区分为数字测记模式和电子平板测绘模式。

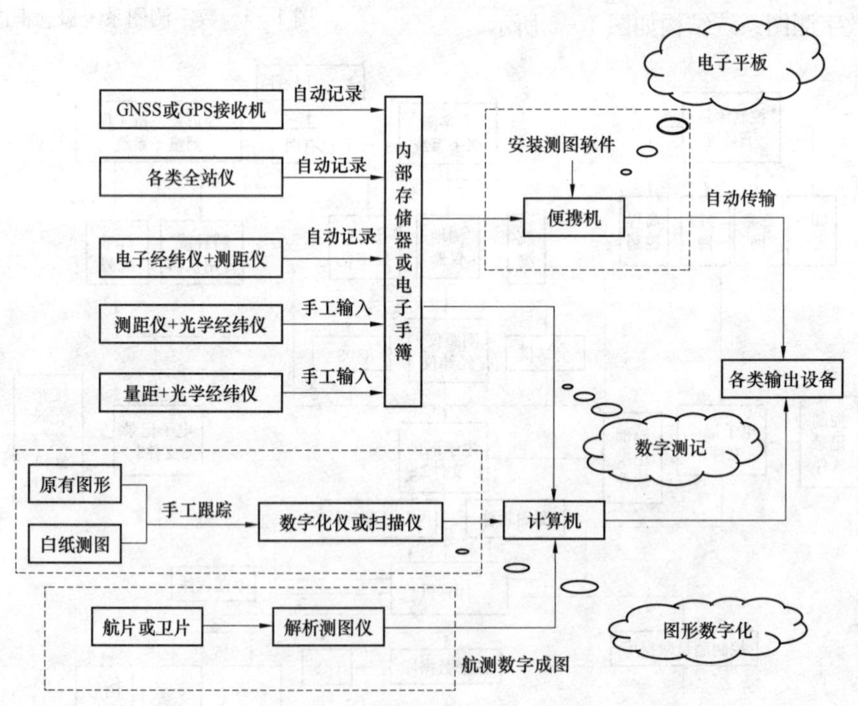

图1-4 数字测图不同作业模式

图1-4中，量距＋光学经纬仪作业模式是我国早期数字测图的主要作业模式。该方法现在我国已基本淘汰。

测距仪＋光学经纬仪作业模式是先用平板测图方法测出白纸图，然后在室内用数字化仪将白纸图转为数字地图。白纸测图方法现在已经逐步淘汰，数字化仪在20世纪90年代还有使用，2000年后基本不太使用，许多测绘机构和部门已经将其闲置起来。

测距仪＋电子经纬仪作业模式适合暂时还没有条件购买全站仪的用户，它采用手工键入观测数据到电子手簿，再传送到计算机，利用机助制图软件成图。

航片解析作业模式的基本方法是用解析测图仪或经过改造的立体坐标量测仪量测像片点的坐标，并将量测结果传送到计算机，形成数字化测图软件能支持的数据文件。

全站仪作业模式是测记式，该模式使用电子手簿自动记录观测数据，作业自动化程度较高，可以提高作业工作的效率。采用这种作业模式时的主要问题是地物属性和连接关系的采集。

电子平板仪作业模式将现代化通信手段与电子平板结合起来，有持便携式电脑的作业员在跑点现场指挥立镜员跑点，并发出指令遥控驱动全站仪观测，观测结果通过无线传输到便携机，并在屏幕上自动展点。

GPS或GNSS作业模式与全站仪一样，也可分为测记模式或电子平板测绘模式两种，只是采集坐标数据的方式不一样，一个是空对地测点，一个是地对地测点。

1.3　数字测图的发展与展望

1.3.1　数字测图的发展

数字测图首先是由机助地图制图开始的。机助地图制图技术酝酿于20世纪50年代。到70年代末和80年代初自动制图主要包括数字化仪、扫描仪、计算机及显示系统四部分，数字化仪数字化成图成为主要的自动成图方法。20世纪50年代末，航空摄影测量都是使用立体测图仪及机械连动坐标绘图仪，采用模拟法测图原理，利用航测像对测绘出线划地形图。到60年代就有了解析测图仪。80年代末、90年代初，又出现了全数字摄影测量系统。大比例尺地面数字测图，是20世纪70年代在轻小型、自动化、多功能的电子速测仪问世后，在机助制图系统的基础上发展起来的。

我国大比例尺数字测图系统的发展历程可以分为四个阶段：

(1) 20世纪80年代初到1987年为第一阶段，主要是引进外国大比例尺测图系统的应用与开发及研究阶段。该阶段我国研制的数字测图的代表作是北京市测绘院研制的“DGJ大比例尺工程图机助成图系统”。

(2) 1988～1991年为第二阶段，这一阶段研制成功了数十套大比例尺数字测图系统，并都在生产中得到应用。

(3) 1991～1997年为总结、优化和应用推广阶段，提出了一些新的数字测图方法。

(4) 1997年后为数字测图技术全面成熟阶段，数字测图系统成为GIS（地理信息系统）的一个子系统。我国测绘事业开始进入数字测图时代。

1.3.2　数字测图的展望

随着科学技术水平的不断提高和地理信息系统（GIS）的不断发展，全野外数字测图技术将在以下方面得到较快发展。

1. 无线传输技术的应用使得以镜站为中心成为可能

无线数据传输技术应用于全野外数字测图作业中，将使作业效率和成图质量得到进一步提高。目前生产中采用的各种测图方法，所采集的碎部点数据要么储存在全站仪的内存中，要么通过电缆输入电子平板（笔记本电脑）或 PDA 电子手簿，由于不能实现现场实时连线构图，因此必然影响作业效率和成图质量。即使采用电子平板（笔记本电脑）作业，也由于在测站上难以全面看清所测碎部点之间的关系而降低作业效率和质量。为了很好地解决上述问题，可以引入无线数据传输技术，即实现 PDA 与测站分离，确保测点连线的实时完成，并保证连线的正确无误，具体方法如下：在全站仪的数据端口安装无线数据发射装置，它能够将全站仪观测的数据实时地发射出去；开发一套适用于 PDA 手簿的数字测图系统并在 PDA 上安装无线数据接收装置。作业时，PDA 操作者与立镜者同行（简单测区立镜者可同时操作 PDA），每测完一个点，全站仪的发射装置马上将观测数据发射出去，并被 PDA 所接收，测点的位置即会在 PDA 的屏幕上显示出来，操作者根据测点的关系完成现场连线构图，这样就不会因为辨不清测点之间的相互关系而产生连线错误，也不必绘制观测草图进行内业处理，从而实现作业效率和质量的双重提高。

2. 全站仪与 GPS-RTK 技术相结合

全野外数字测图技术的另一发展趋势是 GPS-RTK 技术与全站仪相结合的作业模式。GPS 具有定位精度高、作业效率快、不需点间通视等突出优点。实时动态定位技术（RTK）更使测定一个点的时间缩短为几秒钟，而定位精度可达厘米级，作业效率与全站仪采集数据相比可提高 1 倍以上。但是在建筑物密集地区，由于障碍物的遮挡，容易造成卫星失锁现象，使 RTK 作业模式失效，此时可采用全站仪作为补充。所谓 RTK 与全站仪联合作业模式，是指测图作业时，对于开阔地区及便于 RTK 定位作业的地物（如道路、河流、地下管线检修井等）采用 RTK 技术进行数据采集，对于隐蔽地区及不便于 RTK 定位的地物（如电杆、楼房角等），则利用 RTK 快速建立图根点，用全站仪进行碎部点的数据采集。这样既免去了常规的图根导线测量工作，同时也有效地控制了误差的积累，提高了全站仪测定碎部点的精度。最后将两种仪器采集的数据整合，形成完整的地形图数据文件，在相应软件的支持下，完成地形图（地籍图、管线图等）的编辑整饰工作，该作业模式的最大特点是在保证作业精度的前提下，可以极大地提高作业效率。可以预见，GPS 的普及、硬件价格的进一步降低和软件功能的不断完善，GPS 与全站仪相结合的数字测图作业模式将会得到迅速发展。

3. 数字测图系统的高度集成化是必然趋势

发展创造需求，需求指引发展，大比例尺数字测图的美好未来是测图系统的集成化。GPS 和全站仪相结合的新型全站仪已被用于多种测量工作，掌上电脑和全站仪的结合或者全站仪自身的功能不断完善，如果全站仪的无反射镜测量技术进一步发展，精度达到测量标准要求，那么测量工作只需携带一台新型全站仪和一个三脚架，而操作员也只需一人。展望未来，随着科技的进一步发展，将来的大比例尺测图系统可能没有全站仪和三脚架，只需要在操作员的工作帽上安装信号接收器及激光发射和接收器，用于测距和侧角，眼前搭小巧的照准镜，手中拿着带握柄的掌上电脑处理数据、显示图形，腰上别着的无线数据传输器则将测得的数据实时传送回测量中心，测量中心则收集各个测区的测量数据，生成整体大比例尺地形数据库。这就是大比例尺数字测图的美好明天。

我国从20世纪80年代初开始了数字测图技术的研究、开发、试用和不断完善，已涌现出一些比较好的和优秀的数字测图系统及其产品，数字测图技术正趋于成熟，成为地形测绘的主流，它是反映测绘技术现代化水平的标志之一。

1.4 本课程的学习要求

要学好数字测图，必须重视理论联系实际的学习方法。在学习过程中，除在课堂上认真学习理论知识外，还要参加与理论教学对应的实习课。在掌握课堂讲授内容的同时，认真完成每一次实验课的实习内容，以巩固和验证所学理论；课后要求按思考题与习题的内容加深对基本概念和理论的理解，要自始至终完成各项学习任务。

在本课程的学习过程中，应注重实际操作能力的培养，教学实习是巩固和深化课堂所学知识的一个系统的实践环节，是理论知识和实验技能的综合运用。因此，掌握数字测图的基本理论、基本知识、基本技能，建立地形数据的采集、数据处理和成图、成果和图形输出的完整概念是非常必要的。

在完成课堂理论和实验环节教学后，必须加强本课程综合应用能力的培养，在指导教师的组织安排下，按生产现场的作业要求参加生产性实习，将大比例尺数字测图中的地形数据的采集、数据处理和成图、成果和图形输出等环节的操作过程衔接起来，掌握每一个环节下的作业方法和步骤，完成大比例尺数字测图作业全过程，通过理论联系实际的综合训练，培养分析问题和解决问题的能力及实际动手能力，为今后从事测绘工作打下良好基础。

习 题

1. 数字测图的概念是什么？
2. 数字测图有哪些特点？
3. 简述数字测图系统的概念、分类及其组成。
4. 列举数字测图系统主要的软件与硬件。
5. 数字地图的获取方法有哪些？
6. 数字测图的模式有哪些？

单元二　地形图制图基础知识

学习目标

了解地形图基础知识，具有地形图识读及正确应用的能力；能够正确使用地形图符号及注记；掌握国家基本比例尺地形图和基础测绘相关规定；学习国家测绘规定标准，GB/T 13989—2012《国家基本比例尺地形图分幅和编号》和 GB/T 20257.1—2007《国家基本比例尺地图图式　第 1 部分：1∶500　1∶1000　1∶2000 地形图图式》；掌握地形图分幅和编号、各类地物在地形图上的表示方法，掌握地貌在地形图上的表示、文字注记的表示方法、图廓整饰等制图基础知识。

2.1 地图与地形图

2.1.1　地图与地形图概念

人们生活在地球上并与地球表面处处发生联系：一种古老而有效并一直沿用至今的精确表达地表现象的方式是地图。地图对人类社会发展的作用如同语言和文字对社会发展的作用，具有不言而喻的重要性。地图是记录和传达关于自然世界、社会和人文的位置与空间特性信息最卓越的工具。

地图（map）是按一定的数学法则，使用符号系统、文字注记，以图解、数字或触觉的形式表示自然地理、人文地理各种要素的载体。地图具有三个基本特性：数学法则性、制图综合性和内容符号性。

早期地图用半符号、半写景的方法来表示地形，通过绘画手段实现在各种二维介质平面上对实际的三维地形表面的表示和描述。现代地图按照一定的数学法则，运用符号系统概括地将地面上各种自然和社会现象表示在平面上。

普通地图是指以相对平衡的详细程度来表达地图上的各种基本要素，按内容的概括程度可进一步划分为地形图和地理图。地形图一般比例尺较大，内容详细。地理图的内容概括程度较高，比例尺相对较小，具有一览图的性质。

测绘工作者在对地形起伏进行着各种测量工作的同时，往往习惯用地形图来描述和表达实际地表现象。地形图（Topographic Map）是一种详细表示地表上居民地、道路、水系、境界、土质、植被等基本地理要素，且用高程注记和等高线来表示地面起伏，按统一规范生产的正射投影地图（见图 2-1）。

用地形图来描述地表现状是比较全面的，它的应用范围较广。地形图对地物的定位精度要求较高，有统一的分幅编号和坐标系统，并对内容、分类与编码等多方面有着严格的要求，可以为国家土地、房产、城市规划等政府部门提供权威的数据资料；同时，也为城市其他行业，如交通、环境保护、公安、消防、市政、电力、电信、财政、金融、税务、商业、旅游和医疗等提供地表各类数据的支持和服务。

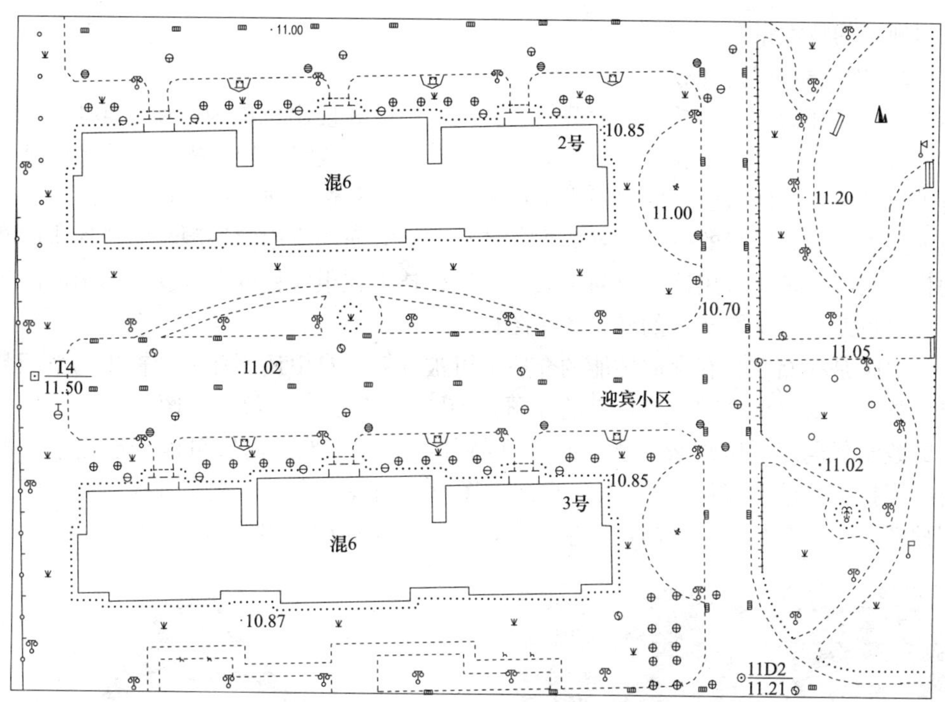

图 2-1　城市居民地地形图

以普通地图为底图，着重表示自然地理和社会经济各要素中的一种或几种，反映主要要素的空间分布规律、历史演变和发展变化等的地图，称为专题地图。专题地图的种类繁多，按不同用途可分为许多种，如交通图、规划图、湖泊变迁图、作物分布图、土地利用图、政区图等。

此外，还有为满足各种行业特殊用图需求的地图，如平面图（p1an），是一种只表示小范围内的某类或多类地物要素及其平面位置而不表示起伏形态的地图，比较适用于大比例尺工程类的用图，如建筑平面图。

测绘用图中还有一种常见的地籍图（Cadastral Map），它是一种专门描述土地及其附着物的位置、权属、数量和质量的地图。在地籍图上除地物、地貌、植被符号与地形图的表示方法基本相同外，还有地形图上所没的地籍内容，如地籍街道、街坊界线、界址点、界址线、地籍号、土地用途、宗地（地块）面积、土地使用者或所有者及土地等级等。同时，在地物表示的侧重点上地籍图和地形图也有所不同。地籍图中界址线上界标物一律按实际情况真实表示，而地形图中一般不需表示。地形图一、二类方位物，如道路交叉口、水塔、烟囱、各种独立地物的位置应准确表示；地籍图中则将其作为次要地物，可用比其他地籍要素较低的精度加以表示。

地籍图的比例尺按照 TD/T 1001—2012《地籍调查规程》规定，一般为 1∶500、1∶1000、1∶2000，主要是描述城镇和村庄内部用地情况的调查现状，图上反映的权属单位小到几平方米，大到几平方千米，确定的权属单位界线要达到几厘米的精度。

在高程精度要求上，地籍图上一般在地面起伏较大时，适当加测等高线，而等高线的高程精度要求并非如地形图上那样严格，精度比地形图上高程精度要求低。因为地形图与地籍图在地籍要素精度上的差异，所以不能用同比例尺的地形图简单地修测成地籍图，否则难以达到规程规定的技术指标。

2.1.2 地图表达与存储形式

传统地图保存的方式是纸张，承载信息有限，更新和使用也极为不便。20世纪中叶后，随着计算机科学、现代数学和计算机图形学等发展，各种数字的地形表达方式也得到迅猛发展。电子计算机为自然科学的发展提供了进行严密计算和快速演绎的工具。使用计算机和计算机技术是当今信息时代的一个重要标志，其在测绘方面的应用使得测绘学科逐步向数字化与自动化、实时处理与多用途的方向发展。计算机技术在很大程度上改变了地图制图的生产方式，同时也改变着地图产品的样式和用图概念。

数字地图是存储在具有存取性能的介质上可被计算机自由调用和显示输出的空间数据集合，是以数字形式存储全部地形信息的地图，如图2-2所示。数字地图是以一定的计算机可识别的数学代码来反映地表各类地理属性特征的。数字地图内容可以分层显示，形式多样，可以模拟三维地形（见图2-3），也能把图形、图像、声音、文字合成一起，相对于传统纸张地图而言，它具有精度高，容量巨大，更新、保存和使用便利等优势。

图2-2 1∶2000数字正射影像图

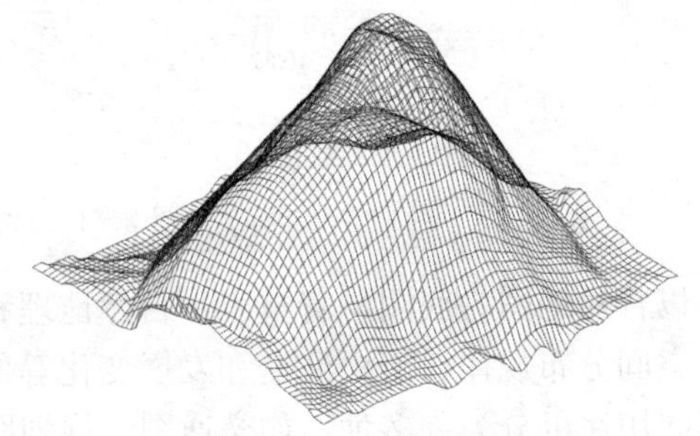

图2-3 数字地形三维模拟图

数字地图中图形要素按照数据获取和成图方法的不同，可区分为矢量数据和栅格数据两种数据格式。

矢量数据是图形的离散点坐标（*X*，*Y*）的有序集合。由野外采集的数据、解析测图仪获得的数据和手扶跟踪数字化仪采集的数据就是矢量数据；矢量数据结构是人们最熟悉的图形表达形式，从测定地形特征点位置到线划地形图中各类地物的表示及设计用图，都是利用矢量数据。计算机辅助设计（CAD）、图形处理及网络分析，也都是利用矢量数据和矢量算法。由计算机控制输出的矢量图形不仅光滑美观，而且更新方便，应用非常广泛。

由扫描仪和遥感摄影手段获得的数据是栅格数据。例如，普通像片、卫星和航空摄影生成的影像图片，逐步放大后其图像边缘呈现锯齿状的规则格网状，放大后打印输出呈现模糊状，不太美观。栅格数据是图形像元值按矩阵形式的集合，对应的图形表示法如图2-4所示。

随着图形文件的增大，矢量数据和栅格数据两者的数据容量会相差较大。据估计，一幅1∶1000一般密度的平面图只有几千个点的坐标对，一幅1∶10 000的地形图矢量数据多则可达几十万，甚至上百万个点的坐标对。矢量数据量与比例尺、地物密度有关。而一幅地形图（50cm×50cm）的栅格数据，随栅格单元（像元）的边长（一般小于0.2mm）的不同而不同，通常达上亿个像元点。因此，一幅地图图形的栅格数据量一般情况下比矢量数据量大

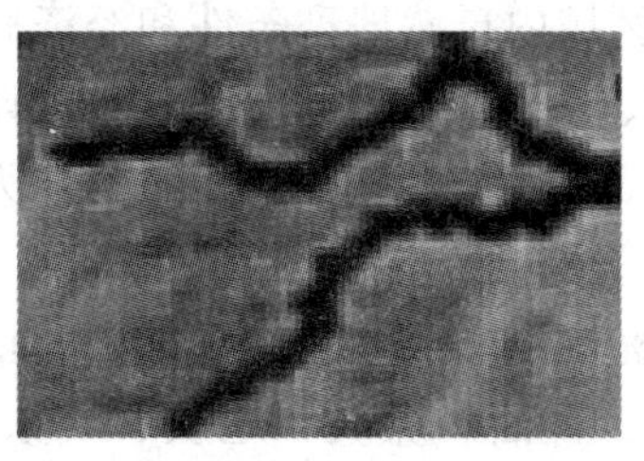
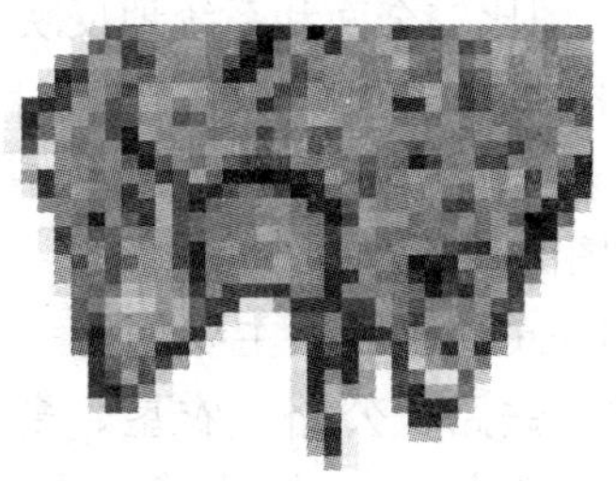

图 2-4　数字栅格图

得多。

2.2　地形图分幅与编号

2.2.1　国家基本地形图

地形是指各种地物和地貌的总称。其中地物是指地球表面的固定物体、边界线或特征点；在地形图上一般将地物分解为点、线、面三种基本图形要素，其中点是最基本的图形要素，可用来表示独立地物、控制点位等地物；一组有序的点可连成线，可用来表示河流、道路、管线等线状地物；而线可以围成面，可表示居民地、林地、花圃等面状类地物。但要准确地表示地图图形上点、线、面的具体内容，还要借助一些特殊符号、文字或数字注记。独立地物可以由定位点及其符号表示，线状地物、面状地物由各种线划、符号或注记表示。

地貌则是指地球表面各种高低起伏的形态，一般用等高线和高程注记散点来表示。

地形图根据范围大小和描述的详尽程度可以分为不同的比例尺，常见的地形图分为大、中、小三种类别。

(1) 大比例尺。1∶500、1∶1000、1∶2000、1∶5000 一般为城建、工程建设用图，主要采用外业实测或航测手段绘制而成。

(2) 中比例尺。1∶1 万、1∶2.5 万、1∶5 万为使用航测测绘的国家基本图。

(3) 小比例尺。1∶10 万、1∶25 万（1∶20 万）、1∶50 万、1∶100 万一般由大中比例尺图编绘而成。

每个国家或地区都会根据各自区域的状况，确定其编制基本地形图的各项指标或规则，主要包括数学基础、比例尺系列、分幅编号、编制方法等。国家基本比例尺地图系列是指按照国家规定的测图、编图技术标准及图式和比例尺系统测量或编制的若干特定规格的地图系列。

我国将 1∶5000、1∶1 万、1∶2.5 万、1∶5 万、1∶10 万、1∶25 万、1∶50 万、1∶100 万八种比例尺的地形图规定为国家基本比例尺地形图。我国国家基本比例尺地形图测制现已覆盖中国全境。

1∶100 万与 1∶50 万地形图，精度稍低，综合程度大，概括地表示了区域的地理特征和社会经济状况，称为“一览图”，是国家各部门共同需要的基本地理信息和地形要素的平台，可以作为国家、省总体规划和全国性的各种专题图的底图。军事上，用作战略规划和编绘军事态势图；也可作为更小比例尺普通地图的基本资料和专题地图的地理底图。

1∶25万地形图比较全面和系统地反映了区域内自然地理条件和经济概况，主要供各部门在较大范围内作总体的区域规划、查勘计划、资源开发利用与自然地理调查，也可供国防建设使用，军事上可作为高级司令部组织战役、战略计划时用图；也可作为编制更小比例尺地形图或专题地图的基础资料。

1∶10万、1∶5万地形图主要用于一定范围内较详细研究和评价地形，供工业、农业、林业、水利、铁路、公路、农垦、畜牧、石油、煤炭、地质、气象、地震、环境保护、文化、卫生、教育、体育、民航、医药、海关、税务、考古、土地等国民经济各部门勘察、规划、设计、科学研究、教学等使用；也是军队的战术用图，供军队现地勘察、训练、图上作业、编写兵要、国防工程的规划和设计等军事活动使用；同时也是编写更小比例尺地形图或专题图的基础资料。1∶5万地形图是我国国民经济各部门和国防建设的基本用图。

1∶2.5万地形图主要用于较小范围内详细研究和评价地形，供城市、乡镇、农村、矿山建设的规划、设计，林斑调查，地籍调查，大比例尺的地质测量和普查，水电等工程的勘察、规划、设计，科学研究，国防建设等使用，以及可作为编制更小比例尺地形图或专题地图的基础资料。

1∶1万、1∶5000地形图用于小范围内详细研究和评价地形，供城市、乡镇、农村、矿山建设的规划、设计，林斑调查，地籍调查等使用，是各部门进行规划、设计、科学研究的基本用图，也可作为编制其他图种的地理地图的参照用图。

除了以上几种国家基本比例尺地形图外，我国还规定有1∶500、1∶1000、1∶2000三种基本大比例尺地形图，主要用于小范围内精确研究、评价地形。可供勘察、规划、设计和施工等工作使用。大比例尺地形图描述的地表信息更加详尽，主要是外业近地面实测所绘，在城镇建设中使用得最为广泛。

2.2.2 地形图分幅和编号

地形图按照比例尺大小和所示图区范围大小分为梯形分幅和矩形分幅两种。

梯形分幅：一般用于中小比例尺地形图，按经纬线划分，用于国家基本比例尺地图。

矩形分幅：按平面直角坐标划分，主要用于大比例尺地形图、平面图。

1. 梯形分幅和编号

(1) 20世纪90年代以前采用的旧编号方法。

1) 1∶100万地形图。采用正轴等角圆锥投影，编绘方法成图，分幅、编号采用国际1∶100万地图分幅标准。从赤道开始，纬度每4°为一列，依次用拉丁字母A，B，C，…，V表示（20世纪70年代曾一度用阿拉伯数字1，2，3，…表示）；列号前冠以N或S，以区别北半球和南半球（我国地处北半球，图号前的N全部省略）；从180°经线算起，自西向东每6°为一纵行，将全球分为60纵行，依次用1，2，3，…，60表示。“列号—行号”相结合，即为该图的1∶100万地形图，如徐州地区1∶100万分幅编号为I-50，北京地区为J-50，中央经线都为117°。

全球1∶100万地图国际分幅标准如图2-5所示，中国1∶100万数字地图国际版覆盖范围及分区如图2-6所示。

一幅1∶100万地图涵盖的面积大小根据其所在纬度不同而有大有小，理论面积可以根据表2-1推算得到。

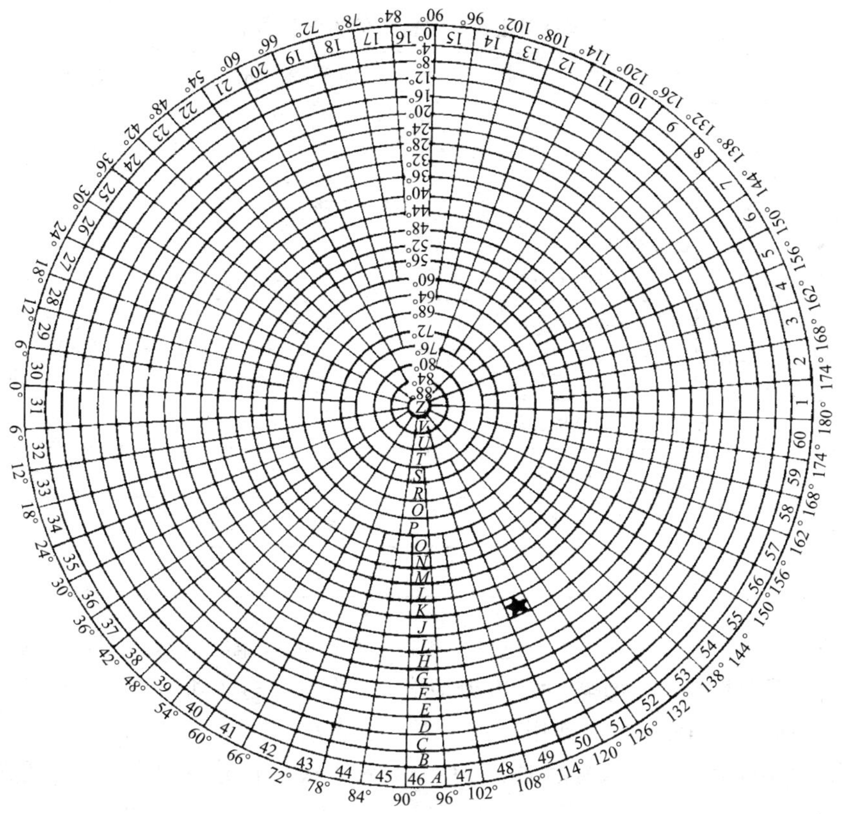

图 2－5　全球 1∶100 万地图国际分幅标准

	E72–E78	E78–E84	E84–E90	E90–E96	E96–E102	E102–E108	E108–E114	E114–E120	E120–E126	E126–E132	E132–E138
									N51	N52	
N44–N48			M45					M50	M51	M52	M53
N44		L44	L45	L46			L49	L50	L51	L52	L53
N40	K43	K44	K45	K46	K47	K48	K49	K50	K51	K52	
N36	J43	J44	J45	J46	J47	J48	J49	J50	J51		
N32	I43	I44	I45	I46	I47	I48	I49	I50	I51	I52	
N28		H44	H45	H46	H47	H48	H49	H50	H51	H52	
N24			G45	G46	G47	G48	G49	G50	G51	G52	
N20					F47	F48	F49	F50	F51		
N16						E48	E49	E50	F51		
N12							D49	D50			
N8							C49	C50			
N4							B49	B50			
N0							A49				

图 2－6　中国 1∶100 万数字地图国际版覆盖范围及分区

表 2-1 不同纬度上经纬线各 1°的长度和面积

纬度（°）	纬度 1°长（m）	经度 1°长（m）	经纬 1°面积（km²）
90	111 700.0	00.0	54.44
80	111 665.8	9934.5	2165.68
70	111 657.5	38 118.5	4260.54
60	111 417.1	55 802.8	6217.30
50	111 233.0	71 699.2	7795.21
40	111 037.8	85 397.7	9482.20
30	110 854.8	96 490.4	10 696.29
20	110 706.0	104 651.4	11 585.39
10	110 609.0	109 634.7	12 127.43
0	110 575.4	111 323.9	12 309.54

2）1∶50 万地形图。采用高斯—克吕格投影，6°分带，编绘方法成图，分幅、编号均以 1∶100 万地形图为基础。将每幅 1∶100 万地形图划分成 2 行 2 列，共 4 幅 1∶50 万地形图，20 世纪 70 年前用 A、B、C、D 或甲、乙、丙、丁表示，70 年代起用拉丁字母 A、B、C、D 表示。在 1∶100 万地形图编号后加上 1∶50 万地形图的代号，即为 1∶50 万地形图的编号，如 J-50-D。

3）1∶25 万地形图。采用高斯—克吕格投影，6°分带，编绘方法成图，分幅、编号均以 1∶100 万地形图为基础。将每幅 1∶100 万地形图划分成 4 行 4 列，共 16 幅 1∶25 万地形图，用［1］,［2］，…，［16］表示，在 1∶100 万地形图编号后加上表示 1∶25 万地形图的代号，即为 1∶25 万地形图的编号。如 J-50-［2］。每幅 1∶25 万地形图的范围为经差 1°30′，纬差 1°。

4）1∶10 万地形图。采用高斯—克吕格投影，6°分带，编绘方法成图，分幅、编号均以 1∶100 万地图的分幅与编号为基础。将每个 1∶100 万地形图划分成 12 行 12 列，共 144 幅 1∶10 万地形图，用 1～144 表示，在 1∶100 万地形图编号后加上 1∶10 万地形图的代号，即为 1∶10 万地形图的编号，如 H-48-142、8-48-142。每幅 1∶10 万地形图的范围为经差 30′，纬差 20′，见图 2-7。

5）1∶5 万地形图。采用高斯—克吕格投影，6°分带，航空摄影测量方法成图，分幅、编号均以 1∶10 万地形图为基础。将每幅 1∶10 万地形图划分成 2 行 2 列，共 4 幅 1∶5 万地形图，用 A、B、C、D 表示。在 1∶10 万地形图编号后加上表示 1∶5 万地形图的代号，即为 1∶5 万地形图的编号，如 H-48-142-D。

6）1∶2.5 万地形图。采用高斯—克吕格投影，6°分带，航空摄影测量或编绘方法成图，分幅、编号均以 1∶5 万地图为基础。将每幅 1∶5 万地形图划分成 2 行 2 列，共 4 幅 1∶2.5 万地形图，用 A、B、C、D 或 1、2、3、4 表示。

7）1∶1 万地形图。采用高斯—克吕格投影，3°分带，将一幅 1∶10 万地形图分为 8 行、8 列共 64 幅图，用（1），…，（64）表示，经差为 3′45″，纬差为 2′30″。

图幅编号：在 1∶10 万编号后加上各自的代号；如图 2－8 阴影区为 J－50－5－(24)。

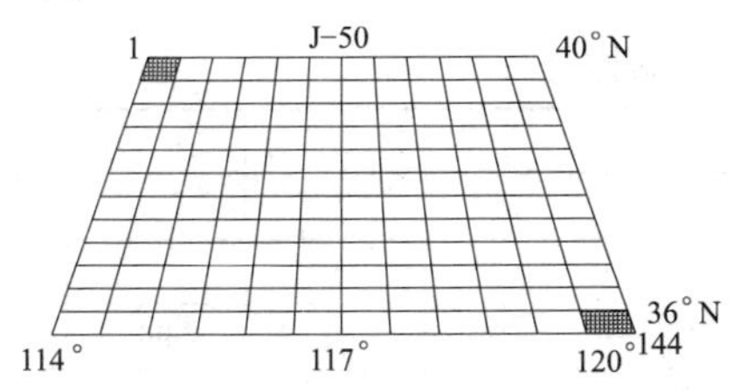

图 2－7　1∶100 万与 1∶10 万分幅关系

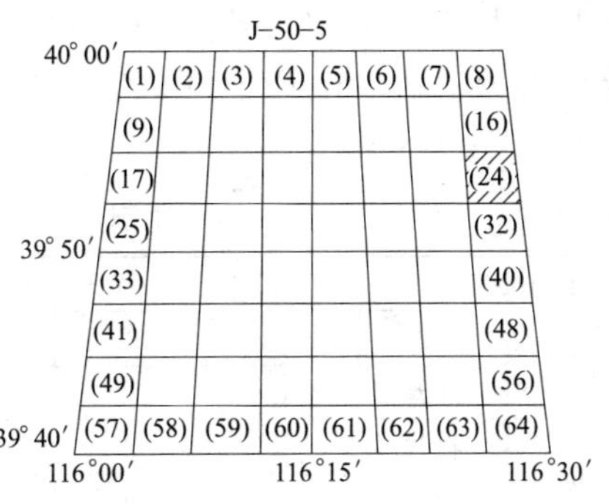

图 2－8　1∶10 万与 1∶1 万分幅关系

在我国北纬 30°附近的地区，一幅 1∶1 万地形图所覆盖的区域实际大小可以参照图 2－9 中的数值近似地计算出，这样可以有一个更直观感性的认识。

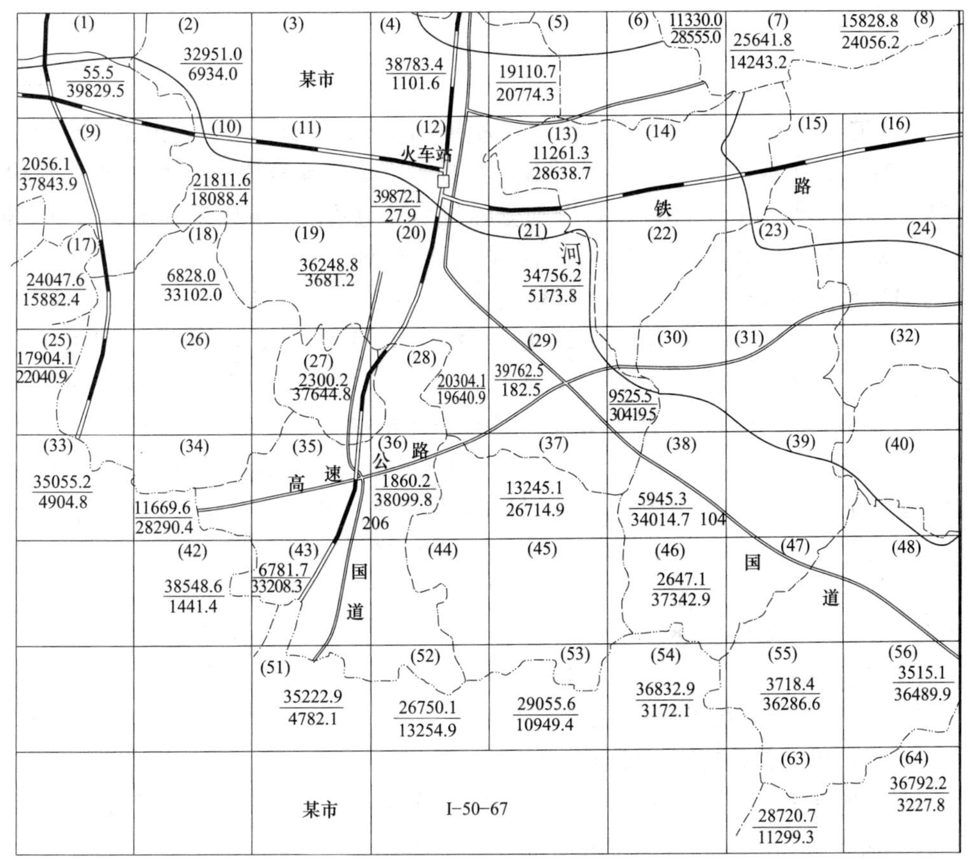

图 2－9　某地区 1∶1 万图幅控制接合表（全图为一幅 1∶10 万图幅部分）

8) 1∶5000 地形图。采用高斯—克吕格投影，3°分带，航空摄影测量或实地测绘成图。由一幅 1∶1 万地形图分为 4 幅，经差为 1′52.5″，纬差为 1′15″，用 a、b、c、d 表示。

1∶100万到1∶5000各种中小比例尺地形图经纬差和图幅数量关系可见表2-2。以1∶100万为基础，分12行12列，共144幅1∶10万；8×12（96）行8×12（96）列，共9216幅1∶1万的图。

表2-2　中小比例尺地形图经纬差和图幅数量关系

比例尺		1∶100万	1∶50万	1∶25万	1∶10万	1∶5万	1∶2.5万	1∶1万	1∶5000
图幅范围	经差	6°	3°	1°30′	30′	15′	7′30″	3′45″	1′52.5″
	纬差	4°	2°	1°	20′	10′	5′	2′30″	1′15″
行列数量关系	行数	1	2	4	12	24	48	96	192
	列数	1	2	4	12	24	48	96	192
图幅数量关系		1	4 1	16 4 1	144 36 9 1	576 144 36 4 1	2304 576 144 16 4 1	9216 2304 576 64 16 4 1	36 864 9216 2304 256 64 16 4 1

（2）新的编号系统。20世纪90年代起，为便于计算机管理和检索，国家规定统一采用新编号法。对于所有小于1∶5000的中小比例尺地形图，新编号统一为10位数，编码长度相同，其分幅、编号均以1∶100万地图的分幅与编号为基础，编码系列统一为一个根部，采用行列式编号，如一幅1∶1万图幅的新编号为J50G089007。

新的编号系统是由1∶100万分幅号后加A、B、C、D、E、F、G、H、I、J、K，来分别代表1∶100万、1∶50万、1∶25万、1∶10万、1∶5万、1∶2.5万、1∶1万、1∶5000、1∶2000、1∶1000、1∶500（如J50A、J50B、J50C、J50D、J50E、J50F、J50G、J50H），然后分别加上相应比例尺图所在1：100万图幅中的分幅行号和列号。

1）1∶100万～1∶2000比例尺编号方法。编号由所在1∶100万图幅编号、比例尺代码，某图幅所在1∶100万图幅中所占的行号和列号组成：

× ×× × ××× ×××
① ② ③ ④ ⑤

例如：图幅编号为J50G089007：

① 表示其所在1∶100万行号（字符码）；

② 表示其所在1∶100万列号（数字码）；

③ 比例尺代码，表示其比例尺为1∶1万；

④ 表示其所在1∶100万图幅中的行号（数字码）；

⑤ 表示其所在1∶100万图幅中的列号（数字码）。

而某比例尺图所在1∶100万图幅中的比例尺代码参照表2-3；其分幅行号和列号的计算参照表2-4分划。

表2-3　国家基本比例尺及代码表

比例尺	1∶50万	1∶25万	1∶10万	1∶5万	1∶2.5万	1∶1万	1∶5000	1∶2000	1∶1000	1∶500
代码	B	C	D	E	F	G	H	I	J	K

表 2－4　　百万分之一图幅内各比例尺图幅行列编号表

<table>
<tr><td colspan="5"></td><td colspan="24">列　数</td><td></td></tr>
<tr><td colspan="5"></td><td colspan="12">001</td><td colspan="12">002</td><td>1∶50 万</td></tr>
<tr><td colspan="5"></td><td colspan="6">001</td><td colspan="6">002</td><td colspan="6">003</td><td colspan="6">004</td><td>1∶25 万</td></tr>
<tr><td colspan="5"></td><td colspan="2">001</td><td colspan="2">002</td><td colspan="2">003</td><td colspan="2">004</td><td colspan="2">005</td><td colspan="2">006</td><td colspan="2">007</td><td colspan="2">008</td><td colspan="2">009</td><td colspan="2">010</td><td colspan="2">011</td><td colspan="2">012</td><td>1∶10 万</td></tr>
<tr><td colspan="5"></td><td>001</td><td>002</td><td>003</td><td>004</td><td>005</td><td>006</td><td>007</td><td>008</td><td>009</td><td>010</td><td>011</td><td>012</td><td>013</td><td>014</td><td>015</td><td>016</td><td>017</td><td>018</td><td>019</td><td>020</td><td>021</td><td>022</td><td>023</td><td>024</td><td>1∶5 万</td></tr>
<tr><td rowspan="24">行数</td><td rowspan="12">001</td><td rowspan="6">001</td><td rowspan="2">001</td><td>001</td><td></td><td></td><td></td><td></td><td></td><td></td><td></td><td></td><td></td><td></td><td></td><td></td><td></td><td></td><td></td><td></td><td></td><td></td><td></td><td></td><td></td><td></td><td></td><td></td><td rowspan="24">纬差 4°→</td></tr>
<tr><td>002</td><td></td><td></td><td></td><td></td><td></td><td></td><td></td><td></td><td></td><td></td><td></td><td></td><td></td><td></td><td></td><td></td><td></td><td></td><td></td><td></td><td></td><td></td><td></td><td></td></tr>
<tr><td rowspan="2">002</td><td>003</td><td></td><td></td><td></td><td></td><td></td><td></td><td></td><td></td><td></td><td></td><td></td><td></td><td></td><td></td><td></td><td></td><td></td><td></td><td></td><td></td><td></td><td></td><td></td><td></td></tr>
<tr><td>004</td><td></td><td></td><td></td><td></td><td></td><td></td><td></td><td></td><td></td><td></td><td></td><td></td><td></td><td></td><td></td><td></td><td></td><td></td><td></td><td></td><td></td><td></td><td></td><td></td></tr>
<tr><td rowspan="2">003</td><td>005</td><td></td><td></td><td></td><td></td><td></td><td></td><td></td><td></td><td></td><td></td><td></td><td></td><td></td><td></td><td></td><td></td><td></td><td></td><td></td><td></td><td></td><td></td><td></td><td></td></tr>
<tr><td>006</td><td></td><td></td><td></td><td></td><td></td><td></td><td></td><td></td><td></td><td></td><td></td><td></td><td></td><td></td><td></td><td></td><td></td><td></td><td></td><td></td><td></td><td></td><td></td><td></td></tr>
<tr><td rowspan="6">002</td><td rowspan="2">004</td><td>007</td><td></td><td></td><td></td><td></td><td></td><td></td><td></td><td></td><td></td><td></td><td></td><td></td><td></td><td></td><td></td><td></td><td></td><td></td><td></td><td></td><td></td><td></td><td></td><td></td></tr>
<tr><td>008</td><td></td><td></td><td></td><td></td><td></td><td></td><td></td><td></td><td></td><td></td><td></td><td></td><td></td><td></td><td></td><td></td><td></td><td></td><td></td><td></td><td></td><td></td><td></td><td></td></tr>
<tr><td rowspan="2">005</td><td>009</td><td></td><td></td><td></td><td></td><td></td><td></td><td></td><td></td><td></td><td></td><td></td><td></td><td></td><td></td><td></td><td></td><td></td><td></td><td></td><td></td><td></td><td></td><td></td><td></td></tr>
<tr><td>010</td><td></td><td></td><td></td><td></td><td></td><td></td><td></td><td></td><td></td><td></td><td></td><td></td><td></td><td></td><td></td><td></td><td></td><td></td><td></td><td></td><td></td><td></td><td></td><td></td></tr>
<tr><td rowspan="2">006</td><td>011</td><td></td><td></td><td></td><td></td><td></td><td></td><td></td><td></td><td></td><td></td><td></td><td></td><td></td><td></td><td></td><td></td><td></td><td></td><td></td><td></td><td></td><td></td><td></td><td></td></tr>
<tr><td>012</td><td></td><td></td><td></td><td></td><td></td><td></td><td></td><td></td><td></td><td></td><td></td><td></td><td></td><td></td><td></td><td></td><td></td><td></td><td></td><td></td><td></td><td></td><td></td><td></td></tr>
<tr><td rowspan="12">002</td><td rowspan="6">003</td><td rowspan="2">007</td><td>013</td><td></td><td></td><td></td><td></td><td></td><td></td><td></td><td></td><td></td><td></td><td></td><td></td><td></td><td></td><td></td><td></td><td></td><td></td><td></td><td></td><td></td><td></td><td></td><td></td></tr>
<tr><td>014</td><td></td><td></td><td></td><td></td><td></td><td></td><td></td><td></td><td></td><td></td><td></td><td></td><td></td><td></td><td></td><td></td><td></td><td></td><td></td><td></td><td></td><td></td><td></td><td></td></tr>
<tr><td rowspan="2">008</td><td>015</td><td></td><td></td><td></td><td></td><td></td><td></td><td></td><td></td><td></td><td></td><td></td><td></td><td></td><td></td><td></td><td></td><td></td><td></td><td></td><td></td><td></td><td></td><td></td><td></td></tr>
<tr><td>016</td><td></td><td></td><td></td><td></td><td></td><td></td><td></td><td></td><td></td><td></td><td></td><td></td><td></td><td></td><td></td><td></td><td></td><td></td><td></td><td></td><td></td><td></td><td></td><td></td></tr>
<tr><td rowspan="2">009</td><td>017</td><td></td><td></td><td></td><td></td><td></td><td></td><td></td><td></td><td></td><td></td><td></td><td></td><td></td><td></td><td></td><td></td><td></td><td></td><td></td><td></td><td></td><td></td><td></td><td></td></tr>
<tr><td>018</td><td></td><td></td><td></td><td></td><td></td><td></td><td></td><td></td><td></td><td></td><td></td><td></td><td></td><td></td><td></td><td></td><td></td><td></td><td></td><td></td><td></td><td></td><td></td><td></td></tr>
<tr><td rowspan="6">004</td><td rowspan="2">010</td><td>019</td><td></td><td></td><td></td><td></td><td></td><td></td><td></td><td></td><td></td><td></td><td></td><td></td><td></td><td></td><td></td><td></td><td></td><td></td><td></td><td></td><td></td><td></td><td></td><td></td></tr>
<tr><td>020</td><td></td><td></td><td></td><td></td><td></td><td></td><td></td><td></td><td></td><td></td><td></td><td></td><td></td><td></td><td></td><td></td><td></td><td></td><td></td><td></td><td></td><td></td><td></td><td></td></tr>
<tr><td rowspan="2">011</td><td>021</td><td></td><td></td><td></td><td></td><td></td><td></td><td></td><td></td><td></td><td></td><td></td><td></td><td></td><td></td><td></td><td></td><td></td><td></td><td></td><td></td><td></td><td></td><td></td><td></td></tr>
<tr><td>022</td><td></td><td></td><td></td><td></td><td></td><td></td><td></td><td></td><td></td><td></td><td></td><td></td><td></td><td></td><td></td><td></td><td></td><td></td><td></td><td></td><td></td><td></td><td></td><td></td></tr>
<tr><td rowspan="2">012</td><td>023</td><td></td><td></td><td></td><td></td><td></td><td></td><td></td><td></td><td></td><td></td><td></td><td></td><td></td><td></td><td></td><td></td><td></td><td></td><td></td><td></td><td></td><td></td><td></td><td></td></tr>
<tr><td>024</td><td></td><td></td><td></td><td></td><td></td><td></td><td></td><td></td><td></td><td></td><td></td><td></td><td></td><td></td><td></td><td></td><td></td><td></td><td></td><td></td><td></td><td></td><td></td><td></td></tr>
<tr><td></td><td>1∶50 万</td><td>1∶25 万</td><td>1∶10 万</td><td>1∶5 万</td><td colspan="24">经差 6°→</td><td></td></tr>
</table>

如表 2-4 所示：

a. 1∶1 万地形图行列号计算。以 1∶100 万地形图为基础，划分 96 个横行和 96 个纵列，共 9216 幅地形图。

(a) 行列号自左上至右下排列。

(b) 经差为 6°/96=3′45″，纬差为 4°/96=2′30″。

b. 1∶5000 地形图行列号计算。分幅以 1∶100 万地形图为基础，划分为 192 个横行和 192 个纵列，共 36 864 幅。1∶5000 地形图，每幅图经差为 1′52.5″，纬差为 1′15″。

如果已知某地区所在的经纬度，可以利用下列公式求算其所在 1∶100 万的图幅号：图幅号计算公式为

$$横行数=\left(\frac{某地的纬度}{4^\circ}\right)+1 \quad 纵列数=\left(\frac{某地的经度+180^\circ}{6^\circ}\right)+1$$

c. 1∶2000 地形图行列号计算。以 1∶100 万地形图为基础，划分 576 个横行和 576 个纵列，共 331776 幅地形图，即每幅 1∶5000 地形图划分 3 行 3 列，共 9 幅 1∶2000 地形图。

[实例 2-1] 以经度为 114°33′45″，纬度为 39°22′30″的某点为例，计算其所在 1∶1 万地形图的编号。

纬差 $\Delta\phi=2'30''$，经差 $\Delta\lambda=3'45''$

行号=4°/2′30″−[(39°22′30″/4°)/2′30″]=015

列号=[(114°33′45″/6°)/3′45″]+1=010

式中：( ) 表示商取余；[ ] 表示商取整，则该地区所在 1∶1 万地形图的图号为 J50G015010。

2) 1∶1000 与 1∶500 的分幅编号方法。编号统一为 12 位数，同样是由所在 1∶100 万图幅编号、比例尺代码、某图幅所在 1∶100 万图幅中所占的行号和列号组成：

× ×× × ×××× ××××

① ② ③ ④ ⑤

例如，图幅编号为 J50∶J0089007：

① 表示其所在 1∶100 万行号（字符码）；

② 表示其所在 1∶100 万列号（数字码）；

③ 比例尺代码，表示其比例尺为 1∶1000；

④ 表示其所在 1∶100 万图幅中的行号（数字码 4 位）；

⑤ 表示其所在 1∶100 万图幅中的列号（数字码 4 位）。

a. 1∶1000 地形图行列号计算。分幅以 1∶100 万地形图为基础，划分为 1152 个横行和 1152 个纵列，共 1327104 幅。每幅图经差为 18.75″，纬差为 12.5″。由 1∶2000 地形图划分为 2 行 2 列，共 4 幅 1∶1000 地形图。

b. 1∶500 地形图行列号计算。分幅以 1∶100 万地形图为基础，划分为 2304 个横行和 2304 个纵列，共 5308416 幅。每幅图经差为 9.375″，纬差为 6.25″。由 1∶1000 地形图划分为 2 行 2 列，共 4 幅 1∶500 地形图。

2. 矩形分幅与编号

矩形分幅适用于大比例尺地形图分幅，1∶500、1∶1000、1∶2000、1∶5000 地形图平面控制采用高斯—克吕格投影，按 3°分带计算平面直角坐标。当对控制网有特殊要求时，采用任意经线作为中央子午线的独立坐标系统，投影面也为当地的高程参考面。采用正方形或

矩形分幅，其规格为 50cm×50cm 或 40cm×40cm。

（1）矩形分幅编号方法，通常有下列三种。

1）坐标编号法。图号采用图幅西南角坐标千米数为单位编号，x 坐标在前，y 坐标在后，中间用“-”相连。1∶5000 地形图，其图号取至整千米数。1∶2000、1∶1000 的地形图取至 0.1km，1∶500 地形图取至 0.01km。例如：1∶5000，10-21；1∶2000，10.0-21.0；1∶1000，10.5-21.5；1∶500，10.50-21.75。

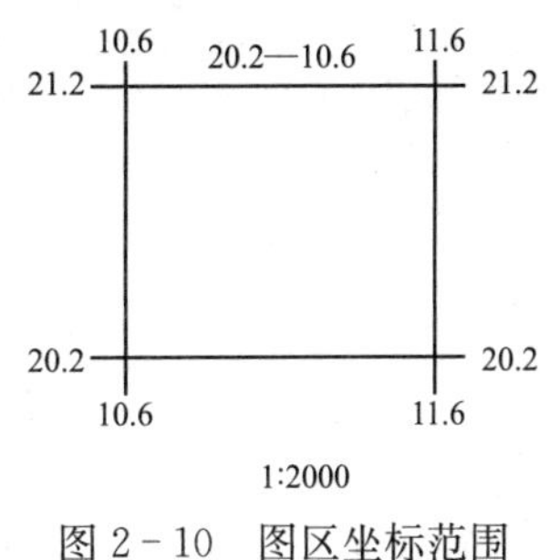

图 2-10　图区坐标范围

图 2-10 所示为图号为 20.2-10.6 表示 1∶2000 比例尺的地形图，其图幅西南角坐标 x=20.2km，y=10.6km，用规格为 50cm×50cm 表示 1km² 正方形分幅的图区范围。

2）流水编号法。带状或小面积测区的图幅，按测区统一顺序进行图幅编号。例如，可以用测区与阿拉伯数字结合的方法。如图 2-11 所示，将测区按统一顺序进行编号，一般从左到右，从上到下用阿拉伯数字 1、2、3、4…编定（如××-8），××代表测区名称或代号。

3）行列编号法。带状或小面积测区的图幅，也可将测区按照从北向南、从西向东统一顺序进行图幅编号。行号从北向南按 A、B、C…排列，列号从西向东按 1、2、3…排列（见图 2-12）。

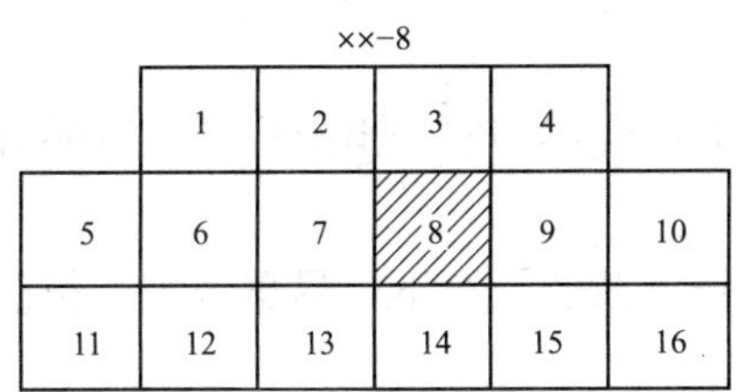

图 2-11　流水编号

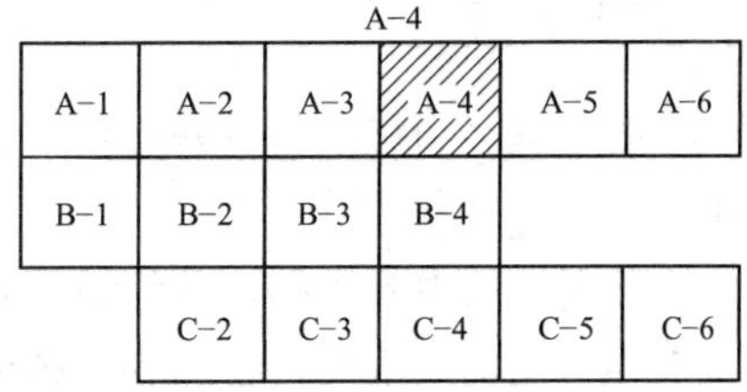

图 2-12　行列编号

（2）各比例尺图幅与面积关系。1∶500、1∶1000、1∶2000 和 1∶5000 各种比例尺图的分幅情况见表 2-5。

表 2-5　　正方形或矩形分幅及面积大小

比例尺	图幅大小（cm²）	实地面积（km²）	一幅 1∶5000 图幅中所包含该比例尺图幅数
1∶5000	40×40	4	1
1∶2000	50×50	1	4
1∶1000	50×50	0.25	16
1∶500	50×50	0.0625	64

此外，1∶2000 地形图还可以 1∶5000 地形图为基础，按经差为 37.5″，纬差为 25″进行分幅，编号以 1∶5000 地形图图幅编号分别加短线，再加序号 1、2、3、4、5、6、7、8、9 表示，如图 2-13 所示。

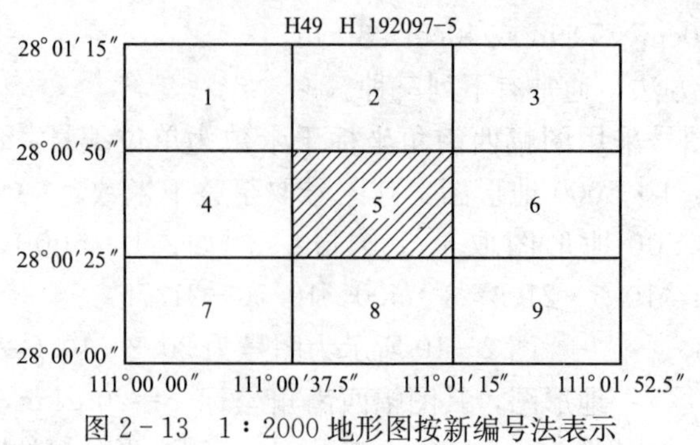

图 2-13 1∶2000 地形图按新编号法表示

2.3 地形图识图

2.3.1 地形图表达

地形图需要表示出的基本地形要素有地貌、水体、土质、植被、居民地、交通线、境界线、管线垣栅 、坐标网、控制点及独立地物等。图上的地物繁多，测区范围大小不一，为了用图便利和规范制图，地形图一般应具备以下几点要求。

1. 地形图的特点

(1) 要求具备统一的数学基础，如参考椭球体、大地坐标系统、投影、比例尺系列、分幅编号体系等。

(2) 要求有统一的规范与符号体系。我国近些年来已经详细制定出地形图编测的各项规程及标准。

(3) 地形图上的内容详细，几何精度高。在图面能负荷的前提下，尽量详细、精确地表示各地面要素。比例尺不同，在内容和精度上会有区别。

2. 地物及其在地形图上的表示

地物是指地面上天然形成或人工修建的固定物体，如房屋、道路、森林、湖泊、河流等。根据形状不同，在地形图上有以下几种表示法（见图 2-14）：

(1) 比例符号。表示地物大小、形状与实地成比例，如房屋、花圃等。

(2) 半比例符号。主要用来表示线状地物，如道路、电力线、围墙、活树篱笆等长度成比例，但宽度不成比例的地物。

(3) 非比例符号。地物较小，只在图上确定其中心位置，用规定符号表示的独立地物类，如路灯、假山、独立树，消火栓等。

(4) 注记符号。用文字或数字对地物属性加以说明。

3. 地貌及其在地形图上的表示

描述地面的高低起伏状态，可用等高线、示坡线或者高程注记散点表示。根据地势的高低一般把地形分为平地、丘陵地、山地、高山地四类。GB/T 14912—2005《1∶500 1∶1000 1∶2000 外业数字测图技术规程》中将以上四种地形类别按坡度大小划分如下：

(1) 平地。绝大部分地面坡度在 2°以下的地区。

(2) 丘陵地。绝大部分地面坡度在 2°～6°（不含 6°）之间的地区。

(3) 山地。绝大部分地面坡度在 6°～25°之间的地区。

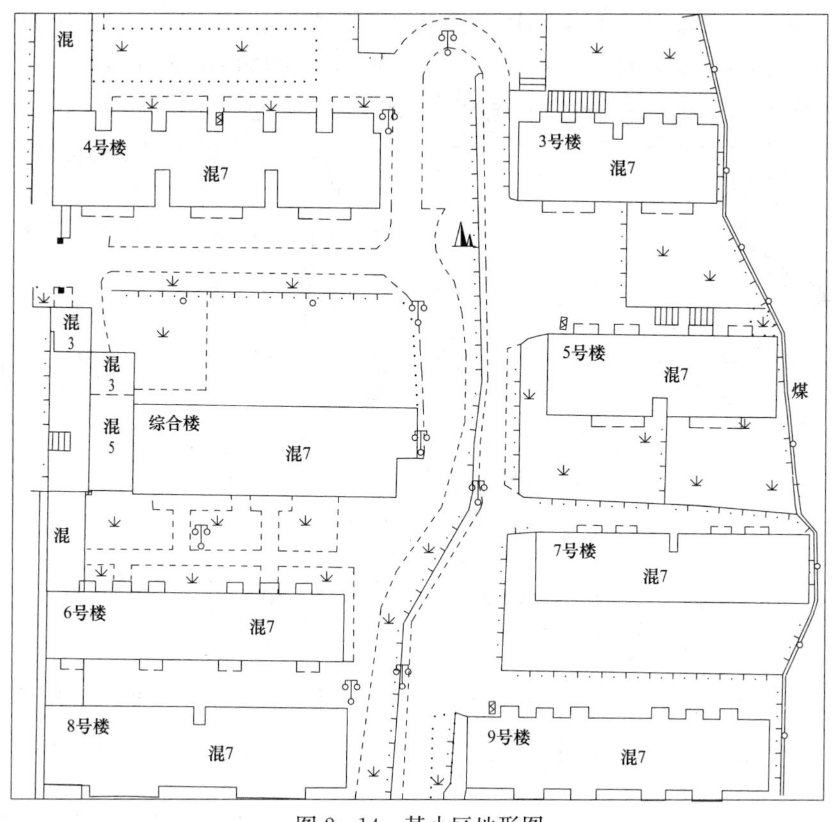

图 2-14　某小区地形图

(4) 高山地。绝大部分地面坡度在 25°以上的地区。

常用等高线来描述地貌变化，等高线一般又分为首曲线、计曲线、间曲线、助曲线四种。

(1) 首曲线在地形图上用细实线表示，也称基本等高线，一般在其上不注记高程。

(2) 计曲线按 5 倍等高距所描绘的等高线在地形图上用粗实线表示，一般在其上注记高程。

(3) 间曲线按 1/2 等高距所描绘的等高线，用长虚线表示。

(4) 助曲线按 1/4 等高距所描绘的等高线，用短虚线表示。

间曲线和助曲线均用来表示一种局部地貌。

相邻等高线间的高差即为等高距，地形图的基本等高距可根据地形类别和用途的需要选取。一个测区内同一比例尺地形图宜采用相同基本等高距，等高距取值见表 2-6。平坦地区和城市建筑区根据用图需要，可以不绘等高线，只用高程注记点表示。

表 2-6　　地形图基本等高距　　m

比例尺	地形类型			
	平地	丘陵地	山地	高山地
1∶500	0.5	1.0 (0.5)	1.0	1.0
1∶1000	0.5 (1.0)	1.0	1.0	2.0
1∶2000	1.0 (0.5)	1.0	2.0 (2.5)	2.0 (2.5)

注　括号内的等高距依用途需要选用。

示坡线是垂直于等高线的短线，用以指示坡度下降的方向。在地形图中斜坡、陡坎等表示地势变化的图形符号中，短线所示方向也表示了坡度下降的方向（见图 2-15）。

城镇地形图因为等高线被密集的居民地和道路切断，无法连续，一般用高程注记点表示，高程注记点的密度根据 GB/T 14912—2005 规定：地图制图产品中高程注记点密度为图上每 100cm² 内 5～20 个，一般选择明显地物点或地形特征点。

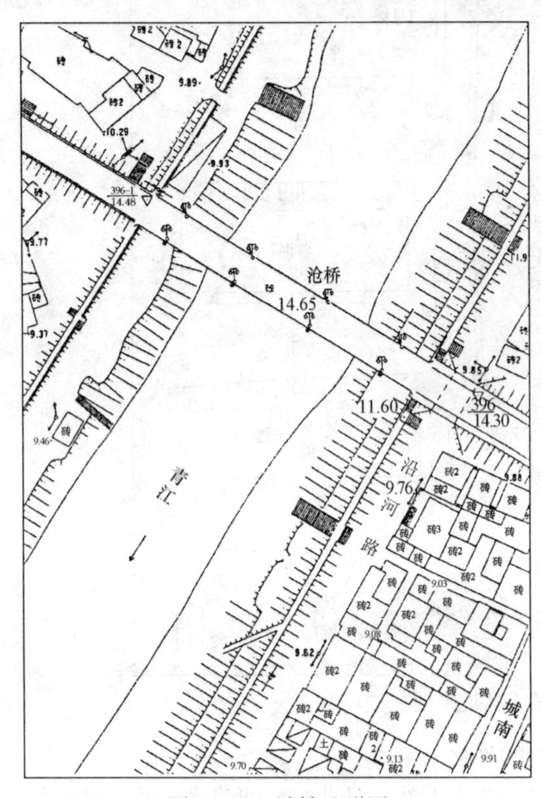

图 2-15 城镇地形图

2.3.2 大比例尺地形图图式

由于地物的种类繁多，为了在测绘和使用地形图中不至于造成混乱，各种地物、地貌表示在图上必须有一个统一的标准。因此，国家测绘总局对地物、地貌在地形图上的表示方法规定了统一标准，这个标准称为"地形图图式"。

我国现行的大比例尺地形图图式标准为 GB/T 20257.1—2007，是各部门使用地形图进行规划、设计科学研究的基本依据。编制其他图种的地理底图或测绘相应比例尺地图也可参照使用。

1. 图式内容

图式主要是对各种自然和人工地物的符号、地貌要素的符号、注记的等级、规格、颜色标准、图幅整饰规格等进行了较为详细的规定，并对使用这些符号的原则、要求和基本方法做了详细的说明。图式具体包括适用范围、符号使用的一般规定、地形图分幅和颜色、符号与注记、附录 、插页 、符号索引等几个方面。图式中规定 1∶500、1∶1000、1∶2000 地形图视用图需要可采用多色或单色，多色图采用青、品红、黄、黑（CMYK）四色，按规定色值进行分色。

图式后附部分对大比例尺地形图分幅与编号、地形图图廓整饰、说明注记等进行了详细的规定。符号表示与配合在图式附录中有附图示例。

2. 地图注记

（1）注记的作用。地图上的文字和数字总称为地图注记，地图中所使用的汉语文字应符合国家通用语言文字规范和标准。地图注记是地图内容的重要部分。没有注记的地图只能表达事物的空间概念，不能表示事物的名称和质量数量特征。如同地图上其他符号，注记也是一种符号，在许多情况下起定位的作用，是将地图信息在制图者与用图者之间进行传递的重要方式。

（2）注记的分类。地图上的注记可以区分为名称注记、说明注记、数字注记、图幅注记。注记有字体、尺寸、色相等要素，地图注记便成为空间信息归类的手段。例如，在普通地图上，通常黑色表示人文地物，蓝色表示水文地物，棕色表示地貌，绿色表示植被。注记的尺寸反映地物的重要程度，注记字体大小以毫米为单位，字级级差为 0.25mm，同类注记按地物重要性和该地物在图上范围大小选择字大，注记的字体则反映地物的级别。注记在地图上的出现和排列的好坏影响空间信息的表达及地图的阅读。注记既是地图上的功能符号，也参与地图的艺术设计。为了便于读图，许多时候需要重复注记：如图式中规定图上应每隔

15～20cm 注出公路技术等级代码及其行政等级代码和编号，有名称的加注名称。图式对符号旁的宽度、深度、比高等数字注记做了详细的规定，要求一般标注至 0.1m。

(3) 注记的配置与排列。

1) 配置的原则。

a. 注记不能压盖重要地理事物；

b. 注记与被注记地理事物的关系明确；

c. 图面注记的密度与被注记地理事物的密度一致。

2) 排列形式。

a. 点事物注记排列：四周，水平排列；

b. 线状事物注记排列：雁行排列、屈曲排列；

c. 面状事物注记排列：水平排列、垂直排列、雁行排列、屈曲排列。

(4) 注记字隔。注记字隔的选择是按该注记所指地物的面积或长度大小而定，各种字隔在同一注记的文字中均应相等。字隔一般分为接近字隔、普通字隔、隔离字隔。

1) 接近字隔为 0～0.5mm；

2) 普通字隔为 1.0～3.0mm；

3) 隔离字隔一般最大不超过字大的 5 倍。

地物延伸较长时，在图上可重复注记名称。注记字向一般为字头朝北图廓直立，但街道名称、河名、道路注记、管线类别等注记的字向和字序依走向注记，如图 2-16 所示。

3. 地形图的图名、图号与图廓信息

1∶500、1∶1000、1∶2000 大比例尺地形图的图廓及图外注记主要包括如下内容。

(1) 图名、图号。图名即本幅图的名称，一般以所在图幅内主要地名来命名。图名选取有困难时，也可不注图名，仅注图号。图名和图号应注写在图幅上部中央，且图名在上，图号在下。图名为 2 个字的字隔为 2 个字，3 个字的字隔为 1 个字，4 个字以上的字隔一般为 2～3mm。

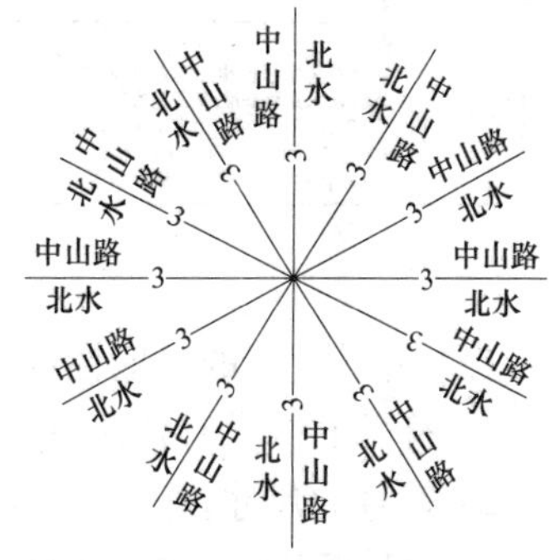

图 2-16　文字注记排列图

(2) 图幅接合表（接图表）。图幅接合表绘在图幅左上角，说明本图幅与相邻图幅的关系，供索取相邻图幅时用。图幅接合表可采用图名注出，也可采用图号（仅注有图号时）注出。

(3) 其余图廓注记。图内每隔 10cm 绘一个坐标网线交叉点，内图廓线上的坐标网线，向图内侧绘 5mm 短线。有居民地或单位跨越两幅图时，本图区占比例较小，可将名称注在图廓间。两相邻图幅拼接时，应避免注记重复。

其余施测单位、时间、测图比例尺、平面和高程坐标系统、参照图式、备注等信息可参照图 2-17 。

4. 图式符号

图式共计 100 多页，其中有 80 多页是对符号的分类、符号的形状尺寸、定位符号的定位点和定位线、符号的含义、符号的方向和配置、符号使用方法与要求进行了分类描述和说明；各类地物地貌要素分别从测量控制点、水系、居民地及设施、交通、管线、境界、地貌、植被与土质、注记九个方面进行归类。

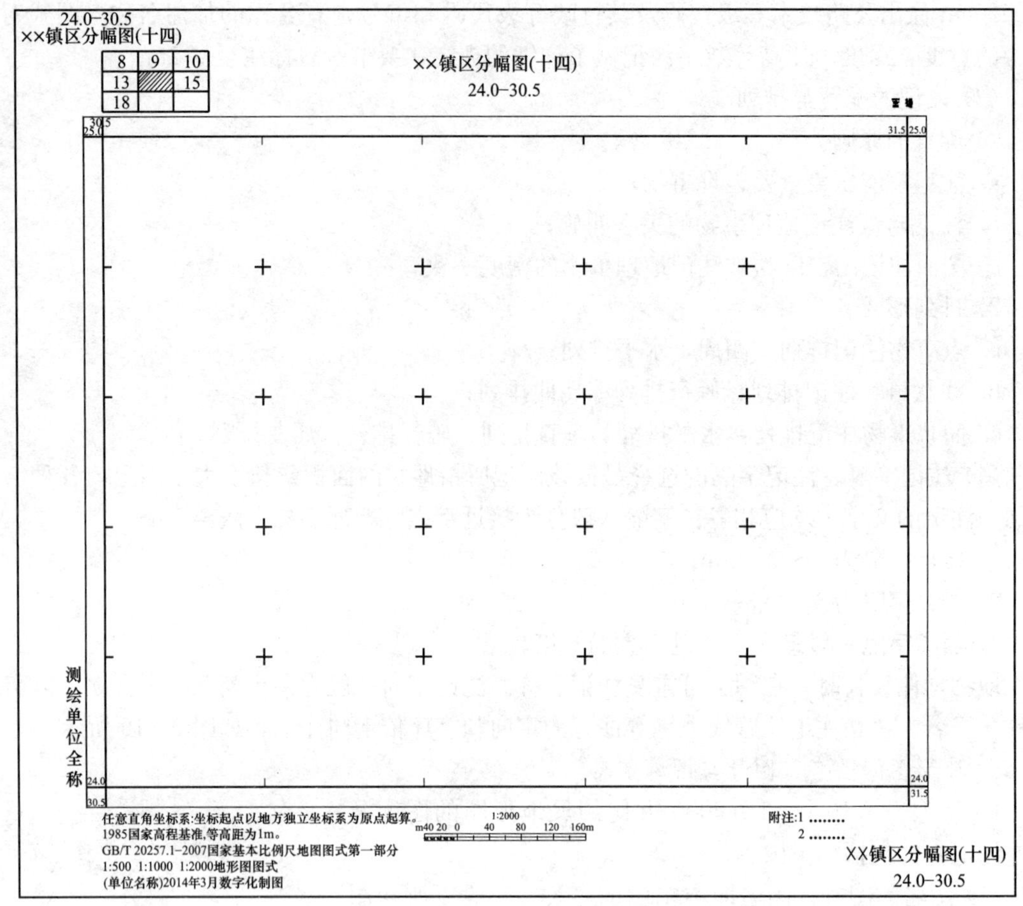

图 2-17　1∶2000 地形图图廓

(1) 符号使用的一般性规定。

1) 符号的分类有依比例尺符号、半依比例尺符号、不依比例尺符号。

2) 符号的尺寸。

a. 符号旁以数字标注的尺寸值，均以毫米（mm）为单位。

b. 符号旁只注一个尺寸值的，表示圆或外接圆的直径、等边三角形或正方形的边长。

c. 两个尺寸值并列的，第一个数字表示符号主要部分的高度，第二个数字表示符号主要部分的宽度。

d. 线状符号一端的数字，单线是指其粗度，两平行线是指含线划粗的宽度（街道是指其空白部分的宽度）。

e. 符号上需要特别标注的尺寸值，则用点线引示。

f. 符号线划的粗细、线段的长短和交叉线段的夹角等，没有标明的均以本图式的符号为准。一般情况下，线划粗为 0.15mm，点的直径为 0.3mm，符号非主要部分的线划长为 0.5mm，非垂直交叉线段的夹角为 45°或 60°。

3) 定位符号的定位点和定位线。

a. 符号图形中有一个点的，该点为地物的实地中心位置。

b. 圆形、正方形、长方形等符号，定位点在其几何图形中心。

c. 宽底符号（蒙古包、烟囱、水塔、独立石等）定位点在其底线中心。

d. 底部为直角的符号（风车、路标、独立树等）定位点在其直角的顶点。

e. 几种图形组成的符号（敖包、教堂、气象站、雷达站、无线电杆等）定位点在其下方图形的中心点或交叉点。

f. 下方没有底线的符号（窑、亭、山洞等）依比例尺表示的，定位点在两端点上；不依比例尺表示的，定位点在其下方两端点间的中心点。

g. 不依比例尺表示的其他符号（桥梁、水闸、拦水坝、岩溶漏斗等）定位点在其符号的中心点。

h. 线状符号（道路、河流、堤、境界等）定位线在其符号的中轴线；依比例尺表示时，在两侧线的中轴线。

4）符号的方向和配置。

a. 符号除简要说明中规定按真实方向表示外，均垂直于南图廓线。

b. 土质和植被符号，根据其排列的形式可分成三种情况：整列式——按一定行列配置，如苗圃、草地、经济林等；散列式——不按一定行列配置，如小草丘地、灌木林、石块地等；相应式——按实地的疏密或位置表示符号，如疏林、零星树木等。

表示符号时应注意显示其分布特征。整列式排列一般按图式表示的间隔配置符号，面积较大时，符号间隔可放大1～3倍。在能表示清楚的原则下，可采用注记的方法表示。还可将图中最多的一种不表示符号，图外加附注说明，但一幅图或一批图应统一。

需要注意的是，配置是指所使用的符号为说明性符号，不具有定位意义。在地物分布范围内散列或整列式布列符号，用于表示面状地物的类别。

5）符号使用方法与要求。

a. 线型上在图式中除特殊标注外，一般：实线表示建筑物、构筑物的外轮廓与地面的交线（除桥梁、坝、水闸、架空管线外）；虚线表示地下部分或架空部分在地面上的投影；另外，以虚实线表示的符号（大车路、乡村路等），按光影法则描绘，其虚线绘在光辉部，实线绘在暗影部，一般在居民地、桥梁、渡口、山洞、涵洞、隧道或道路相交处变换虚实线方向。点线表示地类范围线、地物分界线。

b. 依比例尺表示的地物分以下表现形式：

地物轮廓依比例尺表示，在其轮廓内加面色，如河流、湖泊等；或在其轮廓内适中位置配置不依比例尺符号和说明注记（或说明注记简注）作为说明，如水井、收费站等。

面状分布的同一性质地物，在其范围内按整列式、散列式或相应式配置说明性符号和注记，如果界线明显的用地类界表示其范围（如经济林地等），界线不明显的不表示界线（如疏林地、盐碱地等）。

相同地物毗连成群分布，其范围用地类界表示，在其范围内适中位置配置不依比例尺符号，如露天设备等。

c. 两地物相重叠或立体交叉时，按投影原则下层被上层遮盖的部分断开，上层保持完整。

d. 各种符号尺寸是按地形图内容为中等密度的图幅规定的。为了使地形图清晰易读，除允许符号交叉和结合表示者外，各符号之间的间隔（包括轮廓线与所配置的不依比例尺符号之间的间隔）一般不应小于0.3mm。如果某些地区地物的密度过大，图上不能容纳时，允许将符号的尺寸略为缩小（缩小率不大于0.8）或移位。

e. 实地上有些建筑物、构筑物，图式中未规定符号，又不便归类表示者，可表示该物体的轮廓图形或范围，并加注说明。地物轮廓图形线用 0.15mm 实线表示，地物分布范围线、地类界线用地类界符号表示。

f. 本图式中土质和植被符号栏中，以点线框者，指示应以地类界符号表示实地范围线；以实线框者，指示不表示范围线，只在范围内配置符号。

g. 各种数字说明，除特别说明外，凡为“大于”者含数字本身（如大于 3m，含 3m），“小于”者不含数字本身。各种符号等级说明中的“以上”和“以下”，其含意与上述相同。

（2）图式符号。符号的设计遵循形象、直观、简洁等原则，如风车、水龙头等，很多情况下也参照人们传统的使用习惯，如电力和变电室符号。GB/T 20257.1—2007 把各种地物地貌分为八大类，并对注记符号也进行了详细规定，见表 2-7～表 2-14。

1）控制点注记，见表 2-7。

表 2-7　控制点注记

名称	符号	名称	符号	名称	符号
三角点	△ J1.二级/587.476	土堆上的三角点	5.0 黄土岗/203.623	小三角点	▽ 摩天岭/294.91
土堆上的小三角点	4.0 张庄/156.71	导线点	⊙ I16/84.46	土堆上的导线点	2.4 I23/94.40
埋石图根点	12/275.46	不埋石图根点	19/84.47	水准点	⊗ Ⅱ京石5/32.805
GPS 控制点	B14/495.263	天文点	☆ 照壁山/24.54		

注　以上控制点标注中分子表示点名、等级，分母表示高程，前面的数字表示比高值。

2）水系，见表 2-8。

表 2-8　水　系

名称	符号	名称	符号	名称	符号
常年河水涯线		高水界		水流示向箭头	
消失河段		常年湖		时令河	(7-9)
池塘		加固沟堑	2.6	时令湖	(8)
依比例水井	51.2/5.2	水井	咸	泉	51.2 温
地面上蓄水池		有盖的水池		依比例尺堤坝	24.5
有栅栏加固岸		加固岸		能通车的拦水坝	72./95

续表

名称	符号	名称	符号	名称	符号
能通车水闸	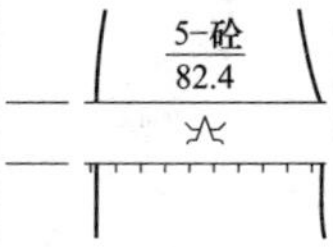 5-砼 82.4	双线干沟	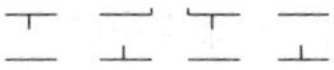	单线干沟	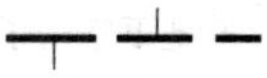
依比例明礁		不依比例明礁		危险岸区	 危险岸
暗丛礁		依比例单个暗礁	 暗	沙滩	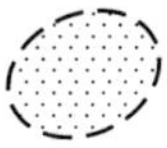

3）居民地，见表 2－9。

表 2－9　　　　　　居　民　地

名称	符号	名称	符号	名称	符号
多点一般房屋	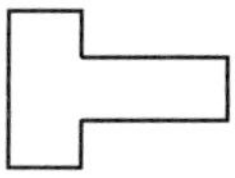	四点房屋	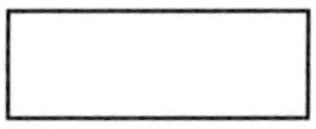	阳台	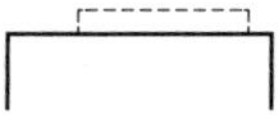
依比例围墙		四点棚房	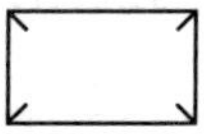	四点简单房屋	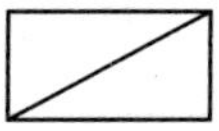
多点砼房屋	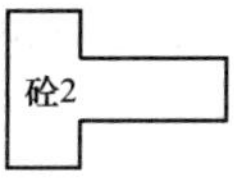 砼2	四点建筑中房屋	 建	多点破坏房屋	 破
四点砖房屋	 砖2	多点棚房	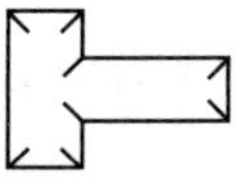	多点混房屋	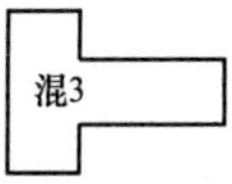 混3
四点钢房屋	 钢3	多点木房屋	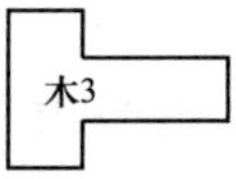 木3	四点木房屋	 木3
邮局	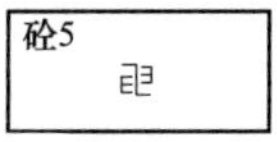 砼5	电信局	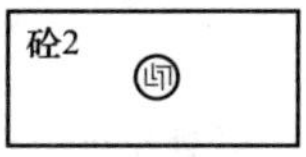 砼2	露天运动场	 工人体育场
商场超市	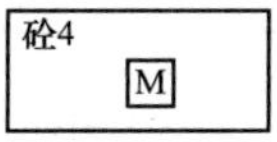 砼4 M	电影院、剧院	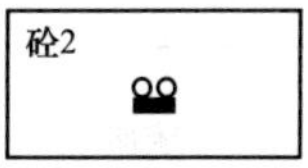 砼2	露天舞台	 台
宾馆饭店	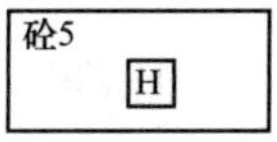 砼5 H	体育馆、科技、展览馆	 砼5科	廊房	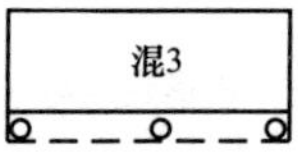 混3

续表

名称	符号	名称	符号	名称	符号
有地下室房子	 混3-2	架空房屋	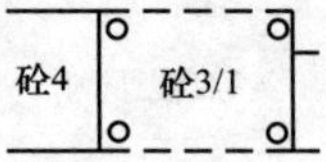 砼4 砼3/1	廊房	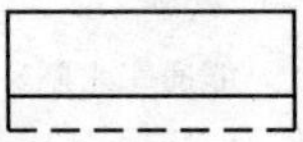
无墙壁柱廊	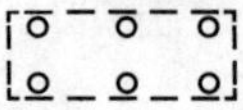	柱廊有墙壁边	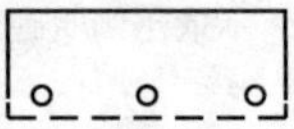	门廊	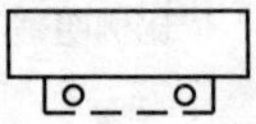
檐廊	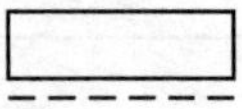	悬空通廊	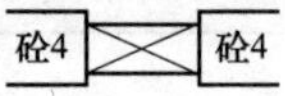 砼4 砼4	建筑物下的通道	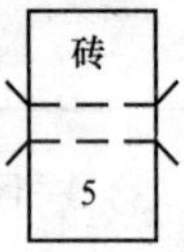 砖 5
台阶	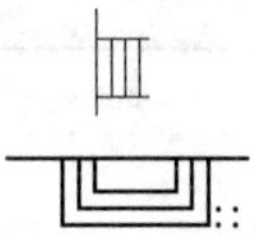	雨罩	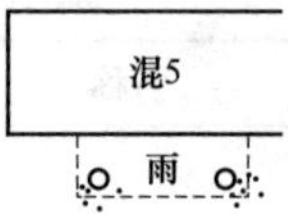 混5 雨		
地下室的天窗	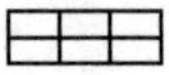	地下建筑物的通风口		围墙门	
有门房的院门	 45° 砖 砖	依比例门墩		不依比例门墩	
门顶		虚线依比例支柱		方形不按比例支柱	
不依比例围墙		栅栏栏杆		篱笆	
活树篱笆		铁丝网		路灯	
杆式照射灯		厕所	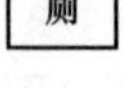 厕	塔式照射灯	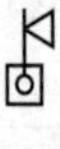
塔形建筑物		水塔	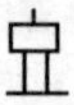	水塔范围	

续表

名称	符号	名称	符号	名称	符号
水塔烟囱		水塔烟囱范围		烟囱	
烟囱范围		散坟		独立坟	
坟群		假石山范围		假石山	
成群露天设备		垃圾台		宣传橱窗	
粮仓群		不依比例粮仓		风车	
气象站		环保监测站	砼5 噪声	水磨房	
水文站	位	电视台	砼5 TV	依比例肥气池	
加油站		古迹遗址	混	教堂	混
亭		鼓楼城楼钟楼		依比例纪念碑	
依比例塑像		依比例文物碑石		依比例土地庙	
塑像		碑石		依比例庙宇	混
经塔宝塔		过街地道		过街地道入口	

续表

名称	符号	名称	符号	名称	符号
地磅	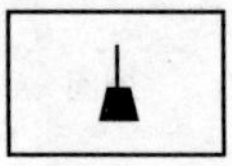	旗杆	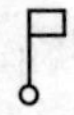	喷水池范围	
露天采掘地	 石	学校（1：2000）	文	卫生所（1：2000）	

4）交通，见表 2－10。

表 2－10 交　　通

名称	符号	名称	符号	名称	符号
依比例一般铁路		不依比例一般铁路	 0.8	依比例电气化铁路	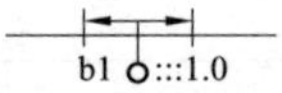 b1 ○:::1.0
不依比例电气化铁路	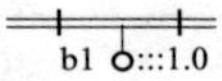 b1 ○:::1.0	窄轨铁路	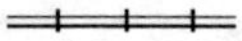	有雨棚的站台、天桥	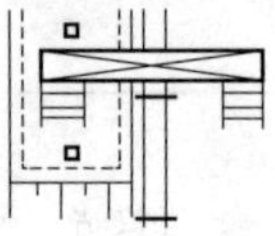
臂板信号机		高柱色灯信号机		矮柱色灯信号机	
长途汽车站		停车场	 P	高速公路	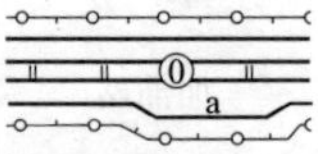 0 a
国道一级公路	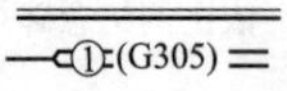 ①(G305)	国道二-四级公路	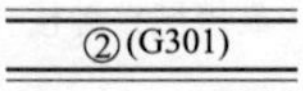 ②(G301)	省道一级公路	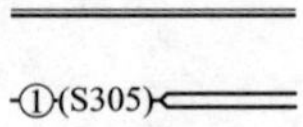 ①(S305)
省级二-四级公路	 ②(S301)	建设中		有路肩专用公路	 ②(Z301)
无路肩专用公路	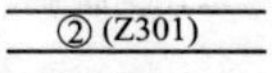 ②(Z301)	县级公路	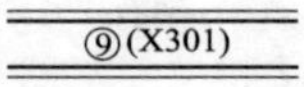 ⑨(X301)	地下地铁	
地上地铁		磁浮轻轨		轻轨站标识	Q

续表

名称	符号	名称	符号	名称	符号
电车轨道		快速路		高架路	
高架路引道		街道主干道	0.35	街道次干道	0.25
街道支路	0.15	内部道路	1	阶梯路	
小路	0.3	a 收费站 b 服务区	b 砖 费 a b 砖	立交桥匝道	
天桥		地道		已加固路堑	
未加固路堑		公路零千米标志		路标	
里程碑	25	坡度标		架空索道	

5）管线，见表 2-11。

表 2-11　　管　　线

名称	符号	名称	符号	名称	符号
地面上的输电线		地面下的输电线		输电线电缆标	
地面上的配电线		地面下的配电线		配电线电缆标	

续表

名称	符号	名称	符号	名称	符号
电杆		电线架		依比例电线塔	
不依比例电线塔		电线杆上变压器（双杆）		电线杆上变压器（单杆）	
电线入地口		依比例变电室		不依比例变电室	
地面上的通信线		地面下的通信线		通信线电缆标	
通信线入地口		上水检修井		下水检修井	
下水暗井	A	煤气天然气检修井		热力检修井	
电信人孔		电信手孔		电力检修井	
工业石油检修井		不明用途检修井		圆形污水箅子	
长形污水箅子		消火栓		阀门	
水龙头		依比例架空管道墩架		不依比例架空管道墩架	
架空上水管道	水	地面下的污水管道	污	有管堤的上水管道	水

6）境界，见表 2－12。

表 2－12　　境　　界

名称	符号	名称	符号	名称	符号
已定国界	2号界碑	国界界碑		未定国界	
已定省界		未定省界		已定县界	
未定地级行政区界		特殊行政界		已定地区界	
未定县界		已定乡镇界		未定乡镇界	
村界					

7）地貌，见表 2－13。

表 2－13　　地　　貌

名称	符号	名称	符号	名称	符号
一般高程点	-15.3	未加固斜坡		加固斜坡	
等高线	25	未加固陡坎		加固陡坎（>70°坡度）	
示坡线		比高点	20.1	依比例石堆	
依比例独立石		依比例土堆范围	3.5	坑穴	2.6
依比例山洞		平沙地	平沙地		

8）植被与土质，见表 2－14。

表 2－14　　植 被 与 土 质

名称	符号	名称	符号	名称	符号
地类界		稻田		桑园	
双线田埂		旱地	10.0 10.0	其他经济林	

续表

名称	符号	名称	符号	名称	符号
菜地		果园		独立灌木林	
茶园		大面积灌木林		疏林	
有林地		沿道路狭长灌木		沿沟渠狭长灌木	
未成林		苗圃		迹地	
散树		行树		阔叶独立树	
针叶独立树		果树独立树		独立竹丛	
大面积竹林		天然草地		狭长竹林	
人工牧草地		改良草地		人工绿地	5.0 10.0
芦苇地		半荒植物地		植物稀少地	
花圃		菜地		独立小草丘地	
龟裂地		石块地		泥沙地	

对于图式中没有表示的地物，有些地方根据自身用图需要，也可自行设计出一些符号。例如，某地区为对当地的各种市政部件进行调查并测绘成图，就使用如图 2－18 所示的一些常用符号。

图 2－18　某地区绘图所用部分符号

一、填空题

1. 按照图式规定植被的填充方式按照排列的形式有__________、__________、__________。

2. 同一地段生长有多种植物时，植被符号可配合表示，但一般不要超过_______种。

3. 一幅 1－50－55－（14）的地形图，新编号为__________。

4. 1：500、1：1000、1：2000 地形图标准为 50cm×50cm 的图幅，所代表的实地范围分别为__________、__________、__________。

5. 注记字列一般分__________、__________、__________、__________。

6. 高压线和低压线又称__________和__________，两者的区别电压为__________。

7. 试写出下列地物符号的名称：

⊖_______，⊕_______，_______，_______，_______，

_______，_______，_______，_______，_______，

________，________，________，________，________，

________，________，________。________，________

________，1.0 2.0 0.6 ________

8. 斜坡、陡坎的分界坡度在____________以上。

9. 基本等高距为 0.5mm 时，高程注记点应注至小数点后________位。

10. 测 1∶500 地形图，当测区大部分地区坡度在 30%时，地形类别为________，应选用基本等高距________。

二、判断题

1. 符号旁的宽度、深度、比高等数字注记，一般标注至 0.1m。（　　）

2. 地形图上各种要素配合表示，采用次要地物避让重要地物的方法。（　　）

3. 房屋的绘制必须用单一多段线，该线还必须闭合。（　　）

4. 临时性房屋可以不用绘出。（　　）

5. 不管什么情况下，地面架空和地下的管线必须全部绘出。（　　）

6. 一般为检修方便，小区每栋楼的各单元前会有电信手孔检修井。（　　）

7. 测图比例尺越大，表示地表现状越详细。（　　）

三、思考题和简答题

1. 什么是地形图？与平面图的区别在哪里？

2. 一幅Ⅰ-50 的地形图比例尺为多少？一幅Ⅰ-50-55 的地形图比例尺为多少，新编号分别为多少？一幅Ⅰ-50-55-（14）的地形图比例尺为多少，新编号为多少？

3. 在北纬 34°左右地区的一幅Ⅰ-50 的图幅范围实地面积理论上大约为多少？一幅Ⅰ-50-55 的图幅范围实地面积理论上大约为多少？一幅Ⅰ-50-55-（14）的图幅范围实地面积理论上大约为多少？

4. 1∶500、1∶1000、1∶2000 地形图标准为 50cm×50cm 的图幅，所代表的实地范围多少？

5. 编号 I50H109096 中各数字代表的含义分别是什么？

6. 在地貌形态分类中，平地、丘陵地、山地、高山地的坡度分界是如何规定的？

7. 等高线高程注记是如何要求字头朝向的，高程注记点的密度一般如何规定的？

8. 根据 GB/T 20257.1—2007，各种地形要素应分为哪几大类？请按顺序写出。

单元三 数字测图项目的技术设计

学习目标

要求明确数字测图项目技术设计的依据；清楚数字测图的外业准备工作内容；知道技术设计书编写的主要内容及编写方法。学习并了解CH/T 1004—2005《测绘技术设计规定》的基本内容。

3.1 数字测图前期的准备工作

在数字测图作业开始前，必须做好施测前的测区踏勘、资料收集、器材筹备、观测计划拟订、仪器设备检校及设计书编写等工作。

数字测图方案设计，一般是依据测量任务书提出的数字测图的目的、精度、控制点密度、提交的成果和经济指标等，结合规范（规程）规定和本单位的仪器设备、技术人员状况，通过现场踏勘具体确定加密控制方案、数字测图的方式、野外数字采集的方法及时间、人员安排等内容。数字测图方案设计可参照CH/T 1004—2005的要求编写。

3.1.1 了解测量任务书

测量任务书或测量合同是测量施工单位上级主管部门或合同甲方下达的技术要求文件。这种技术文件是指令性的，包含工程项目或编号、设计阶段及测量目的、测区范围（附图）及工作量、对测量工作的主要技术要求和特殊要求，以及上交资料的种类和时间等内容。

3.1.2 编写踏勘报告

根据外业测绘任务的具体内容和特点，必须对整个测区进行实地踏勘，并编写踏勘报告。报告可包括以下内容：

(1) 作业区的行政划分、经济水平、踏勘的时间、人员的组成及分工、踏勘的路线及范围。

(2) 作业区的自然地理情况：山脉、水系、主要地貌类型和特征、平均概略高程、一般比高、地貌自然坡度、透视程度。

(3) 根据外业测绘任务的具体情况，说明对测绘区作业有影响的作业区气象气候情况（如风、雨、雪、雾、气温、气压、能见度等），以及冻土深度、高秆作物季节、每年可作业年份、月平均作业天数。

(4) 作业区交通情况。

(5) 居民的风俗习惯和语言情况，居民地的分布情况及地名规律，以及作业组住地的建议。

(6) 测区主要交通、水系、山体、居民地、管线和境界等的接合图。

(7) 土壤、土质、沼泽地等情况。

(8) 植被的种类和分布情况。

(9) 作业区供应情况：生活用品、粮食、饮水、燃料的供应情况，木材、水泥、沙、石等就地取材的可能性和价格，消耗品、材料、工具的采购地点。

(10) 请用劳动力、向导、翻译等情况和工资标准。

(11) 作业区治安情况、卫生情况及预防措施。

(12) 作业区已有成果成图及其质量情况，测量标识完好情况，对利用这些资料的初步分析和意见。

(13) 典型地物、地貌样片调绘及摄影资料。

(14) 根据地貌特征、经济水平和技术方法的作业难度，划分作业区困难类别和具体图幅困难类别（可根据情况幅图）。

(15) 其他需补充说明的作业区信息。

(16) 对今后技术设计方案和作业的建议。

3.1.3 资料收集

(1) 各类图件。测区及测区附近已有的测量成果等资料，内容应说明其施测单位、施测年代、等级、精度、比例尺、规范依据范围、平面和高程坐标系统、投影带号、标石保存情况及可利用的程度等。

(2) 其他资料。包含测区有关的地形、气象、交通、通信、地质等方面的资料及城市与乡、村行政区划表等。

3.1.4 拟订作业计划

(1) 数字测图通常分外业数据采集和内业编辑处理，拟订作业计划的主要依据是：

1) 测量任务书及有关规程（规范）；

2) 投入的仪器设备；

3) 参加的人员数据、技术状况；

4) 使用的软件及采用的作业模式；

5) 测区资料收集情况；

6) 测区及附近的交通、通信及后勤保障（食宿、供电等）。

(2) 作业计划的主要内容应包括：

1) 测区控制的具体实施计划；

2) 野外数据采集及绘图实施计划；

3) 仪器配备、经费预算计划；

4) 提交资料的时间计划及检查验收计划等。

3.1.5 仪器设备的选型及检验

仪器设备是保证完成测量任务的关键所在。仪器设备的性能、型号精度、数量与测量的精度、测区的范围、采用的作业模式等有关。

例如，对于测区控制网，首级一般都采用 GPS 网，加密采用导线加密。导线的施测最好采用测角精度 2″以上，测距精度 $3+2\text{ppm}\times D$（D 为测量距离，km）以上的全站仪施测，当然也可采用 GPS RTK 施测。数字测图的野外数据采集采用测角精度不低于 6″，测距精度不低于 $5+5\text{ppm}\times D$ 即可，有条件的采用 GPS RTK 效率更高。

3.2 测绘技术设计书的编写

3.2.1 技术设计书的编写原则与编写依据

1. 编写原则

参照 CH/T 1004—2005，技术设计书应遵照以下基本原则：

(1) 技术设计应依据技术输入内容，充分考虑顾客的要求，引用适用的国家、行业或地方的相关标准，重视社会效益和经济效益。

(2) 技术设计方案应先考虑整体而后考虑局部，且顾及发展；要根据作业区实际情况，考虑作业单位的资源条件（如人员的技术能力和软、硬件配置情况等），挖掘潜力，选择最适用的方案。

(3) 积极采用适用的新技术、新方法和新工艺。

(4) 认真分析和充分利用已有的测绘成果（或产品）和资料；对于外业测量，必要时应进行实地勘察，并编写踏勘报告。

2. 大比例尺测图技术设计书的编写依据

目前，我国大比例尺数字测图项目技术设计主要依据的标准规范或规定有：

(1) GB 50026—2007《工程测量规范》。

(2) GB/T 14912—2005《1∶500 1∶1000 1∶2000 外业数字测图技术规程》。

(3) CJJ/T 8—2011《城市测量规范》。

(4) GB/T 18314—2001《全球定位系统（GPS）测量规范》。

(5) CH 9008.1—2010《基础地理信息数字成果 1∶500 1∶1000 1∶2000 数字线划图》。

(6) GB/T 17278—2009《数字地形图产品基本要求》。

(7) GB/T 17941—2008《数字测绘成果质量要求》。

(8) GB/T 20257.1—2007《国家基本比例尺地图图式 第1部分：1∶500 1∶1000 1∶2000 地形图图式》。

(9) GB/T 13923—2006《基础地理信息要素分类与代码》。

(10) GB/T 17160—2008《1∶500 1∶1000 1∶2000 地形图数字化规范》。

(11) GB/T 18316—2008《数字测绘成果质量检查与验收》。

(12) GB/T 13989—2012《国家基本比例尺地形图分幅和编号》。

3.2.2 大比例尺数字测图技术设计书的编写

大比例尺数字测图技术设计书应按照 CH/T 1004—2005 的要求进行编写。

1. 技术设计相关概念

在 CH/T 1004—2005 中，测绘技术设计是指将顾客或社会对测绘成果的要求（即明示的、通常隐含的或必须履行的需求或期望）转换为测绘成果（或产品）、测绘生产过程或测绘生产体系规定的特性或规范的一组过程。

测绘技术设计文件是指为绘图成果（或产品）固有特性和生产过程或体系提供规范性依据的文件，主要包括项目设计书、专业技术设计书及相应的技术设计更改文件。

测绘技术设计的目的是制订切实可行的技术方案，保证测绘成果（或产品）符合技术标准和满足顾客要求，并获得最佳的社会效益和经济效益。因此，每个测绘项目作业前应进行技术设计。测绘技术设计分为项目设计和专业技术设计。项目设计是对测绘项目进行的综合性整体设计。专业技术设计是对测绘专业活动的技术要求进行设计，它是在项目设计基础上，按照测绘活动内容进行的具体设计，是指导测绘生产的主要技术依据。专业技术设计根据专业测绘活动的不同分为大地测量、摄影测量与遥感、野外地形数据采集及成图、地图制图与印刷、工程测量、界线测绘、基础地理信息数据建库等专业技术设计。专业技术设计书的内容通常包括概述、测区自然地理概况与已有资料情况、引用文件、成果（或产品）主要技术指标和规格、技术设计方案等部分。对于工作量较小的项目，可根据需要将项目设计和专业技术设计合并为项目设计。

项目设计由承担项目的法人代表单位负责；专业技术设计由具体承担相应测绘专业任务的法人单位负责。技术设计文件是测绘生产的主要技术依据，也是影响测绘成果（或产品）能否满足顾客要求和技术标准的关键因素。为了确保技术设计文件满足规定要求的适宜性、充分性和有效性，测绘技术的设计活动应按照策划、设计输入、设计输出、审评、验证（必要时）、审批的程序进行。

2. 技术设计相关要求

(1) 设计输入是设计的依据。通常情况下，测绘技术设计输入包括：

1) 使用的法律、法规要求。

2) 适用的国际、国家或行业技术标准。

3) 对测绘成果（或产品）功能和性能方面的要求，主要包括测绘任务书或合同的有关要求，顾客书面要求或口头要求的记录，市场的需求或期望。

4) 顾客提供的或本单位收集的测区信息、测绘成果（或产品）资料及踏勘报告等。

5) 适用时，以往测绘技术设计、测绘技术总结提供的信息，以及现有生产过程和成果（或产品）的质量记录及有关数据。

6) 测绘技术设计必须满足的其他要求。

(2) 设计人员应满足以下基本要求：

1) 具备完成有关设计任务的能力，具有相关的专业理论知识和生产实践经验。

2) 明确各项设计输入内容，认真了解、分析作业区的实际情况，并积极收集类似设计内容执行的有关情况。

3) 了解、掌握本单位的资源条件（包括人员的技术能力，软、硬件装备情况）、生产能力、生产质量状况等基本情况。

4) 对其设计内容负责，并善于听取各方意见，发现问题，应按有关程序及时处理。

(3) 技术设计的编写应做到：

1) 内容明确，文字简练，对标准或规范中已有明确规定的，一般可直接引用，并根据引用内容的具体情况，明确所引用标准或规范名称、日期及引用的章、条编号，且应在引用文件中列出；对已作业生产中容易混淆和忽视的问题，应重点描述。

2) 名词、术语、公式、符号、代号和计量单位等应与有关法规和标准一致。

3) 技术设计书有规定的幅面、封面格式和字体。

4) 在编写设计书时，当用文字不能清楚、形象地表达其内容和要求时，应增加设计附图。

(4) 数字测图设计附图的类型、内容和要求。设计附图是在编写设计书时，用文字不能清楚、形象地表达其内容和要求时所增加的图纸设计。设计附图是测绘技术设计的重要组成部分，它可以直接反映出整个技术设计全貌和各作业工序的相互关系。根据技术设计内容的具体要求，设计附图可以单工种进行，也可以多工种合并进行。设计附图应在相应的项目设计和专业技术设计书附录书中列出。

1）设计附图的类型。设计附图一般可包括以下几种情况：

a. ××测区测量标志设计图；

b. ××测区 GPS 测量技术设计图；

c. ××测区三角、导线测量技术设计图；

d. ××测区水准测量技术设计图；

e. ××测区地形控制测量技术设计图；

f. ××测区其他技术设计图。

2）设计附图的内容和要求。

a. 设计附图应有标题（图名、图号）、设计单位、设计人、审核人、日期、图例及必要的文字说明。

b. 设计附图应选择适宜的比例尺，需要时可绘制接合图以说明测区周边成果情况和接边要求。

c. 设计附图的设计内容应能反映任务作业量，且设计内容清楚、明了，幅面大小适宜，对已有资料应表明衔接关系。

d. 根据需要，设计附图上标明作业区范围、经纬度、主要的居民区、交通线、水系和境界等。

e. 当设计附图内容较复杂时，可分项绘制，或增加一些辅助的表格和必要的简要说明，做到设计附图和技术设计书的内容互相补充。

3. 数字测图项目设计书的内容

技术设计书的编写是在资料收集齐全后进行的，主要编写内容有任务概述、测区情况、已有资料及其分析、技术方案的设计、组织与劳动计划、仪器配备及供应计划、财务预算、检查验收计划及安全措施等。

[实例 3-1] 野外地形数据采集及成图测绘项目的测绘技术设计的编写。

1. 概述

说明项目来源、内容和目标、作业区范围、作业内容和行政隶属、成图比例尺、采集内容、任务量、完成期限、项目承担单位和成果（或产品）接受单位等。

2. 作业区自然地理概况和已有资料情况

(1) 作业区自然地理概况。根据测绘项目的具体内容和特点，根据需要说明与测绘作业有关的作业区自然地理概况，内容可包括：

1）作业区的地形概况、地貌特征：居民地、交通、水系、植被等要素的分布与主要特征，地形类别、困难类别、海拔高度、相对高差等。

2）作业区的气候情况：气候特征、风雨季节等。

3）其他需要说明的作业区情况等，如测区有关工程地质与水文地质的情况，以及测区经济发达状况等。

(2) 已有资料情况。说明已有资料的数量、形式、主要质量情况（包括已有资料的主要技术指标和规格等）和评价；说明已有资料利用的可能性和利用方案等，如已有控制点或原有地形图的施测年代，采用的平面、高程基准，数量范围、保存情况，技术指标规格，是否可再利用等。

3. 引用文件

说明项目设计书编写过程中所引用的标准、规范或其他技术文件。文件一经引用，便构成项目设计书设计内容的一部分。

4. 成果（或产品）主要技术指标和规格

说明成果（或产品）的种类及形式、坐标系统、高程基准、时间系统，比例尺、分带、投影方法，分幅编号及其空间单元，成图方法、成图基本等高距、数据基本内容、数据格式、数据精度及其他技术指标等。

5. 设计方案

(1) 软件和硬件配置要求。规定测绘生产过程中的硬、软件配置要求，主要包括：

1) 硬件。

a. 规定对生产过程所需的主要测绘仪器、规定仪器的类型、数量、精度指标及对仪器校准或检定的要求，规定对作业所需的数据处理设备、数据传输网络等设备的要求；

b. 其他硬件配置方面的要求（如对于外业测绘，可根据作业区的具体情况，规定对生产所需的主要交通工具、主要物资、通信联络设备及其他必需的装备等要求）。

2) 软件。规定对生产过程中主要应用软件的要求。

(2) 技术路线及工艺流程。说明项目实施的主要生产过程和过程之间输入、输出的接口关系。必要时，应用流程图或其他形式清晰、准确地规定出生产作业的主要过程和接口关系，如图 3-1 所示。

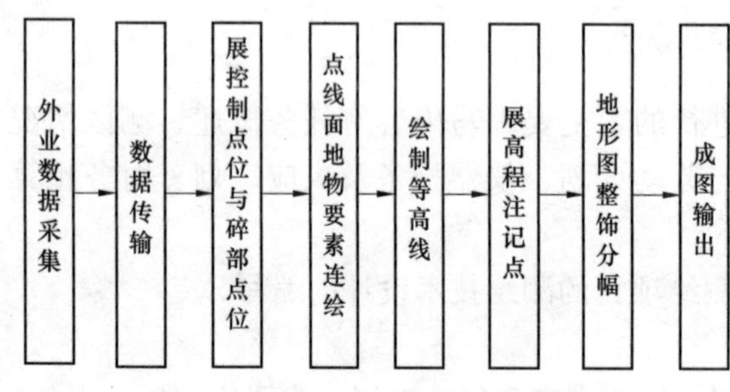

图 3-1 地面数字测图总体流程图

(3) 技术规定。主要内容包括：

1) 规定各项专业活动的主要过程、作业方法和技术、质量要求。

例如，图根控制测量：规定各类图根的布设，标识的设置，观测使用的仪器、测量方法和测量限差的要求等；规定野外地形数据采集方法，包括采用全站型速测仪、平板仪、全球定位系统（GPS）测量等；规定野外数据采集的内容、要素代码、精度要求；规定属性调查的内容和要求：数字高程模型（DEM），应规定高程数据采集的要求；规定数据记录要求；规定数据编辑、接边、处理、检查和成图工具等要求；数字高程模型和数字地形模型，还应规定内插 DEM 和分层设色的要求等。

2) 特殊的技术要求，采用新技术、新方法、新工艺的依据和技术要求。

(4) 上交和归档成果（或产品）内容及其资料内容和要求。分别规定上交和归档的成果（或产品）内容、要求和数量，以及有关文档资料的类型、数量等，主要包括：

1) 成果数据。规定数据内容、组织、格式，存储介质，包装形式和标识及其上交和归档的数量等。

2) 文档资料。规定需上交和归档的文档资料的类型（包括技术设计文件、技术总结、质量检查验收报告、必要的文档簿、作业过程中形成的重要记录等）和数量等。

（5）质量保证措施和要求。规定生产过程中的质量控制环节和产品质量检查的主要要求。内容主要包括：

1）组织管理措施。规定项目实施的组织管理和主要人员的职责和权限。

2）资源保证措施。对人员的技术能力或培养的要求；对软、硬件装备的需求等。

3）质量控制措施。规定生产过程中的质量控制环节和产品质量检查、验收的主要要求。

4）数据安全措施。规定数据安全和备份或其他特殊方面的技术要求。

（6）进度安排和经费预算。进度安排上，应对以下内容做出规定：

1）划分作业区的困难类别。

2）根据设计方案，分别计算统计各工序的工作量。

3）根据统计的工作量和计划投入的生产实力，参照有关生产定额，分别列出年度计划和各工序的衔接计划。

经费预算可根据设计方案和进度安排，编制分年度（或分期）经费和总经费计划，并做出必要说明。

另外，还涉及有关附录，包括设计附图、附表和其他有关内容。

习　题

1. 已知校区 $1km^2$ 的 1∶500 数字地形图测绘，以小组为单位讨论：需收集哪些资料、信息？要做哪些准备工作？

2. 测图作业前的准备工作有哪些？

3. 野外踏勘的内容是什么？

4. 数字测图技术设计书的内容有哪些？

5. 依照技术设计的要求，试编写：校园 1∶500 数字地形图测绘的技术设计书。

单元四　野外数据采集设备

学习目标

当前的地面数字测图系统是一种较先进的技术体系，它不仅融合了传统的地形测量、控制测量与地图制图方面的基础理论，还涉及了计算机与新一代测绘仪器的操作使用。其中，全站仪、GPS是应用较为普遍的新型数据采集仪器。该单元介绍了全站仪和GPS的原理结构、功能、使用和发展趋势。了解全站仪的分类、等级、主要技术指标；掌握全站仪的基本操作，测角、测距、测三维坐标和三维坐标放样的原理和操作方法；了解全站仪的偏心测量、对边测量、悬高测量、面积测量等方法。重点学习数据采集、后方交会、文件管理和数据通信等功能。

4.1　全站型电子速测仪

大比例尺数字测图是一种将地理空间基础信息按一定规则以数字形式提取、存储并最终以数字线化地形图（DLG）的方式进行表示的技术手段和方法。其处理的相关数据主要为地表空间位置与属性数据。数字测图一般经过数据采集、数据编码、人机交会成图等几个阶段，其最终成果为数字地图（流程见图4-1）。在当前的数字测图系统中，各种类型的全站仪、GPS接收机是外业数据采集的关键设备。

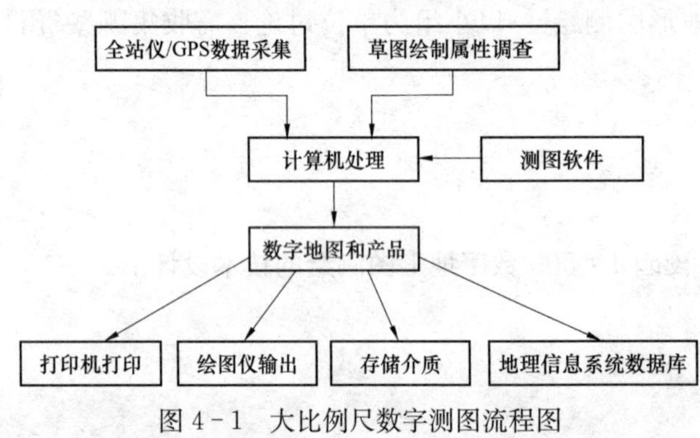

图4-1　大比例尺数字测图流程图

4.1.1　全站仪的发展

全站仪，即全站型电子速测仪（Electronic Total Station），是一种集光、机、电为一体的高技术测量仪器，集水平角、垂直角、距离（斜距、平距）、高差测量等功能于一体，一次安置仪器就可完成该测站上全部测量工作，所以称为全站仪；广泛用于地上大型建筑和地下隧道施工等精密工程测量或变形监测领域。

全站仪是一种新型测角仪器，是人们在角度测量自动化的过程中应运而生的，全站仪与光学经纬仪的区别在于度盘读数及显示系统，其水平度盘和竖直度盘及其读数装置是分别采用两个相同的光栅度盘（或编码盘）和读数传感器进行角度测量的，可以自动记录和显示读数，增加了自动存储、计算及数据通信功能，提高了测量作业的自动化程度；简化了测角操作，且可避免读数误差的产生；根据测角精度可分为0.5″、1″、2″、3″、5″、10″等几个等级。根据JJG 100—2003《全站型电子速测仪检定规程》的规定，全站仪的测角部分准确度等级及标称标准偏差划分见表4-1。

表4-1 准确度等级分类

仪器等级	I		II		III			IV
标称标准偏差	0.5″	1.0″	1.5″	2.0″	3.0″	5.0″	6.0″	10.0″
各级标准差范围	$m_p \leqslant 1.0''$		$1.0'' < m_p \leqslant 2.0''$		$2.0'' < m_p \leqslant 6.0''$			$6.0'' < m_p \leqslant 10.0''$

注 m_p 为测角标准偏差。

全站仪的发展经历了从组合式（即光电测距仪与光学经纬仪组合，或光电测距仪与电子经纬仪组合），到整体式（即将光电测距仪的光波发射接收系统的光轴和经纬仪的视准轴组合为同轴的整体式全站仪）等几个阶段。

最初速测仪的距离测量是通过光学方法来实现的，这种速测仪称为光学速测仪。实际上，光学速测仪就是指带有视距丝的经纬仪，被测点的平面位置由方向测量及光学视距来确定，高程则是用三角测量方法来确定的。带有视距丝的光学速测仪，由于其快速、简易，而在短距离（100m以内）、低精度（1/500～1/200）的测量中，如碎部点测定中，有其优势，得到了广泛的应用。

随着电子测距技术的出现，大大地推动了速测仪的发展。用电磁波测距仪代替光学视距经纬仪，使得测程更大、测量时间更短、精度更高。人们将距离由电磁波测距仪测定的速测仪笼统地称为电子速测仪（Electronic Tachymeter）。

然而，随着电子测角技术的出现。这一“电子速测仪”的概念又相应地发生了变化，根据测角方法的不同分为半站型电子速测仪和全站型电子速测仪。半站型电子速测仪是指用光学方法测角的电子速测仪，也有称为“测距经纬仪”。这种速测仪出现较早，并且进行了不断的改进，可将光学角度读数通过键盘输入到测距仪，对斜距进行化算，最后得出平距、高差、方向角和坐标差，这些结果都可自动地传输到外部存储器中。全站型电子速测仪就是由电子测角、电子测距、电子计算和数据存储单元等组成的三维坐标测量系统，测量结果能自动显示，并能与外围设备交换信息的多功能测量仪器。由于全站型电子速测仪较完善地实现了测量和处理过程的电子化和一体化，所以通常也称为全站型电子速测仪或简称全站仪。

20世纪80年代末，人们根据电子测角系统和电子测距系统的发展不平衡，将全站仪分成两大类，即积木式和整体式。20世纪90年代以来，基本上都发展为整体式全站仪，采用光电扫描测角系统，其类型主要有编码盘测角系统、光栅盘测角系统及动态（光栅盘）测角系统等三种。全站仪几乎可以用在所有的测量领域。当前全站仪已广泛用于控制测量、数字测图、施工放样、变形观测等各个方面的测量工作中。

随着计算机技术的不断发展和应用，以及用户的特殊要求与其他工业技术的应用，全站仪出现了一个新的发展时期，出现了带内存、防水型、防爆型、电脑型等全站仪，新一代智能全站仪更快速稳定，用途更广泛，操作更便利，界面更友好，软件功能更强大，并可以克服更为恶劣的作业环境。目前，世界上最高精度的全站仪：测角精度（一测回方向标准偏差）为0.52，测距精度为1mm＋1ppm。利用ATR功能，白天和黑夜（无需照明）都可以工作。全站仪已经达到令人不可置信的角度和距离测量精度，既可人工操作也可自动操作，既可远距离遥控运行也可在机载应用程序控制下使用，可使用在精密工程测量、变形监测、几乎是无容许限差的机械引导控制等应用领域。

图 4－2　拓普康 GTS－330N 普及型全站仪

全站仪一般可分为普及型（如图 4－2 拓普康 GTS－3 系列）、专业型（如拓普康 GPT－7500 系列）、高精型等各种系列。现在的全站仪型号国产或进口品牌繁多、产品丰富、档次也各不相同，根据装备不同，价格也相差悬殊。专业型全站仪测角测距精度一般较高。拓普康专业型全站仪（包括无棱镜型 GPT－7500 和标准型 GTS－750）的技术指标见表 4－2。该系列配备了 400MHz 的 Intel 处理器和 Windows（R）CE 操作系统，6′大范围倾斜补偿，5000mAh 增强型电池容量，同时提供 USB、U 盘与 CF 卡接口，来增加存储空间，以及大屏 QVGA 彩色液晶触摸屏和背光键盘；可以透过栅栏、树枝等进行测量。

表 4－2　　拓普康 750 系列全站仪技术指标

仪器型号	GTS－751	GTS－752	GPT－7501	GPT－7502
角度测量				
精度	1″	2″	1″	2″
方法	绝对法读数			
最小读数	0.5″/1″	1″/5″	0.5″/1″	1″/5″
补偿方式	双轴补偿			
补偿范围	±6′			
望远镜				
放大倍率（x）	30x			
最小视距	1.3m			
有棱镜距离测量				
测程	单棱镜：3000m；　三棱镜：4000m；　微棱镜：1000m			
精度	±(2mm+2ppm×D)m.s.e.			
无棱镜距离测量	无棱镜模式		无棱镜超长模式	
范围（柯达白）	1.5～250m		5.0～2000m	
精度	精测模式	±(5mm)	±(10mm+10ppm×D)	
	粗测模式	±(7mm+2ppm×D)	±(20mm+10ppm×D)	
	跟踪模式	±(10mm+2ppm×D)	±(100mm)	
电脑单元				
操作系统	Microsoft Windows（R）CE.NET4.2			
处理器	Intel PXA255 400MHz			
内存	RAM：64M byte；ROM：2Mb（Flash ROM）+128Mb（SDCard）			
显示器	双面 320×240（QVGA）彩色 LCD　TFT			
端口				
扩展卡	CF 卡（Type Ⅰ/Ⅱ）			
端口	串口：RS－232C（6 针）；USB Mini－B+TypeA；蓝牙（可选 CF 卡）			
物理指标				

续表

仪器（含电池）重量	5.09kg	6.6kg
仪器箱	4.5kg	4.5kg
环境	IP54（基于 IEC 60529 标准）	
工作温度	−20～50℃	
电池		
包括距离测量	10h	6h
只有角度测量	12h	12h
充电时间	5h	5h

现代的全站仪装备先进、功能强大，目前许多仪器生产公司都先后出品了各种测量机器人，如拓普康公司生产出世界第一台 WinCE 测量机器人——GPT-9000A 系列测量机器人（见图 4-3）；装备 2000m（柯达白）的无棱镜激光测距，350m 范围内任何颜色、任何材质的目标都可测量，采用最安全的一级激光，自动马达伺动，可自动搜索并测定目标。

图 4-3　拓普康 GPT-9000A 系列测量机器人

因为能量高度集中的激光束有可能对人体造成损害，如眼睛或皮肤。所以，国际电子技术委员会 IEC（International Electrotechical Commission）和食品及药品管理局 FDA（Food and Drug Administration）对激光设备的安全性，按其激光输出值的大小进行了分类。正规生产激光设备，其安全等级均应按 FDA 或 IEC 标准进行标注。IEC 标准将激光设备的安全等级分为五等，分别称为 Class1、Class2、Class3A、Class3B、Class4。例如，Class1 级激光设备，在“可预见的工作条件下”是一种安全设备；Class4 级激光设备，则是可能生成有害的漫反射的设备，会引起皮肤的灼伤乃至火灾，使用中应特别小心。FDA 标准将激光设备分为六个等级，即 ClassⅠ、ClassⅡa、ClassⅡ、ClassⅢa、ClassⅢb 和 ClassⅣ。对 ClassⅠ级，其激光辐射量不认为是有害的；对 ClassⅣ级，其激光辐射量无论是直接辐射还是散射（Scattered），对皮肤和眼睛均是有害的。现代全站仪基本上采用最安全的一级激光，避免对测量人员的伤害，也降低了在某些环境内（如油库）的作业危险性。

全站仪所测数据可以与外接计算机通过有线或无线实现数据通信传输。全站仪与计算机通常是采用 RS-232 串行连接，每台全站仪都必须有一条电缆线直接或间接地与计算机之间实现数据通信。但是随着蓝牙技术的发展，越来越多的测量仪器被嵌入蓝牙模块，如 LeicaTPS1200 型全站仪、TrimbleGPS 接收机、南方 GPS 接收机等。

蓝牙技术是一项短距离无线网络通信技术。它用微波取代传统网络中错综复杂的电缆，在 10～100m 的空间内使各类移动及非移动设备之间实现方便快捷、灵活安全、低成本、低功耗的数据通信。使用蓝牙无线控制技术，实现计算机自动搜索一定工作范围内的所有全站仪，并与其建立无线通信网络，进而建立测量系统，从而摆脱连接电线或电缆，在复杂的测量空间方便地进行测量数据的无线传输。蓝牙技术的发展，必将带领我们走向一个无线的测量领域。测量数据将通过蓝牙直接传输到计算机或掌上电脑，经过计算机处理的测量数据也可通过蓝牙直接发送到打印机或其他终端。

全站仪从出现至今，短短几十年间从组合式到整体式、从有线到无线、从手控到自动照准控制、从多人协作到单人测量，经历了日新月异的发展。例如，徕卡 TS11i/15i 仪器可以自动将获取的目标数码影像，实时显示在仪器屏幕上，将测量工作者从肉眼瞄准粗调再精调的繁琐工作中彻底解放出来！该仪器采用 Smart Worx Viva 系列软件，增加了图形注记等高效功能，并可以灵活将仪器升级成单人测量系统、超站仪和镜站仪等更多测量模式（见图 4-4），使测量工作更高效自动化，大大减少了测绘时间和劳动力成本的投入。

图 4-4　徕卡单人测量系统、镜站仪系统和超站仪系统

Viva 单人测量系统：全站仪通过和控制手簿、手柄电台的组合可以升级至单人测量系统。单人测量系统改变了以往“一人测量，一人跑杆”的传统测量模式，以往的测量小组将无需存在，测量员、跑杆员、记录员全部由一个人独立承担，高效自动化地完成测量工作。

Viva 镜站仪系统：全站仪通过和 GNSS 天线头、360°棱镜、电台手柄及控制手簿的组合可以升级至镜站仪系统。镜站仪系统打破了“先定向后测量”的传统测量模式，在测量过程中即可完成全站仪的定向。当外业工作中 GPS 信号被遮挡时，用全站仪测量；当全站仪不通视时，用 GPS 测量，两台仪器联合作业。

Viva 超站仪系统：全站仪通过和 GNSS 天线头、SmartStation 适配器的组合可以升级至超站仪系统。超站仪即为一个综合测量工作站。

当代全站仪集成高精度全站仪技术、高速 3D 扫描技术、高分辨率数字图像测量技术及超站仪技术等多项先进的测量技术，能够以多种方式获得高精度的测量结果，应用范围更是空前的扩大。例如，徕卡 Nova MS50 具备以下一系列功能：

(1) 高速长距离扫描功能。300m 内，扫描速度高达每秒 1000 个点，快速获得大量的扫描数据，大幅度提高外业效率。扫描距离长达 1000m，远离扫描目标即可获得大量数据，减少设站频率。扫描精度最高可达 0.6mm，扫描数据精确可靠。

(2) 超长距离免棱镜功能。免棱镜测量距离长达 2000m，远离危险目标，一次设站测量更大的范围，免棱镜单次测量仅用时 1.5s。利用免棱镜测量对一些人员无法达到或者比较危险的区域，可以实现轻松测量。

(3) 高频率广角相机。帧频率高达 20Hz，实时获取测量目标高清影像。在图像上进行点击“点击 & 转动”功能，驱动仪器旋转并照准测量目标，获取全景图像，方便检查测量数据的完整性和准确性，可以通过点击屏幕操作仪器进行测量，所见即所测，直观方便，测量无遗漏。

(4) 高分辨率望远镜相机。30 倍变焦，高分辨率图像，更加精确捕获较远处测量目标，具有自动对焦功能，对焦更快、更精确，减少人工对焦造成的测量人员视力疲劳，能够连续自动对焦，只需通过屏幕就可以实现精确照准，再也不弯腰看着目镜进行照准了，见图 4-5。

(5) 最高防护等级。防尘防水等级 IP65，即使在极其恶劣的使用环境中也能实现 24×7 工作时，防雨等级达到军用标准，避免突如其来的雨水造成仪器损坏。

(6) 点云机载自动处理。外业无需布设标靶，内业无需通过标靶进行点云拼接，外业测量和数据处理更简单，3D点云实时查看，通过放大、缩小、旋转等方式在仪器上查看扫描数据，查漏补缺。机载表面建模功能，外业即可获取扫描对象体积等重要信息。

图 4-5　屏幕照准

(7) 高速自动化测量。转速高达 180°/s，快速完成测量目标的自动化测量，自动搜索周围的测量目标，实现快速捕获测量目标。

(8) 高效外业软件。外业软件采用图形化菜单，向导式操作，更容易学习和使用。

(9) 支持 WLAN。可轻松接入互联网，利用互联网可传输数据到办公室或从办公室下载数据，测量数据随测随得，轻松实现内外业一体化。

(10) 与 GNSS 组合成超站仪，可以通过 RTK 测量获得测站点的坐标和后视点坐标，无需控制网就可以进行测量。对于地物单一的平坦草地、沙丘等测量区域，设站后指定扫描区域，仪器自动进行扫描，能够快速扫描出 1000m 范围内的目标，快速完成测量。

可以预见，未来用于外业数据采集的普及型全站仪的装备会逐步提高，也将会与徕卡 Nova MS50 综合测量工作站一样，功能强大，使用便捷。

4.1.2　全站仪的结构与检验

电子全站仪由电源部分、测角系统、测距系统、数据处理部分、通信接口及显示屏、键盘等组成。图 4-6 所示是拓普康 GTS-3 普及型全站仪，该仪器是由日本拓普康公司于 1992 年生产出品。

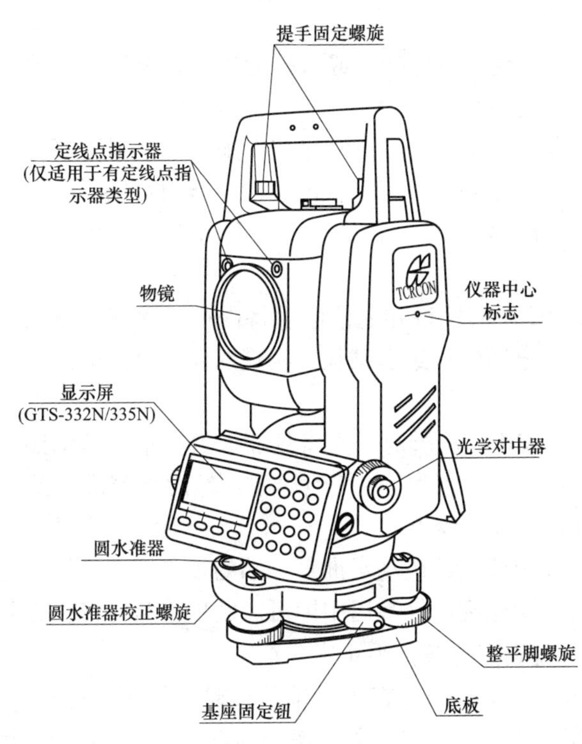

图 4-6　拓普康 GTS-3 普及型全站仪

1. 全站仪构造

(1) 电源。供给其他各部分电源，包括望远镜十字丝和显示屏的照明。

(2) 测角部分。相当于电子经纬仪，可以测定水平角、竖直角和设置方位角。

(3) 测距部分。相当于光电测距仪，一般用红外光源，测定到目标点的斜距，可归算为平距和高差。

(4) 中央处理单元。接受输入指令，分配各种观测作业，进行测量数据的运算，如多测回取平均值、观测值的各种改正、极坐标法或交会的坐标计算，以及包括运算功能更为完善的各种软件。

(5) 输入输出设备。包括键盘、显示屏和接口，从键盘可以输入操作指令、数据和设置参数，显示屏可以显示出仪器当前的工作方式、状态、观测数据和运算结果；接口使全站仪能与磁卡、磁盘、微机交互通信、传输数据。

2. 全站仪结构特点

同电子经纬仪、光学经纬仪相比，全站仪增加了许多特殊部件，因而使得全站仪具有比其他测角、测距仪器更多的功能，使用也更方便。这些特殊部件构成了全站仪在结构方面独树一帜的特点：

(1) 同轴望远镜。全站仪的望远镜实现了视准轴、测距光波的发射、接收光轴同轴化。同轴化的基本原理是：在望远物镜与调焦透镜间设置分光棱镜系统，通过该系统实现望远镜的多功能，即可瞄准目标，使之成像于十字丝分划板，进行角度测量。同时其测距部分的外光路系统又能使测距部分的光敏二极管发射的调制红外光在经物镜射向反光棱镜后，经同一路径反射回来，再经分光棱镜作用使回光被光电二极管接收；为测距需要在仪器内部另设一内光路系统，通过分光棱镜系统中的光导纤维将由光敏二极管发射的调制红外光也传送给光电二极管接收，进行而由内、外光路调制光的相位差间接计算光的传播时间，计算实测距离。

同轴性使得望远镜一次瞄准即可实现同时测定水平角、垂直角和斜距等全部基本测量要素的测定功能。因为增加了强大、便捷的数据处理功能，使全站仪使用起来极其便利。

(2) 双轴自动补偿。仪器增配了双轴自动补偿设备，作业时若全站仪纵轴倾斜，会引起角度观测的误差，盘左、盘右观测值取中不能使之抵消。而全站仪特有的双轴（或单轴）倾斜自动补偿系统，可对纵轴的倾斜进行监测，并在度盘读数中对因纵轴倾斜造成的测角误差自动加以改正（某些全站仪纵轴最大倾斜可允许至±6′）；也可通过将由竖轴倾斜引起的角度误差，由微处理器自动按竖轴倾斜改正计算式计算，并加入度盘读数中加以改正，使度盘显示读数为正确值，即所谓纵轴倾斜自动补偿。

(3) 键盘和显示屏。键盘是全站仪在测量时输入操作指令或数据的硬件，全站型仪器的键盘和显示屏均为双面式，便于正、倒镜作业时操作。

(4) 存储器。全站仪存储器的作用是将实时采集的测量数据存储起来，再根据需要传送到其他设备（如计算机等）中，供进一步的处理或利用，全站仪的存储器有内存储器和存储卡两种。全站仪内存储器相当于计算机的内存（RAM），存储卡是一种外存储媒体，又称PC卡，作用相当于计算机的磁盘。

(5) 通信接口。全站仪可以通过 BS-232C 通信接口和通信电缆将内存中存储的数据输入计算机，或将计算机中的数据和信息经通信电缆传输给全站仪，实现双向信息传输。

3. 全站仪的检验

(1) 照准部水准轴应垂直于竖轴的检验和校正。检验时，先将仪器大致整平，转动照准部使其水准管与任意两个脚螺旋的连线平行，调整脚螺旋使气泡居中，然后将照准部旋转180°，若气泡仍然居中则说明条件满足，否则应进行校正。

校正的目的是使水准管轴垂直于竖轴，即用校正针拨动水准管一端的校正螺钉，使气泡向正中间位置退回一半，为使竖轴竖直，再用脚螺旋使气泡居中即可。此项检验与校正必须反复进行，直到满足条件为止。

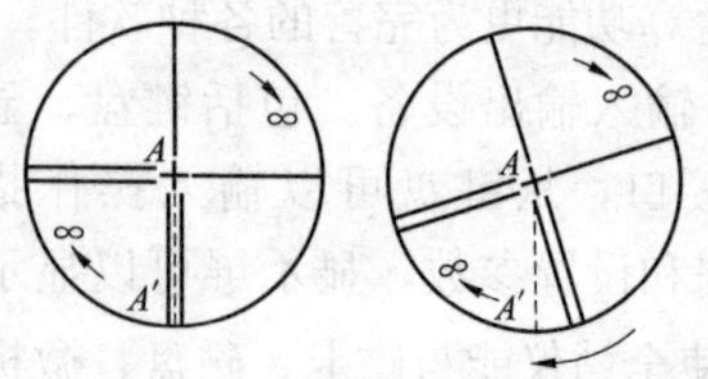

图 4-7　十字丝照准 A 点

(2) 十字丝竖丝应垂直于横轴的检验和校正。检验时，用十字丝竖丝瞄准至少 50m 外一清晰小点，使用竖直微动螺旋，使望远镜绕横轴上下转动，如果小点始终在竖丝上移动则条件满足，否则需要进行校正（见图 4-7）。校正时，松开分划板护盖，均匀旋松固定螺钉，绕视准轴旋转分划板，使小点始终落到竖丝上，调整后均匀旋紧固定螺钉，重复检验校正结果，无误后装回护盖。

(3) 视准轴应垂直于横轴的检验和校正。选择 100m 处一接近水平位置的目标，盘左盘右观测之，取它们的读数差与 180°的差值即得 $2c$ 值 [$2c=L-(R\pm180°)$]。$2c\geqslant\pm20''$需校正。校正方法有电子和光学校正两种，光学校正时需注意：拨动十字丝分划板水平方向上的左右校正螺钉后，必须检查光电同轴性。因为全站仪十字丝的拨动和调整会影响全站仪三轴（发射轴、接收轴、视准轴）的状态。全站仪三轴一旦不共轴则会出现照准棱镜中心不测距的故障。

(4) 光学对中器的检验与校正。安置仪器到三脚架，仪器正下方地面放置一张画有十字丝的白纸，调好对中器焦距后，移动白纸使十字中心处于视场中心。调动脚螺旋使对中器中心标识与十字中心重合。旋转照准部每过 90°观察重合情况，如果始终重合，则不必校正，否则需要校正。校正时，松开护盖，用校正针拨动四个校正螺钉，使两中心重合，需要反复检验和校正，合格后装回护盖（见图 4-8）。

(5) 仪器常数（K）的检验。仪器常数在出厂时已经进行了检验并在仪器内做好修正，通常情况下没有偏差，使用后可每年进行 1～2 次检验，检验需要在标准基线上进行。

检测方法：首先选一坚实平坦场地，如图 4-9 所示，在 A 点安置并整平全站仪，用竖丝仔细在地面标定同一直线上间隔约 50m 的 C、B 点，并准确对中地安置反射棱镜。然后对全站仪设置温度与气压数据，精确测出 AC、AB 的平距。再在 C 点安置全站仪并准确对中，精确测出 CB 的平距，可以得出全站仪测距常数 $K=AB-(AC+CB)$，K 值应接近或等于 0，若 $|K|>5$mm，则要进行校正。

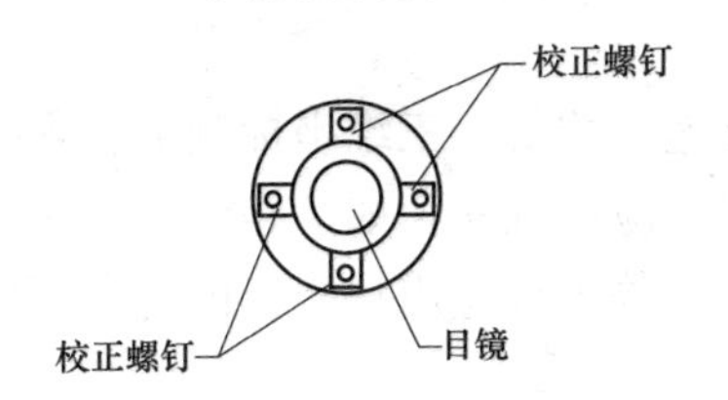

图 4-8　光学对中器十字丝校正螺钉

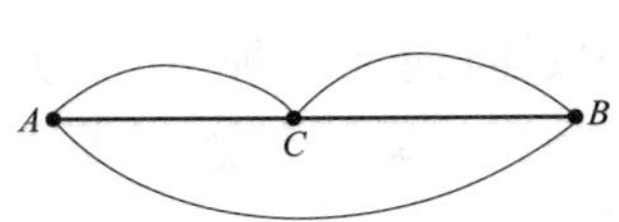

图 4-9　仪器常数检测基线

检验时应注意的两点：

1) 应使用仪器的竖丝进行定向，严格使 A、B、C 三点在同一直线上。B、C 点地面要有牢固清晰的对中标记。

2) C 点棱镜中心与仪器中心是否重合一致，是保证检测精度的重要环节，因此，最好在 C 点用三脚架和两者能通用的基座。如三脚架和基座保持固定不动，仅换棱镜和仪器的基座以上部分，可减少不重合误差。

经严格检验证实仪器常数 K 不接近于 0 已发生变化，用户需进行校正，将仪器加常数按综合常数 K 值进行设置。

(6) 仪器光轴检验。在目镜十字丝检查校正后，可检验电子测距仪和经纬仪光轴是否一致，以拓普康 GTS-330 系列为例，其检查步骤如下：

1) 仪器与棱镜安置相距约 2m，仪器开机，见图 4-10。

2) 瞄准并调焦，将十字丝对准棱镜中心。

3) 进入测距模式。

4) 观察目镜，顺时针旋转调焦螺旋看清闪烁光点，十字丝与光点在水平竖直方向上偏差不超过光点直径 1/5 则不用校正，否则由专门人员进行校正。

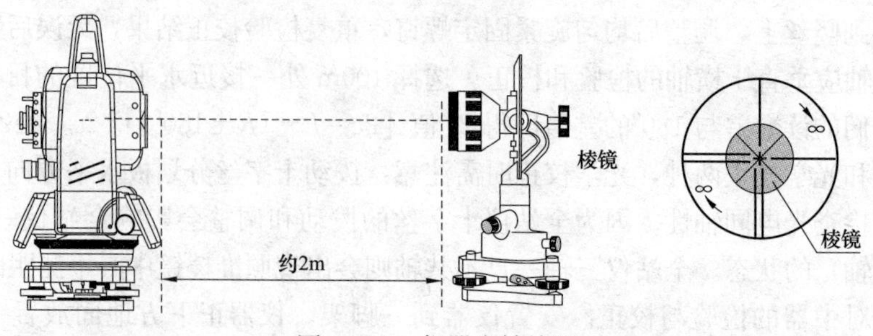

图 4-10 仪器光轴检测

(7) 竖盘指标差（i 角）和竖盘零点设置。用正、倒镜测量同一目标 A 点的竖直角，若正、倒镜读数之和不等于 360°，差值的一半即为正确零位误差，应予以校正。由于校正竖直角零位是确定仪器坐标原点的关键，因此应特别仔细。校正一般需要仪器开机后进入校正模式，反复校正检验后仍不符合要求的，应送厂检修。

以上检验校正，有些在观测期间最好经常进行，每项检验完毕后必须旋紧有关校正螺钉。另外，无棱镜测距仪器，激光束需要与视线重合，外部震动或较大气温变化等影响都可能导致激光束与视线不重合。另外，在外业使用时还必须时刻确认全站仪是否完全整平，当全站仪在没有完全整平（补偿超限）的情况下，一些操作是不能显示设置的，这是程序对全站仪的保护。因为这时测得的数据是不准确的，必须精确整平全站仪后再进行设置，这样可以避免出现不必要的错误。

4.1.3 全站仪的功能

全站仪具有角度测量、距离（斜距、平距、高差）测量、三维坐标测量、导线测量、交会定点测量和放样测量等多种用途，并预装了丰富的应用程序，如道路测设、对边测量、悬高测量、面积计算、新点设置、坐标测量、数据采集等工程应用功能。内置专用软件后，功能还可进一步拓展。

1. 水平角测量

盘左和盘右观测值可以有效地消除仪器系统误差，角度测量一定要进行盘左盘右观测。

(1) 按角度测量键，使全站仪处于角度测量模式，盘左照准第一个目标 A。

(2) 设置 A 方向的水平度盘读数为 0°00′00″（置 0）。

(3) 盘左照准第二个目标 B，此时显示的水平度盘读数即为两方向间的水平夹角。

(4) 倒镜照准 B 点并读数。

(5) 倒镜照准 A 点并读数，计算盘右两水平读数之差，B 读数减去 A 读数即为两方向间的水平夹角。

2. 距离测量

(1) 设置棱镜常数。测距前须将棱镜常数输入仪器中，仪器会自动对所测距离进行改正。

棱镜常数（PSM）的设置：PSM 是一种测距加常数，原厂配棱镜一般 PRISM 输入 0mm，其余国产棱镜多为±30mm；有些小棱镜的参数为 14.7mm，国外的棱镜参数不等，一般在棱镜的前后侧面会注有其对应的棱镜参数值。360°棱镜不需要考虑棱镜朝向，其棱镜参数为一个数值。

(2) 设置大气改正值或气温、气压值。大气改正值（PPM）的设置：PPM 是一种测距乘常数，输入测量时的气温（TEMP）、气压（PRESS），或经计算后，输入 PPM 的值。

光在大气中的传播速度会随大气的温度和气压而变化，15℃ 和 1.01325×10^5 Pa

(760mmHg) 是仪器设置的一个标准值，此时的大气改正为 0ppm。实测时，可输入温度和气压值，全站仪会自动计算大气改正值（也可直接输入大气改正值），并对测距结果进行改正。

(3) 量仪器高、棱镜高并输入全站仪。

(4) 距离测量。照准目标棱镜中心，按距离测量键，距离测量开始，测距完成时显示斜距、平距、高差。距离测量功能使用时必须先进行 PSM 、PPM 的设置（测坐标、放样前也需要设置此参数）。

全站仪的测距模式有精测模式、跟踪模式、粗测模式三种。精测模式是最常用的测距模式，测量时间约 2.5s，最小显示单位为 1mm；跟踪模式，常用于跟踪移动目标或放样时连续测距，最小显示单位一般为 1cm，每次测距时间约 0.3s；粗测模式，测量时间约 0.7s，最小显示单位为 1cm 或 1mm。在距离测量或坐标测量时，可按测距模式键选择不同的测距模式。应注意，有些型号的全站仪在距离测量时不能设定仪器高和棱镜高，显示的高差值是全站仪横轴中心与棱镜中心的高差。

3. 坐标测量

(1) 设定测站点的三维坐标。

(2) 设定后视点的坐标或设定后视方向的水平度盘读数为其方位角。当设定后视点的坐标时，全站仪会自动计算后视方向的方位角，并设定后视方向的水平度盘读数为其方位角。

(3) 设置棱镜常数。

(4) 设置大气改正值或气温、气压值。

(5) 量仪器高、棱镜高并输入全站仪。

(6) 照准目标棱镜，按坐标测量键，全站仪开始测距并计算显示测点的三维坐标。

4. 全站仪的数据通信

全站仪的数据通信是指全站仪与电子计算机之间进行的双向数据交换。全站仪与计算机之间的数据通信的方式主要有两种：一种是利用全站仪配置的 PCMCIA（Personal Computer Memory Card Internation Association，个人计算机存储卡国际协会，简称 PC 卡，也称存储卡）卡进行数字通信，特点是通用性强，各种电子产品间均可互换使用；另一种是利用全站仪的通信接口，通过电缆进行数据传输。

5. 放样

根据设计的待放样点 P 的坐标，在实地标出 P 点的平面位置及填挖高度。放样原理如图 4-11 所示。

(1) 在大致位置立棱镜，测出当前位置的坐标。

(2) 将当前坐标与待放样点的坐标相比较，得距离差值 dD 和角度差 $\Delta\beta$ 或纵向差值 ΔX 和横向差值 ΔY。

(3) 根据显示的 dD 、$\Delta\beta$ 或 ΔX 、ΔY，逐渐找到放样点的位置。

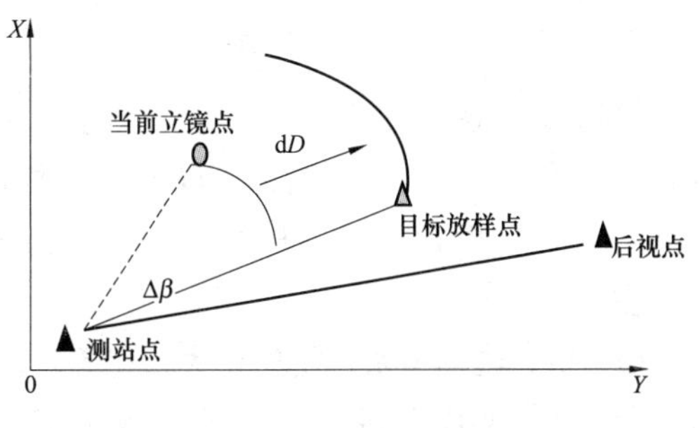

图 4-11 放样原理图

6. 悬高测量（REM）

目标点不能放置棱镜，设置棱镜在目标点铅垂线上任何位置（见图 4-12），通过照准棱镜测定棱镜点高程位置，再瞄准目标点，利用竖直角变化求出地面点到目标点的高差。悬高测量也可直接输入镜高为0，推求出立镜点和目标点间的高差，可用于地形测量中地物比高的测定。

7. 对边测量（MLM）

可使用文件中坐标数据或不用文件使用现场直接测定的数据计算得出图 4-13 中 AB、AC 或 BC 两点间的平距、斜距或高差和坐标方位角等数值。注意：测量前必须设置仪器方位角或后视定向。

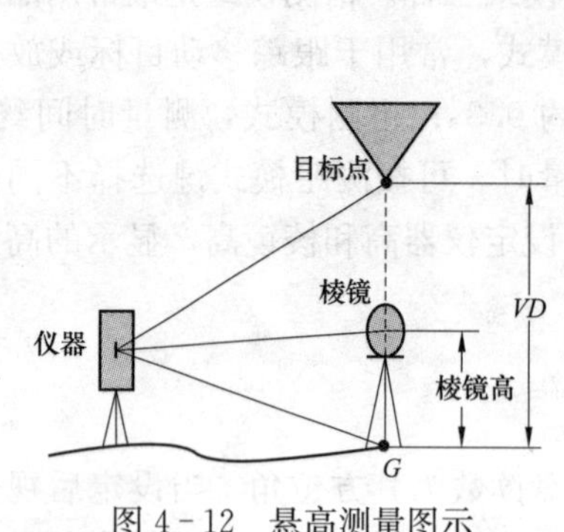

图 4-12 悬高测量图示

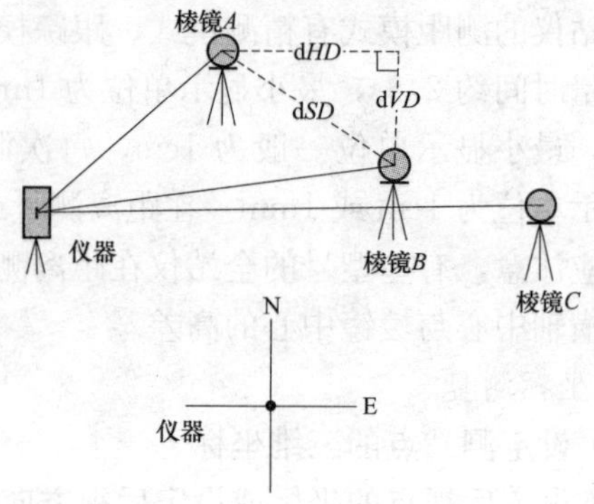

图 4-13 对边测量图示

8. 后方交会

全站仪后方交会功能是在未知点上设站，通过观测 2 个以上已知点，推求出设站点的三维坐标，后方交会分为后方角度交会和后方距离交会，角度交会需要至少通视 3 个已知点，距离交会需要至少通视 2 个已知点。该方法设站自由，应用较为广泛。

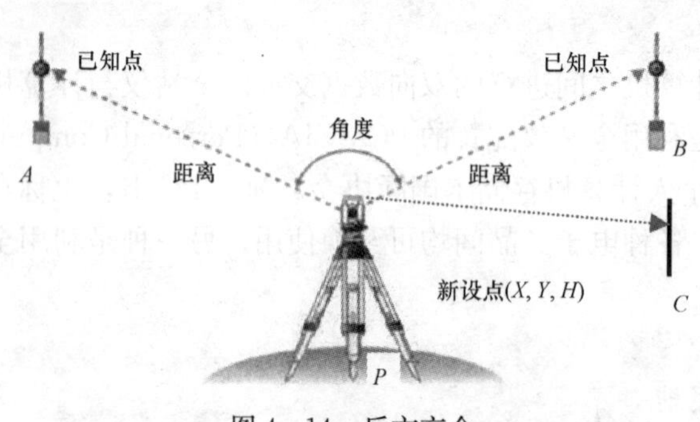

图 4-14 后方交会

如图 4-14 所示，在未知点 P 上架设全站仪并整平；在已知点 A、B、C 上安置棱镜，量测棱镜高。测量 PA 间平距 D、高差 DH 和 PA 至 PB、PC 方向间的水平角 α、β；用 D、α 及 A、B 点的坐标计算 P 点的一组坐标；用 D、β 及 A、C 点的坐标计算 P 点的另一组坐标；两组坐标的差值不超过规定限差，取中数即为 P 点的最后坐标。

根据 A 的高程 HA、A 点镜高和仪器棱镜中心间高差计算仪器的视线高程；根据量取仪器高数据求出地面 P 点的高程 HP_1。另外，根据 B、C 点高程与镜高和与 P 点视线高差，可求出 P 点高程 HP_2、HP_3，取中数即为最后 P 点高程。

注意：

(1) 角、边的关系，距离要大致相等且最好不要太近，测站点与已知两点的夹角角度最好为 60°～120°，GB/T 14912—2005 中规定交会角度放宽至 30°～150°，切忌不能在 180°左右。角度交会特别注意规避危险圆的范围，如果有 3 个已知点，设站点与 3 个已知点不要在同一个圆上。

(2) 应适当增加观测数量，不管是距离交会还是角度交会都是条件越充分精度就越高，即已知点越多交会出来的结果就越准。

(3) 校核仪器的精度是否符合标称的精度，测量人应当相信仪器，但前提是要保养好仪器、了解仪器。

后方交会引起误差的原因很多，仪器的性能、操作、照准精度、已知点自身存在误差等都会影响交会结果。后方交会时，假设已知点为 A 和 B，先照准 A 点再照准 B 点和先照准 B 点再照准 A 点时，得出的结果不一样，说明 A、B 两个已知点存在着误差。如果先照准 A 点再照准 B 点得出的结果作为测站点坐标，可以用该坐标检测 A 和 B，用该成果检测 A 点，误差很小，而检测 B 点，误差很大。如果先照准 B 点再照准 A 点得出的结果作为测站点坐标，检测 A、B 两点，会发现检测 B 点时，误差很小，检测 A 点时，误差很大。这就是 A、B 两个已知点存在误差。建议将上述两个结果平均一下，再使用。

除了以上所述外，许多全站仪还预置有点到直线距离测定、面积测量或面积计算等功能。

4.1.4　拓普康 GTS-330N 型全站仪的使用

目前，世界上许多著名的测绘仪器生产厂商均生产有各种型号的全站仪。不同型号的全站仪，其具体操作方法会有一些不同与差异。

现以拓普康公司生产的 GTS-330N 系列工程型全站仪为例，介绍其使用方法。

该款仪器在我国使用较普遍，电池连续测距可使用约 10h、连续测角可以使用约 45h。IP66 级防水防尘，数据全部采用文档式管理，可存储坐标数据 24 000 个、观测数据 24 000 个左右。坐标数据、观测数据可用计算机传输方式上传与下载，全中文内核。全站仪预装了坐标测量、数据采集、坐标放样、道路测设、对边测量、悬高测量、面积计算、新点设置等工程应用程序。

1. 显示与键盘功能

拓普康 GTS-330N 型全站仪的显示符号及其所表示的键盘功能见表 4-3。

表 4-3　显示与信号标记

符号	含义	符号	含义
HR/HL	右旋/左旋水平角	$V\%$	斜率（百分比）
ESC	返回	MODE	测量方式
HOLD	水平角锁定	¤	照明
0SET	水平角置零	MEAS	测量
TRK	跟踪测量	▲	增量键
▼	减量键	V	竖直角
SD	斜距	HD	平距
VD	视线两端点高差	*	正在测距
S/A	设置 PSM、PPM	OFFSET	偏心测量方式

2. 各种测量模式的应用界面

GTS-330N 系列全站仪常用测量模式见表 4-4，开机即进入角度测量模式（见图 4-15）。

表 4-4　四种测量模式

按键	键名	功　能
[坐标键]	坐标测量键	进入坐标测量模式
[距离键]	距离测量键	进入距离测量模式
ANG	角度测量键	进入角度测量模式
MENU	菜单键	在菜单模式与其他模式之间切换。在菜单模式下可设置应用程序测量

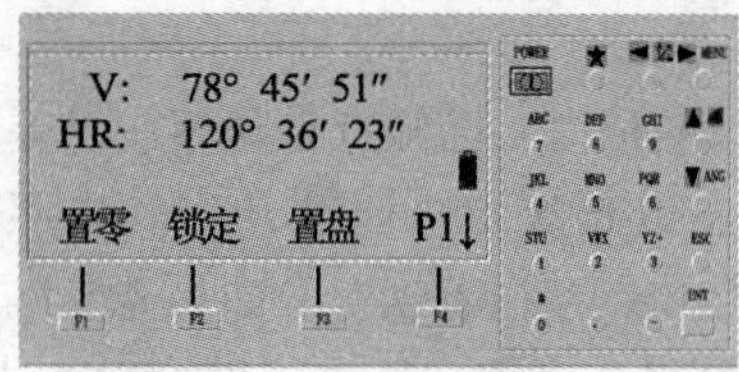

图 4-15 角度测量模式

(1) 几种常见测量模式。进入角度测量模式，按 F4，将会显示三页界面［见图 4-16 (a)］。距离测量模式［见图 4-16 (c)］和坐标模式［见图 4-16 (d)］应用前必须先设置棱镜参数和施测时刻的大气改正值，可按图 4-15 所示星号键进入图 4-16 (b) 所示界面，按 F4 后设置参数 0 或－30mm（拓普康棱镜）。

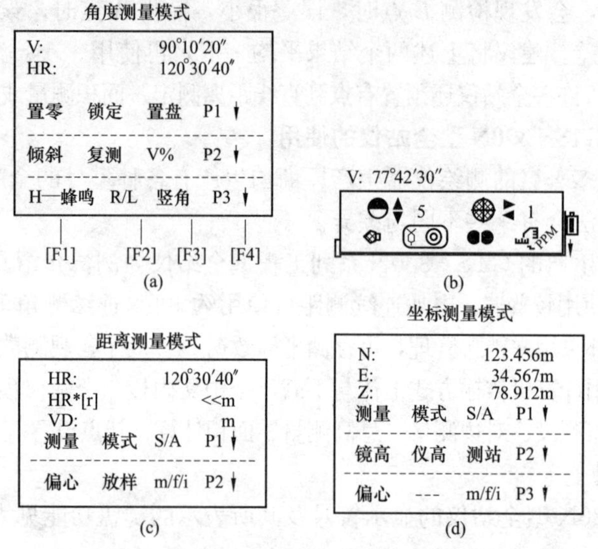

图 4-16 角度、距离、星号和坐标模式界面

(2) 测量模式间的转换。

1）从角度测量模式转换到距离测量模式。开机进入角度测量模式，在角度测量模式下，按◢键，仪器进入距离测量模式，可使用距离测量的各种操作。

2）从距离测量模式转换到角度测量模式。仪器处于距离测量模式，按◢键，交替显示斜距、平距、高差。只要按 ANG 键，即可转换进入角度测量模式。

3）从角度测量模式转换到坐标测量模式。在角度测量模式时，按屏幕右侧⇅按钮即可进入坐标测量模式，如图 4-16 (d) 图示，共有三页设置。按 ANG 键，即可进入角度测量模式。

4）从角度测量模式转换到菜单测量模式。在角度测量模式下，按屏幕右侧 MENU 按钮，即可进入菜单模式（见图 4-17）。依次按 Esc 按钮可最终退回角度测量模式。

菜单模式共分为三页，按 PAGE 翻页即可显示，如图 4-17 (a) 所示，第二、三页展开内容见图 4-17 (b)，第一页的数据采集和存储管理功能是数字测图外业常用的基本功能。

3. 偏心测量菜单

在坐标测量模式、距离测量模式和数据采集菜单中都会有偏心测量功能。偏心测量分为角度偏心、距离偏心、平面偏心和圆柱偏心四种，如图 4-18 所示。

(1) 角度偏心。如图 4-19 所示，当目标点 P_0 立镜有困难，或待测物体中心点 P_0 与边缘可立镜点 P_1 有一定距离时，要求两点离测站点 O 平距基本等长。测量前需设置仪器高和棱镜高，在图 4-18 (a) 界面按 F1 后出现图 4-20 所示屏幕，照准 P_1 点，按 F1 测量后，

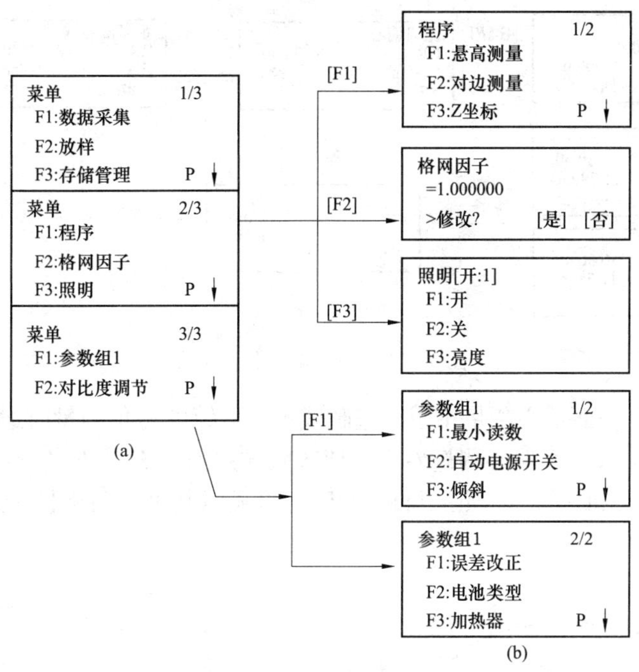

图 4-17 菜单测量模式

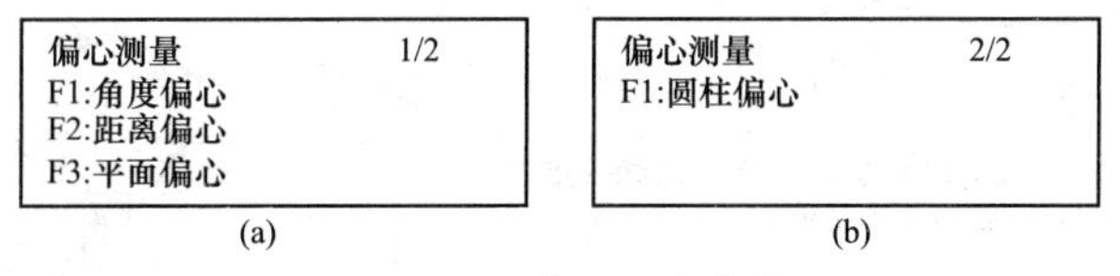

图 4-18 偏心测量菜单

出现图 4-21 所示屏幕。松开水平制动照准 P_0 点时，*HR*、*SD*、*VD* 值也会随望远镜转动而变动。每次按◢依次显示目标点 P_0 的平距、高差、斜距；每次按↕依次显示目标点 P_0 的 *N* 坐标、*E* 坐标、*Z* 坐标。按 F1 测量后返回正常测量状态。

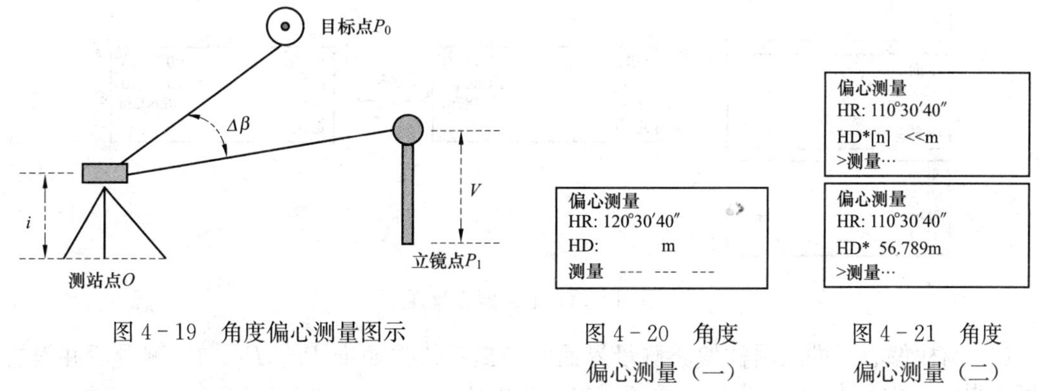

图 4-19 角度偏心测量图示

图 4-20 角度偏心测量（一）

图 4-21 角度偏心测量（二）

（2）距离偏心。如图 4-23 所示，在视线方向上，如果目标点 P_0 不便立镜，立镜点 P_1 与 P_0 间的平距可测得，则可使用距离偏心测量。进入距离偏心测量界面（见图 4-22），输入偏距值后回车（正负值可见图 4-23）。

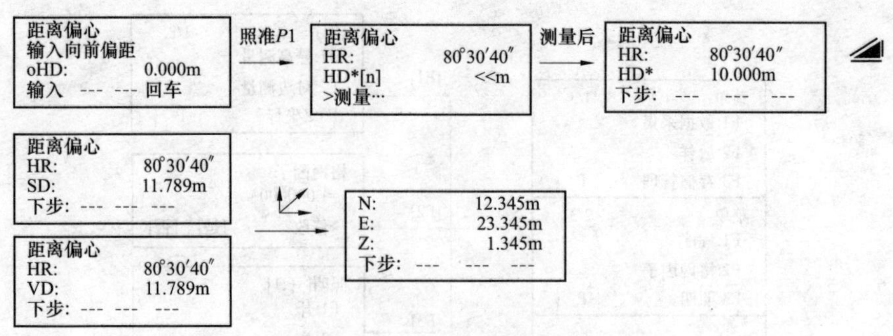

图 4-22 距离偏心测量流程

(3) 平面偏心。平面偏心测量用于有遮蔽或不便立镜的房角测量时适用，平面偏心测量如图 4-24 所示。进入平面偏心测量界面，依次照准并测量 P_1、P_2、P_3 点后，将显示视准轴与平面交点的坐标和距离值，照准目标点 P_0，将显示其平距与坐标（见图 4-25），P_0 镜高自动设置为 0。

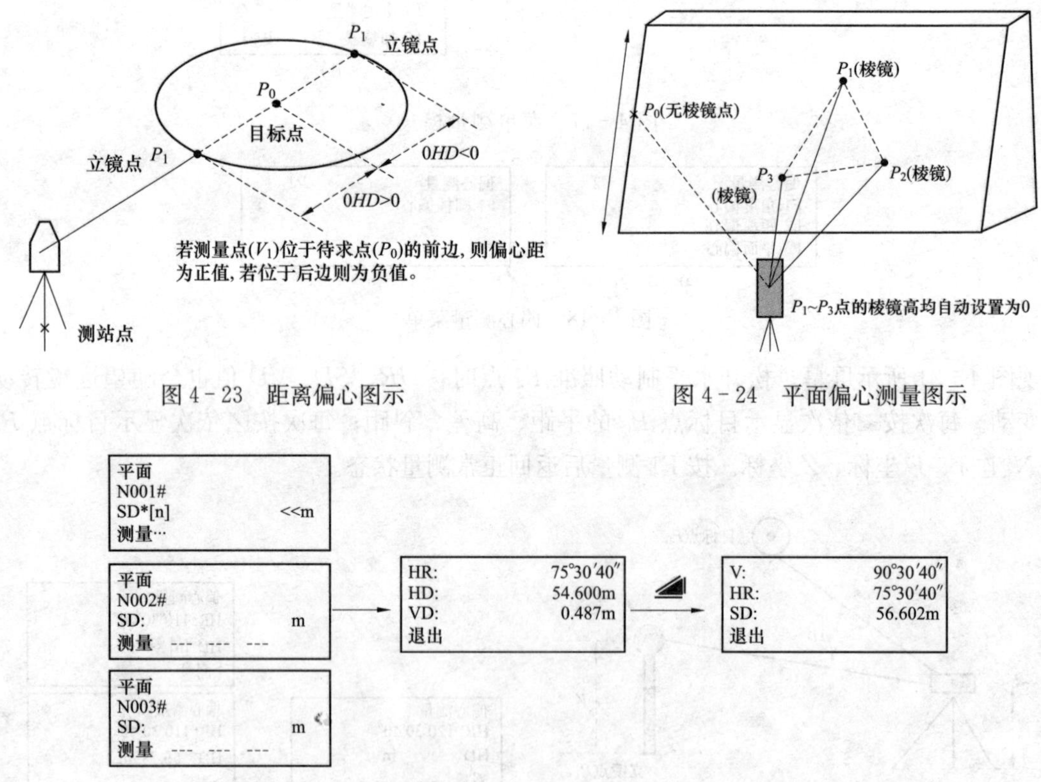

图 4-23 距离偏心图示

图 4-24 平面偏心测量图示

图 4-25 平面偏心流程

(4) 圆柱偏心。进入圆柱偏心测量界面，按提示依次照准 P_1、P_2、P_3 测量后并设置，即可求得圆柱中心点 P_0 的坐标、距离或方向角度值（见图 4-26）。

角度偏心测量需要目标待测点与测站点间通视，距离偏心测量是在两者不通视时适用；圆柱偏心测量应用于推测圆形高层建筑的中心点坐标和半径值，平面偏心用于目标待测点与测站点间通视，但不便立镜。偏心测量的精度除了与刺点的稳定和准确性有关外，还与输入偏距的准确度有关。

4. 数据采集

(1) 数据采集程序展开界面如图 4-27 所示。

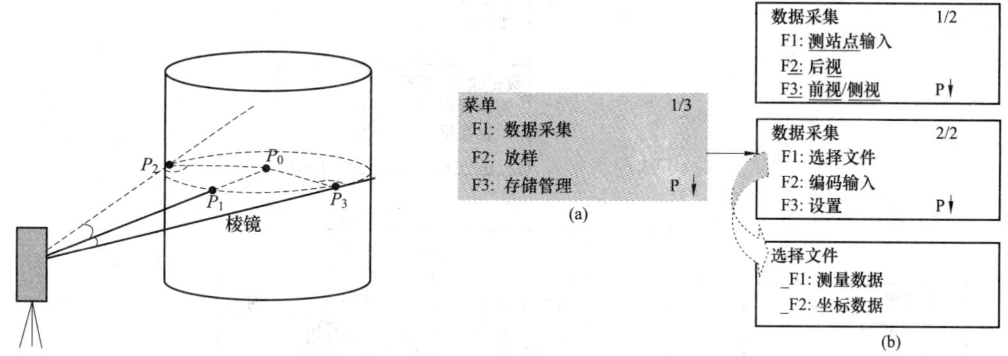

图 4-26　圆柱偏心测量图示　　　　图 4-27　数据采集界面

(2) 数据采集流程（需要现场输入测站点后视点坐标时）。

1) 测站点设置。在图 4-27 (a) 按 F1 数据采集，即可依次进入测站、后视和前视点的设置界面，现场输入测站点坐标的设置流程如图 4-28 所示。

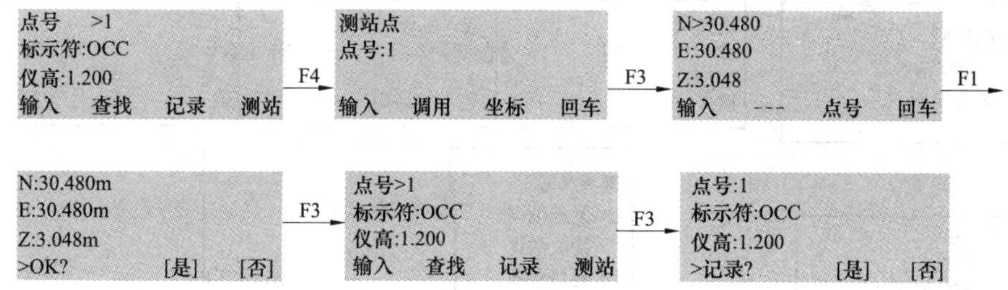

图 4-28　测站设置流程图

2) 后视设置。在图 4-27 (b) 上方，按 F2 后视，进入后视设置界面（见图 4-29)。

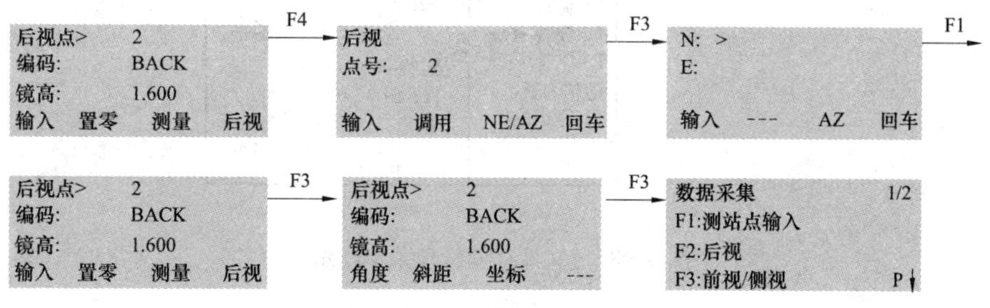

图 4-29　后视设置流程图

3) 前视点采集。在图 4-27 (b) 上方，按 F3 前视/侧视，进入前视点采集界面（见图 4-30)。

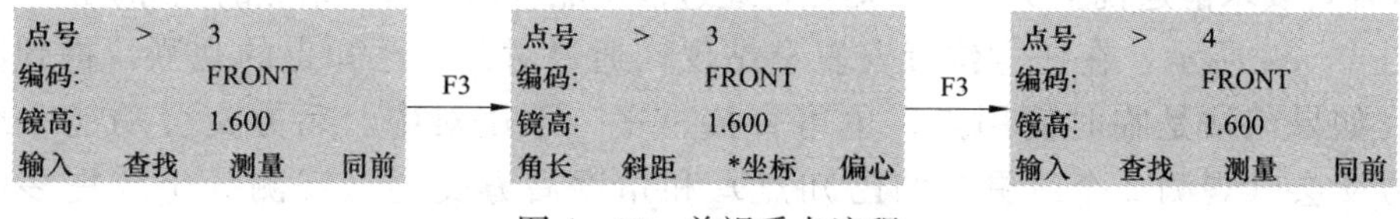

图 4-30　前视采点流程

5. 文件存储管理

文件存储管理流程如图 4 - 31 所示。

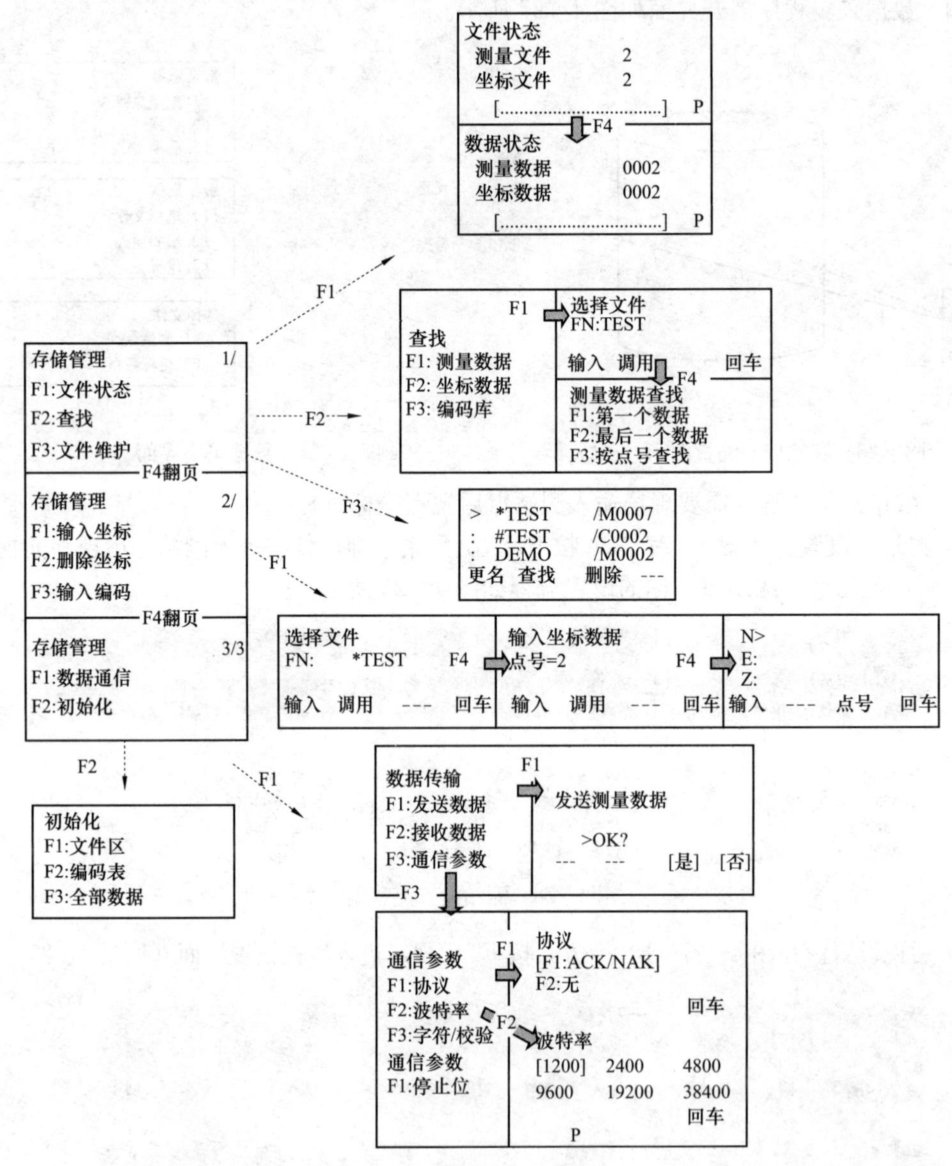

图 4 - 31 文件存储管理菜单图示

6. 后方交会功能

有些型号的全站仪也把该功能称为自由设站，即在已知点不便设站时，可选择合适的地点安置仪器，要求能通视至少 2 个已知点，通过该功能求得当前设站点的坐标。

如图 4 - 32 所示，在任意位置安置全站仪，通过对几个已知点的观测，得到测站点的坐标。如果该站是临时使用点，也可直接整平，不用对中。后方交会功能一般分为距离后方交会（观测 2 个或更多的已知点）和角度后方交会（观测 3 个或更多的已知点）两种。

其按键步骤是：

(1) 按 MENU—LAYOUT（放样）(F2)—SKIP（略过）—P↓（翻页）(F4)—P↓（翻页）(F4)—NEW POINT（新点）(F2)—RESECTION（后方交会法）(F2)。

(2) 按 INPUT (F1)，输入测站点（新点）的点号—ENT（回车）以方便保存坐标到该点号下—INPUT (F1)，输入测站的仪器高—ENT（回车）。

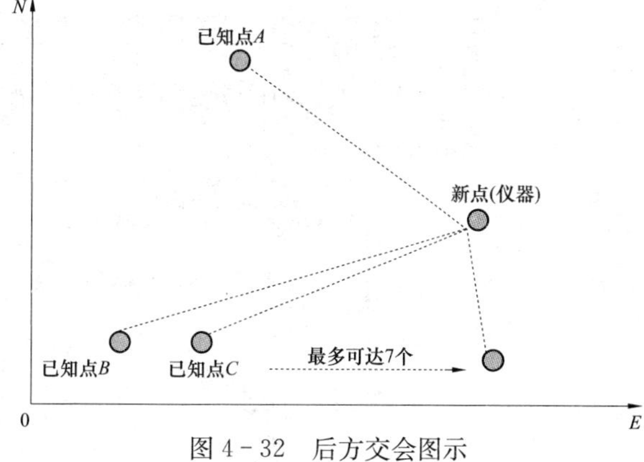

图 4-32　后方交会图示

(3) 按 NEZ（坐标）(F3)，输入已知点 A 的坐标—INPUT (F1)，输入点 A 的棱镜高。

(4) 照准 A 点，按 F4（距离后方交会）或 F3（角度后方交会）。

(5) 重复 (3)、(4) 两步，观测完所有已知点，按 CALA（计算）(F4)，显示标准差，再按 NEZ（坐标）(F4)，显示测站点的坐标。

使用该功能照准已知点时，为防止照准偏差影响新点计算精度，已知点上应尽量使用对中装置。利用后方交会求得测站点坐标后，仪器将自动用该点坐标替换仪器中的测站点坐标，并自动设置水平度盘，建立与已知点相关联的正确坐标系。

因此，用于测图采点时，可直接进入数据采集功能，不用再设置测站点和后视方向，直接进入前视点采集即可。

7. 数据通信

(1) 使用 TOPCON T-COM 专用传输软件把文本文件类数据上装到 GTS-330 系列全站仪。

1) 编辑 DAT 格式的坐标文件。

a. 已知文本文件（坐标文件），如 test.txt 文件：1，100.000，200.000，30.000；2，400.000，500.000，60.000。注意：SSS 坐标的格式是：点号，E 坐标（东坐标），N 坐标（北坐标），高程。

b. 全站仪的通信参数设置好。

2) 全站仪操作。进入“MENU”菜单→存储管理→数据通信→接收数据→坐标数据→输入接收的坐标文件名，点击“是”等待数据接收。

3) PC 机操作。

a. 运行 T-COM 通信软件，进入主菜单，点击图标（上装坐标数据到 GTS-200/300/GPT-1000），见图 4-33，将通信参数与全站仪上通信参数设置一致（要确保），并在“读取文本文件”前方框内划“√”。点击“开始”，选择已知的文本文件（如 test.txt），在“点属性”界面不做任何输入，点“确定”即开始自动传输（设置通信参数为：[ACK/NAK]、9600、NONE、8、1，确保通信参数的设置和全站仪相同）。

b. 退出 T-COM，选择不保存（NO）即可。

(2) 使用 Cass9.1 等测图软件把文本文件类数据上装到 GTS-330 系列全站仪。

1) 编辑 DAT 格式的坐标文件。

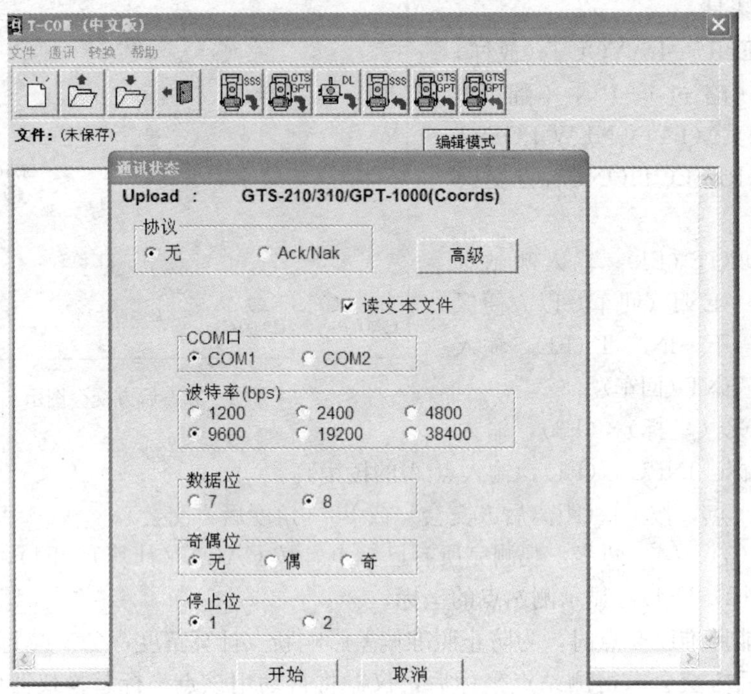

图 4-33 T-COM 传输界面

a. 已知文本文件（坐标文件）如 test.txt 文件：1，OCC，100.000，200.000，30.000；2，Pt，400.000，500.000，60.000。注意：坐标的格式是：点号，编码，E 坐标（东坐标），N 坐标（北坐标），高程。

b. 全站仪的通信参数设置好。

2）全站仪操作：进入“MENU”菜单→存储管理→数据通信→接收数据→坐标数据→输入接收的坐标文件名，点击“是”等待数据接收。

3）PC 机操作。在 CASS 软件绘图处理下拉菜单，点击发送全站仪数据，在弹出的对话框中设置好与全站仪相同的通信参数，并选择好需传输的坐标文件，按提示操作即可。

4.1.5 全站仪保管及注意事项

1. 全站仪保管

(1) 仪器的保管由专人负责，每天现场使用完毕须带回室内，不得随意放置于现场。

(2) 仪器箱内应保持干燥，要防潮防水并及时更换干燥剂。仪器须放置在专门架上或固定位置。

(3) 如果是南方潮湿地区，仪器长期不用，应 1 个月左右定期通风防霉并通电驱潮，以保持仪器良好的工作状态。

(4) 仪器放置要整齐，不得倒置。

2. 使用注意事项

(1) 开工前应检查仪器箱背带及提手是否牢固、三脚架上的各螺旋是否可以正常使用。

(2) 应在稳妥平整的地方将仪器箱放置水平，再开箱。开箱后提取仪器前，要看准仪器在箱内放置的方式和位置，将仪器从仪器箱取出或装入仪器箱时，应握住仪器提手和基座部分，不可握住显示单元的下部。装卸仪器时，必须握住提手，切不可拿仪器的镜筒，否则会影响内部固定部件，从而降低仪器的精度。仪器拿出后应盖好仪器箱，保持箱内清洁，以防灰尘异物进入。

仪器用毕，先盖上物镜罩，并擦去表面的灰尘。装箱时各部位要放置妥帖，合上箱盖时应先试盖无障碍后方可锁上仪器箱。

(3) 在太阳光照射下观测仪器，不可将仪器照准太阳，否则会损伤眼睛并损坏仪器内部元件，光照强烈时应给仪器打伞，并带上遮阳罩，以免影响观测精度。在杂乱环境下测量，仪器和相关工具包要有专人守护。当仪器架设在光滑的表面时，要用细绳（或细铅丝）将三脚架三个脚连起来，以防滑倒。

(4) 当架设仪器在三脚架上时，尽可能用厚实的木制三脚架，因为使用金属三脚架可能会产生振动，从而影响测量精度。

(5) 当测站之间距离较远，搬站时应将仪器卸下，装箱后背着走。行走前要检查仪器箱是否锁好，检查安全带是否系好。当测站之间距离较近，搬站时可将仪器连同三脚架一起靠在肩上，但仪器要尽量保持直立放置。搬站前，应检查仪器与三脚架的连接是否牢固，搬运时，应平稳尽量使仪器在搬站过程中不致晃动或震动。

(6) 仪器架设在三脚架上时，应先对中整平，然后打开电源开关。迁站前应先关闭电源，松开制动后再卸下仪器。一般情况下，仪器不得倒置；在室内传输数据时，仪器应放置在稳固平整的桌面上。

(7) 仪器任何部分发生故障，不可勉强使用，应立即检修，否则会加剧仪器的损坏程度。

(8) 元件应保持清洁，如沾染灰沙必须用毛刷或柔软的擦镜纸擦掉。禁止用手指抚摸仪器的任何光学元件表面。清洁仪器透镜表面时，应先用干净的毛刷扫去灰尘，再用干净的无线棉布沾酒精由透镜中心向外一圈圈的轻轻擦拭。除去仪器箱上的灰尘时切不可作用任何稀释剂或汽油，而应用干净的布块沾中性洗涤剂擦洗。

(9) 在湿环境中工作，作业结束时，要用软布擦干仪器表面的水分及灰尘后装箱。回到办公室后立即开箱取出仪器放于通风干燥处，彻底晾干后再装箱内。

(10) 冬天或盛夏室内外（或车内外）温差较大时，仪器搬出室外或搬入室内，应隔一段时间后才能开箱，仪器受到温度突变的工作可能出现功能异常。

3. 电池的使用

全站仪的电池是全站仪中最重要的部件之一，现在全站仪所配备的电池一般为 Ni-MH（镍氢电池）和 Ni-Cd（镍镉电池），电池的好坏、电量的多少决定了外业时间的长短。

(1) 建议在电源打开期间不要将电池取出，因为此时存储数据可能会丢失，应该在电源关闭后再装入或取出电池。

(2) 可充电池可以反复充电使用，但是如果在电池还存有剩余电量的状态下充电，则会缩短电池的工作时间，此时，电池的电压可通过刷新予以复原，从而改善作业时间，充足电的电池放电时间约需 8h。

(3) 不要连续进行充电或放电，否则会损坏电池和充电器，如有必要进行充电或放电，则应在停止充电约 30min 后再使用充电器。不要在电池刚充电后就进行充电或放电，有时这样会造成电池损坏。

（4）超过规定的充电时间会缩短电池的使用寿命，应尽量避免电池剩余容量显示级别与当前的测量模式有关，在角度测量模式下，电池剩余容量够用，并不能够保证电池在距离测量模式下也能用，因为距离测量模式耗电高于角度测量模式，当从角度测量模式转换为距离测量模式时，由于电池容量不足，会出现不时中止测距的现象。

只有在日常的工作中，注意全站仪的使用和维护，注意全站仪电池的充放电，才能延长全站仪的使用寿命，使全站仪的功效发挥到最大。

4.2 卫星定位系统

4.2.1 卫星定位系统的发展

1. 卫星定位系统分类

卫星定位技术是利用人造地球卫星进行点位测量的技术，卫星定位和导航首先是在军事需求的推动下发展起来的，从20世纪60年代以来世界各国陆续发射了许多测地和导航定位卫星，逐步建立起了各自的卫星定位系统。

（1）NNSS子午仪系统。子午仪（Transit）系统又称多普勒卫星定位系统，它是1958年底由美国海军武器实验室开始研制，于1964年建成的海军导航卫星系统（Navy Navigation Satellite System）。这是人类历史上诞生的第一代卫星导航系统。1960年4月13日发射了NNSS系列的第一颗子午仪卫星，1963年12月发射了第一颗实用导航卫星，1964年6月发射第一颗定型导航卫星，并正式交付海军使用，1967年7月子午仪卫星导航系统组网适用并开始进入民用领域，该系统一直服务了近20年。子午仪卫星导航系统由卫星网、地面跟踪站、计算中心、注入站、美国海军天文台和用户接收设备6部分组成。子午仪号导航卫星轨道参数预报的相对精度优于5m，绝对精度优于10m，导航定位精度一般为20～50m。

（2）美国GPS。GPS（Navigation Satellite Timing and Ranging/Global Positioning System），是利用卫星导航进行测时和测距，构成全球卫星定位系统，是美国国防部主要为满足军事部门对海上、陆地和空中设施进行高精度导航和定位的需要而建立的。从1973年美国军方批准成立联合计划局开始GPS的研究工作，历时20年，计划经历了方案论证、系统论证和试验生产三个阶段，总投资300亿美元，到1993年系统建成。

GPS实施计划三个阶段：

1）第一阶段为方案论证和初步设计阶段。1973～1979年，共发射了4颗试验卫星，研制了地面接收机及建立地面跟踪网。

2）第二阶段为全面研制和试验阶段。1979～1984年，又陆续发射了7颗试验卫星，研制了各种用途接收机。实验表明，GPS定位精度远远超过设计标准。

3）第三阶段为实用组网阶段。1989年2月4日，第一颗GPS工作卫星发射成功，表明GPS系统进入工程建设阶段。1993年底实用的GPS网即（21+3）GPS星座已经建成，之后根据计划更换失效的卫星。

GPS给导航和定位技术带来了巨大的变化，在军事和工农业等领域得到了广泛的应用。GPS单机定位精度优于10m，采用差分定位，精度可达厘米级和毫米级。

（3）俄罗斯GLONASS系统。GLONASS（GLObal NAvigation Satellite System，全球导航卫星系统），是苏联建立的与美国GPS相对应的天基卫星导航系统。第一颗GLONASS

卫星成功发射的时间是 1982 年 10 月 12 日，GLONASS 系统的卫星星座理论上是由 24 颗卫星组成，均匀分布在 3 个近圆形的轨道平面上，每个轨道面有 8 颗卫星，轨道高度为 19 100km，运行周期为 11.25h，轨道倾角为 64.8°。GLONASS 现在由俄罗斯空间局管理，其精度要比 GPS 系统的精度低。为此，俄罗斯正在着手对 GLONASS 进行现代化改造，于 2011 年 1 月 1 日在全球正式运行。根据俄罗斯联邦太空署信息中心提供的数据（2012 年 10 月 10 日），目前有 24 颗卫星正常工作、3 颗卫星维修中、3 颗卫星备用、1 颗卫星测试中。与美国的 GPS 系统一样也由卫星星座、地面监测控制站和用户设备三部分组成。不同的是 GLONASS 系统采用频分多址（FDMA）方式，根据载波频率来区分不同卫星［GPS 是码分多址（CDMA），根据调制码来区分卫星］。每颗 GLONASS 卫星发播的两种载波的频率分别为 $L_1=1602+0.5625k$（MHz）和 $L_2=1246+0.4375k$（MHz），其中 $k=1\sim24$ 为每颗卫星的频率编号。而所有 GPS 卫星载波的频率相同，均为 $L_1=1575.42$MHz 和 $L_2=1227.6$MHz。GLONASS 卫星的载波上也调制了两种伪随机噪声码：S 码和 P 码。

（4）我国双星导航定位系统（北斗一号）。北斗卫星导航系统［BeiDou（COMPASS）Navigation Satellite System，BDS］是中国正在实施的自主研发、独立运行的全球卫星导航系统。2000 年，首先建成北斗导航试验系统，使我国成为继美国、俄罗斯之后的世界上第三个拥有自主卫星导航系统的国家。2012 年 12 月 27 日，北斗系统空间信号接口控制文件正式版公布，北斗导航业务正式对亚太地区提供无源定位、导航、授时服务。北斗卫星导航系统和美国 GPS（全球定位）系统、俄罗斯 GLONASS（格洛纳斯）系统及欧盟伽利略定位系统一起，是联合国卫星导航委员会已认定的供应商。北斗卫星导航系统致力于向全球用户提供高质量的定位、导航和授时服务，包括开放服务和授权服务两种方式。开放服务是向全球免费提供定位、测速和授时服务，定位精度为 10m，测速精度为 0.2m/s，授时精度为 10ns。授权服务是为有高精度、高可靠卫星导航需求的用户，提供定位、测速、授时和通信服务及系统完好性信息。

该系统已成功应用于测绘、电信、水利、渔业、交通运输、森林防火、减灾救灾和公共安全等诸多领域，产生显著的经济效益和社会效益。特别是在 2008 年北京奥运会、汶川抗震救灾中发挥了重要作用。

（5）欧盟伽利略系统。伽利略卫星导航系统（Galileo Satellite Navigation System），是由欧盟研制和建立的全球卫星导航定位系统，该计划于 1999 年 2 月由欧洲委员会公布，于 2002 年 3 月正式启动，由欧洲委员会和欧空局共同负责。伽利略系统从启动到实现运营共分 4 个阶段，目前处在第三个阶段（2011～2014 年），即全面部署阶段。该阶段的主要任务是制造和发射正式运行卫星，建成整个地面基础设施。系统建成的最初目标是 2008 年，但由于技术等问题，延长到了 2011 年。2010 年初，欧盟委员会再次宣布，伽利略系统将推迟到 2014 年投入运营。截至 2012 年 10 月，伽利略全球卫星导航系统第二批两颗卫星成功发射升空，太空中已有的 4 颗正式的伽利略系统卫星，可以组成网络，初步发挥地面精确定位的功能。欧盟计划在 2016 年完成定位导航系统全部卫星的组网。系统由轨道高度为 23 616km的 30 颗卫星组成，其中 27 颗为工作星，3 颗为备份星。卫星轨道高度约 2.4 万 km，位于 3 个倾角为 56°的轨道平面内。伽利略系统建成后，将和美国全球定位系统（GPS）、俄罗斯 GLONASS 系统、中国北斗卫星导航系统共同构成全球四大卫星导航系统，为用户提供更加高效和精确的服务。

2. 卫星定位系统的特点

卫星定位系统应用于测绘工程中，其优点突出，可大大提高测量人员的工作效率，其特点如下：

(1) 优点。

1) 观测站之间无需通视。

2) 定位精度高。

3) 提供三维坐标。

4) 操作简便。

5) 全天候作业。

6) 测量时间短。

7) 功能多、应用广。

(2) 影响卫星定位系统测量的误差因素。

1) 大气层的影响。

2) 多路径效应。

3) 卫星轨道误差。

4) 卫星钟差。

5) 地球自转。

6) 相对论效应。

7) 已知点坐标偏差。

8) 天线相位中心。

3. 其他卫星定位系统

当前的许多 GNSS（Global Navigation Satellite System）兼容接收机具备先进的卫星跟踪技术和多系统的卫星跟踪能力，能同时接收 GPS、GLONASS 、Galileo 及北斗系统卫星的信号，具有超强的解算引擎（如美国的 Trimble R10 GNSS 智能接收机、我国国产华测 M500 GNSS 接收机）。

GNSS 的全称是全球导航卫星系统，它是泛指所有的卫星导航系统，包括全球的、区域的和增强的，如美国 GPS、俄罗斯 GLONASS、欧盟 Galileo、中国北斗卫星导航系统，以及相关的增强系统，如美国的 WAAS（广域增强系统）、欧盟的 EGNOS（欧盟静地导航重叠系统）和日本的 MSAS（多功能运输卫星增强系统）等，还涵盖在建和以后要建设的其他卫星导航系统。国际 GNSS 系统是个多系统、多层面、多模式的复杂组合系统。

例如，GPS 与 GLONASS 联合型接收机有很多优点：

(1) 用户同时可接收的卫星数目增加约一倍，可以明显改善观测卫星的几何分布，提高定位精度（单点定位精度可达 16m）。

(2) 由于可见卫星数目增加，在一些遮挡物较多的城市、森林等地区进行测量定位和建立运动目标的监控管理比较容易开展。

(3) 利用两个独立的卫星定位系统进行导航和定位测量，可有效地削弱美国、俄罗斯两国对各自定位系统的可能控制，提高定位的可靠性和安全性。

GPS/GLONASS 兼容使用可以提供更好的精度几何因子，消除 GPS 的 SA 影响，从而提高定位精度。

4.2.2 GPS-RTK 测量系统

美国GPS是继阿波罗登月计划和航天飞机计划之后的第三项庞大空间计划。它已成为美国导航技术现代化的最重要标志。该系统是以卫星为基础的无线电导航定位系统，具有全能性、全球性、全天候、连续性和实时性的导航、定位和定时的功能，能为各类用户提供精密的三维坐标、速度和时间。

1. GPS系统组成

GPS系统由三部分构成（见图4-34），分别为空间星座部分、地面监控部分、用户设备部分。空间星座和地面监控部分由美国国防部控制，用户使用GPS接收机接收卫星信号进行高精度的精密定位及高精度的时间传递。

(1) 空间星座部分——GPS卫星星座。

1) GPS卫星星座。GPS的空间部分是由24颗GPS工作卫星所组成的（见图4-35)。其中21颗为可用于导航的卫星，3颗为活动的备用卫星。24颗卫星分布在6个倾角为55°的轨道上绕地球运行，平均轨道高度为20 200km，载波频率为1575.42MHz和1227.60MHz，GPS定位成功的关键在于高稳定度的频率标准。卫星的运行周期约为12恒星，卫星通过天顶时，卫星可见时间为5h，在地球表面上任何地点任何时刻，在高度角为15°以上，平均可同时观测到6颗卫星，最多可达9颗卫星。

每颗GPS工作卫星都发出用于导航定位的信号，GPS用户正是利用这些信号来进行工作的。GPS卫星的核心部件是高精度的时钟、导航电文存储器、双频发射和接收机及微处理机。目前可用的卫星有28颗之多。GPS卫星已覆盖全球，每颗卫星均在不间断地向地球播发调制在两个频段上的卫星信号。在地球上任何一点，均可连续地同步观测至少4颗GPS卫星，从而保障了全球、全天候的连续的三维定位，而且具有良好的抗干扰性和保密性。

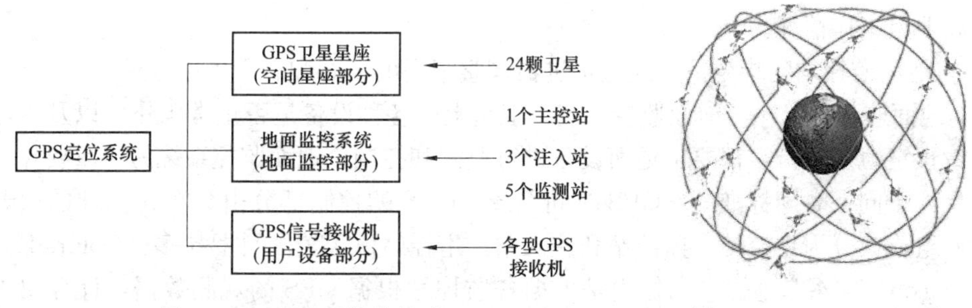

图4-34 GPS系统的组成　　图4-35 GPS卫星星座

GPS工作卫星（见图4-36）的在轨质量是843.68kg，其设计寿命为7.5年。当卫星入轨后，星内机件靠太阳能和镉镍蓄电池供电。每个卫星有一个推力系统，以便使卫星保持在适当的位置。GPS卫星通过12根螺旋形天线组成的阵列天线发射张角大约为30°的电磁波束，覆盖卫星的可见面。卫星姿态调整采用三轴稳定方式，由4个斜装惯性轮和喷气控制装置构成三轴稳定系统，致使螺旋天线阵列所辐射的波速对准卫星的可见地面。

2) GPS卫星星座的功能，主要包括：

a. 接收和存储由地面监控站发来的导航信息，接收并执行监控站的控制指令；在卫星飞越注入站上空时，接收由地面注入站用S波段发送到卫星的导航电文和其他有关信息，并

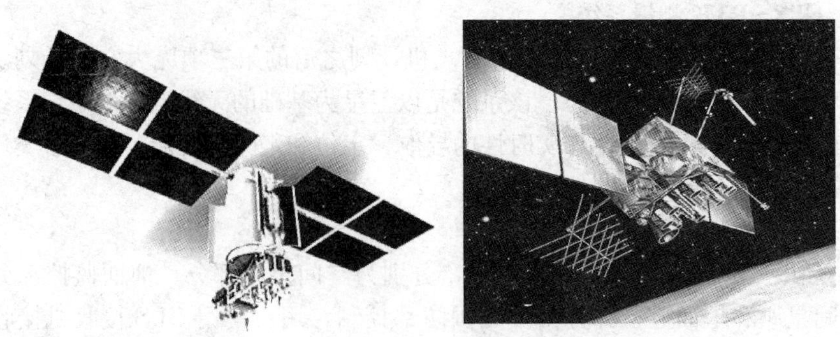

图 4-36 GPS卫星

通过GPS信号电路，适时地发送给广大用户。接收地面主控站通过注入站发送到卫星的调度命令，适时地改正运行偏差或启用备用时钟等。

b. 卫星上设有微处理机，进行部分必要的数据处理工作。

c. 通过星载的高精度铷钟、铯钟产生基准信号和提供精密的时间标准。

d. 向用户发送导航定位信号。包括：两种载波（L_1 和 L_2）；调制在 L_1 上的伪噪声码C/A码（Coarse Acquisition Code 粗捕获码）；调制在 L_1 和 L_2 上的伪噪声P码（Precise Code 精码）。

GPS卫星信号由载波、测距码和导航电文三部分组成，GPS卫星用L波段的两个无线载波 L_1 和 L_2 向用户连续不断地发送导航定位信号。C/A码、P码是调制在两种载波上的两种测距码。C/A码（又叫S码）是用于捕获信号及粗略定位的伪随机码，P码是精密测距码（用于精密定位）。导航电文包括：卫星的星历、卫星工作状态、时间系统、卫星钟运行状态、轨道摄动改正、大气折射改正等信息，导航电文信息是以数据，即以二进制码的形式向用户发送，所以导航电文又称为数据码，即D码。用户通过导航电文可以知道该卫星当前的位置和卫星工作情况。

e. 在地面监控站的指令下，通过推进器调整卫星的姿态和启用备用卫星。

（2）地面监控部分——地面监控系统。卫星上的各种设备是否正常工作，以及卫星是否一直沿着预定轨道运行，都要由地面设备进行监测和控制。地面监控系统另一重要作用是保持各卫星处于同一时间标准——GPS时间系统。GPS的控制部分由分布在全球的由若干个跟踪站所组成，分为主控站、监控站和注入站。主控站位于美国科罗拉多（Colorado）的法尔孔（Falcon）空军基地。它的作用是根据各监控站根据GPS的观测数据，计算出卫星的星历和卫星钟的改正参数等，并将这些数据通过注入站注入卫星中去。同时它还对卫星进行控制，向卫星发布指令，当工作卫星出现故障时，调度备用卫星替代失效的工作卫星工作。主控站也具有监控站的功能。

GPS工作卫星的地面监控系统包括一个主控站、三个注入站和五个监控站。

1）主控站。主控站在美国本土科罗拉多州，接收各监测站的GPS卫星观测数据、卫星工作状态数据、各监测站和注入站自身的工作状态数据。根据上述各类数据，完成以下几项工作：

a. 实时编算每颗卫星的导航电文并传送给注入站。

b. 控制和协调监测站间、注入站间的工作，检验注入卫星的导航电文是否正确，以及卫星是否将导航电文发给了GPS用户系统。

c. 诊断卫星工作状态，改变偏离轨道的卫星位置及姿态，调整备用卫星取代失效卫星。

2）监控站。监控站有五个，除了主控站外其他四个分别位于夏威夷（Hawaii）、阿松森群岛（Ascencion）、迭哥伽西亚（Diego Garcia）、卡瓦加兰（Kwajalein）。监控站的作用是接收卫星信号、监测卫星的工作状态；用GPS接收系统测量每颗卫星的伪距和距离差，采集气象数据，并将观测数据传送给主控点。五个监控站均为无人守值的数据采集中心。

3）注入站。注入站任务是将主控站发来的导航电文注入相应卫星的存储器。每天注入三次，每次注入14天的星历。此外，注入站能自动向主控站发射信号，每分钟报告一次自己的工作状态。

注入站有三个，分别位于大西洋的阿松森群岛、印度洋的迭哥伽西亚、太平洋的卡瓦加兰。

注入站的主要作用是将主控站需传输给卫星的资料（主控站计算出的卫星星历和卫星钟的改正数等）以既定的方式注入卫星存储器中，供卫星向用户发送。

主控站、监控站和注入站的各自作用如图4-37所示。

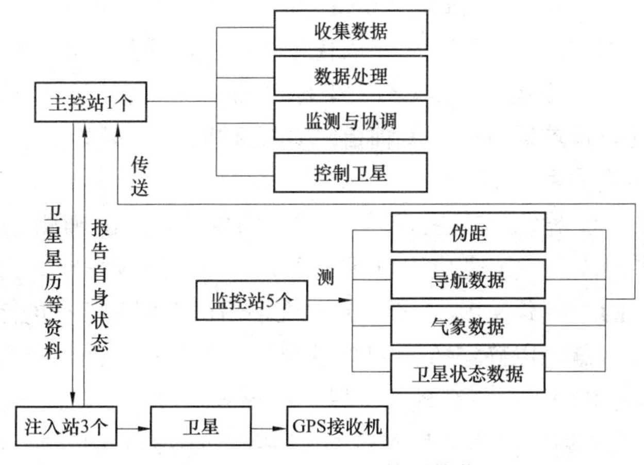

图4-37 GPS地面监控系统作用

（3）用户设备部分（GPS信号接收机）。GPS信号接收机（见图4-38）的任务是能够捕获到按一定卫星高度截止角所选择的待测卫星的信号，并跟踪这些卫星的运行，对所接收到的GPS信号进行变换、放大和处理，以便测量出GPS信号从卫星到接收机天线的传播时间，编译出GPS卫星所发送的导航电文，实时地计算出测站的三维位置，甚至三维速度和时间。

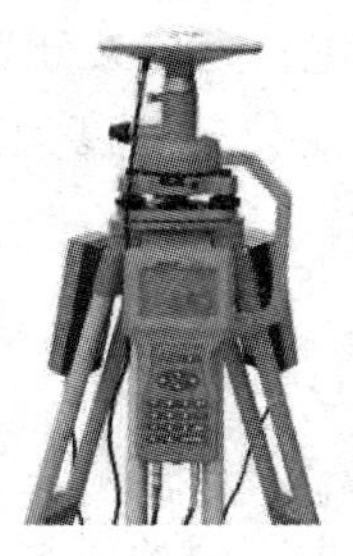

图4-38 GPS信号接收机

GPS 接收机分类，见图 4-39。

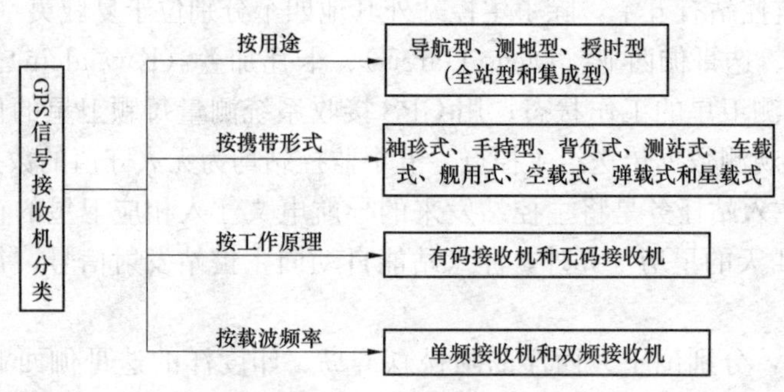

图 4-39 GPS 接收机分类

2. GPS 测量原理

GPS 所发布的星历参数和历书参数等都是基于 WGS-84 坐标系。WGS-84 坐标系的全称是世界大地坐标系-84（World Geodical System-84），它是一个地心坐标系统。WGS-84 坐标系由美国国防部制图局建立，于 1987 年取代了当时 GPS 所采用的 WGS-72 坐标系而成为现在 GPS 所使用的坐标系统。WGS-84 坐标系的坐标原点位于地球的质心，Z 轴指向 BIH 1984.0 定义的协议地球极方向，X 轴指向 BIH 1984.0 的起始子午面和赤道的交点，Y 轴与 X 轴和 Z 轴构成右手系。

GPS 定位原理是：根据 GPS 卫星（1、2、3）的位置，并准确测定出所在地点 A 至各卫星之间的距离，那么 A 点一定是位于以卫星 1 为中心、所测得距离为半径的圆球上。测得点 A 至另一卫星 2 的距离 D_2，则 A 点一定处在前后两个圆球相交的圆环上；还可测得与第三个卫星的距离 D_3，就可以确定 A 点只能是在三个圆球相交的两个点上。根据一些地理知识，可以很容易排除其中一个不合理的位置。A 点到卫星间的距离测定被称为伪距测量，所谓伪距，就是由卫星发射的测距信号到达 GPS 接收机传播时间，乘以信号速率所得的量测距离。这个距离由于卫星钟、接收机钟误差，以及信号经过电离层和对流层时的时间延迟的影响，因而不准确，因此叫做伪距。伪距测量包含卫星钟差（δj）、电离层和对流层对信号传播的影响（设 $\delta\rho_1$，$\delta\rho_2$）、接收机钟差（δ_k）等误差，而前三者可以通过导航电文或一定的模型进行剔除。

伪距测量一般用于精度不高的绝对定位之中，为减小误差，提供三维坐标和钟差，必须有四颗或以上卫星数。它由 GPS 接收机在某一时刻测出得到四颗以上 GPS 卫星的伪距及已知的卫星位置，采用上述距离交会的方法求得接收机天线所在点的三维坐标。

伪距法定位是一种绝对定位的方法。绝对定位又分为静态绝对定位和动态绝对定位。静态绝对定位的精度约为米级，而动态绝对定位的精度为 10～40m。C/A 码测得的伪距称为 C/A 码伪距，P 码测得的伪距称为 P 码伪距。

伪距测量公式为

$$D = c\Delta t$$

$$\Delta t = t_2 - t_1$$

GPS 卫星信号含有多种定位信息，根据不同的要求，通过观测 GPS 卫星可以从中获得不同的观测量，主要包括：

(1) 根据码相位观测得出的伪距。

(2) 根据载波相位观测得出的伪距。

(3) 由积分多普勒计数得出的伪距。

(4) 由干涉法测量得出的时间延迟。

目前，广泛应用的基本观测量主要有码相位观测量和载波相位观测量。测码伪距定位：观测量为测码伪距，使用的测量信号为C/A码，P码，利用C/A码，P码测得的卫星到接收机的距离。载波相位观测定位（测相伪距定位）：使用的测量信号为L_1、L_2，观测量为载波相位在信号传播路径上的变化量，即利用L_1，L_2载波在传播路径上的相位变化，据此求得的伪距。积分多普勒计数法进行定位时，所需观测时间较长，一般数小时，同时观测过程中，要求接收机的振荡器保持高度稳定。干涉法测量时，所需设备较昂贵，数据处理复杂。这两种方法在GPS定位中，尚难以获得广泛应用。

3. GPS误差处理

在GPS定位过程中，存在三部分误差。第一部分是对每个用户接收机所共有的，如卫星钟误差、星历误差、电离层误差、对流层误差等；第二部分为不能由用户测量或由校正模型来计算的传播延迟误差；第三部分为各用户接收机所固有的误差，如内部噪声、通道延迟、多路径效应等。利用差分技术，第一部分误差可完全消除，第二部分误差大部分可以消除，第三部分误差则无法消除，只能靠提高GPS接收机本身的技术指标。

(1) 差分技术。事实上，接收机往往可以锁住4颗以上的卫星，这时，接收机可按卫星的星座分布分成若干组，每组4颗，然后通过算法挑选出误差最小的一组用作定位，从而提高精度。由于卫星运行轨道、卫星时钟存在误差，大气对流层、电离层对信号的影响，以及人为的SA保护政策，使得民用GPS的定位精度只有100m。为提高定位精度，普遍采用差分GPS（DGPS）技术，建立基准站（差分台）进行GPS观测，利用已知的基准站精确坐标，与观测值进行比较，从而得出一修正数，并对外发布。接收机收到该修正数后，与自身的观测值进行比较，消去大部分误差，得到一个比较准确的位置。实验表明，利用差分GPS，定位精度可提高到5m。差分GPS定位也叫GPS相对定位，是至少用两台GPS接收机，同步观测相同的GPS卫星，确定两台接收机天线之间的相对位置（坐标差）。它是目前GPS定位中精度较高的一种定位方法。

差分技术很早就被人们所应用，它是在一个测站对两个目标的观测量、两个测站对一个目标的观测量或一个测站对一个目标的两次观测量之间进行求差。其目的在于消除公共项，包括公共误差和公共参数。

随着GPS技术的发展和完善，应用领域的进一步开拓，人们越来越重视利用差分GPS技术来改善定位性能。它使用2台以上接收机，安置在不同的GPS点上，同步观测相同的卫星，使用观测值的线性组合作为观测量，利用实时或事后处理技术，就可以使用户测量时消去公共的误差源——电离层和对流层效应，并能将卫星钟误差和星历误差消除，最后确定未知点在地球坐标系中的相对位置（坐标差）或基线向量。现代发展差分GPS技术显得越来越重要，差分一般采用载波进行作业，精度高。

(2) 多路径误差。在GPS测量中，如果测站周围的反射物所反射的卫星信号（反射波）进入接收机天线，这就将和直接来自卫星的信号（直接波）产生干涉，从而使测量值偏离真值产生所谓的“多路径误差”。这种由于多路径的信号传播所引起的干涉时延效应被称作多

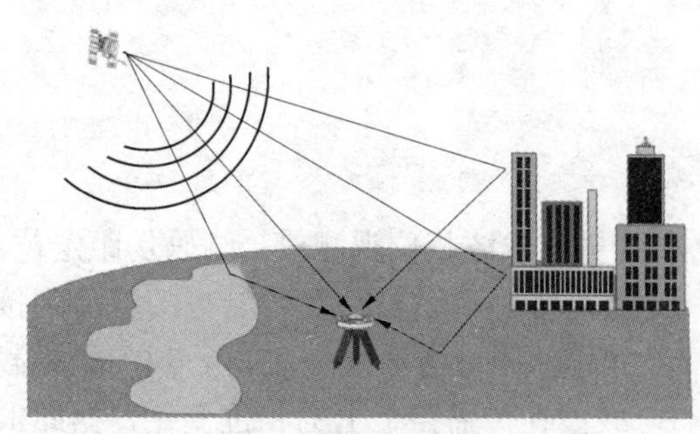
图 4-40 GPS 多路径效应示意图

路径效应（见图 4-40）。GPS 在实际测量中接收到的信号是直接波和反射波产生干涉后的叠加信号。而来自卫星的直接信号和经反射体反射后的信号所经过的路程长度是不一样的，两种路程长度的差值称为程差或冲离延迟量，是产生多路径效应的根源。

多路径误差已成为卫星导航定位中最难以克服和修正的误差之一。当前领域多路径误差的处理方式包括空间处理技术、接收机的改进技术、数据后处理技术等。

多路径误差效应有以下几个特征：

1）多路径误差包括随机部分和周期性部分，随机部分在观测时间段内一直存在，它取决于天线周围的具体环境，属于系统误差，无法削弱和消除。周期性部分可通过延长观测时间予以削弱和消除。

2）多路径效应在各站之间没有相关性。

3）多路径效应造成的误差量级由 GPS 接收机中的相关器和跟踪锁定环的特性所决定。理论上码观测值的多路径影响更为复杂，其误差大约是载波相位多路径影响的 200 倍。

4）在测量点位坐标即静态测量时，多路径误差对伪距观测的影响在良好条件下约为 1.3m，在反射很强的环境条件下为 4～5m，严重时还将引起信号失锁。多路径效应对载波相位观测值的影响造成相位偏差，给距离观测带来大约 5cm 的显著周期性偏差，而高程影响可以达到±15cm。

5）多路径效应的大小与卫星仰角有关，卫星仰角越低，影响就越大。

降低或消除多路径误差效应有以下一些方法：

1）接收器改进，提高天线和接收器硬件技术。

2）基于 EMD 滤波处理技术，EMD（即经验模式分解技术）是一种新的信号处理技术，它基于数据本身且能在空间域中将信号进行分解，从而区分噪声信号和有用信号。

3）采用扩展卡尔曼滤波技术得到多路径信号中各参数，然后从接收信号中消去多路径信号以抑制其影响的方法。

4）选择测站注意周围地面应能较好地吸收微波信号的能量，这样使接收器更好地接收信号。

5）测站不宜选在山坡、山谷、盆地或高层建筑等附近，避免反射信号从天线抑径板上方进入天线产生多路径误差；山坡、山谷、盆地等是易产生反射的地区，这些反射波将产生很大多路径误差，从而影响精度。

6）观测时，人也不应走近并高于天线，也不要在天线附近接收手机，以避免增加噪声信号。

7）数据后处理技术，所谓的数据处理技术是从原始的观测技术或定位结果数据中提取多路径效应的影响。

4. RTK 技术

RTK（Real Time Kinematic）是实时动态载波相位差分定位方法，其定位精度较高并且置信度可达99%以上，能够在野外实时得到厘米级定位精度，是GPS应用的重大里程碑。目前，该技术已经非常成熟，广泛应用于地形测图、工程放样及图根控制测量，极大地提高了外业作业效率。

RTK做平面控制点按精度划分等级为一级控制点、二级控制点、三级控制点。RTK高程控制点按精度划分等级为等外高程控制点。一级、二级、三级平面控制点及等外高程控制点，适用于布设外业数字测图和摄影测量与遥感的控制基础，可以作为图根测量、像片控制测量、碎部点数据采集的起算依据。

(1) RTK工作原理。差分数据类型有伪距差分、坐标差分（位置差分）和载波相位差分三类。前两类定位误差的相关性，会随基准站与流动站的空间距离的增加而迅速降低。所以RTK采用第三类方法。

RTK是一种新的常用的GPS测量方法，以前的静态、快速静态、动态测量都需要事后进行解算才能获得厘米级的精度，而RTK技术能够在野外实时获取高精度定位结果。

传统RTK的工作原理是将一台接收机置于基准站上（基准站设置在已知点上），另一台或几台接收机置于流动站上（即放在待测点上）。基准站和流动站同时接收同一时间、同一GPS卫星发射的信号，即同步采集相同卫星的信号。

基准站在接收GPS信号并进行载波相位测量的同时，将所获得的观测值与已知位置信息进行比较，得到GPS差分改正值，然后通过数据链将这个改正值及时传递给共视卫星的流动站。移动站接收来自基准站的数据后，利用GPS控制器内置的随机实时数据处理软件与本机采集的GPS观测数据组成差分观测值进行实时处理，据此精化其GPS观测值，从而得到改正后较准确的数值，并将实测精度与预设精度指标进行比较，一旦实测精度符合要求，手簿将提示测量人员记录该点的三维坐标及其精度。这样可以实时给出待测点的坐标、高程及实测精度。

网络RTK的工作原理是：在一个较为广阔的区域均匀、稀疏地分布若干个（一般至少3个）固定观测站（称为基准站），构成一个基准站网，并以这些基准站中的一个或多个为基准计算和播发改正信息，对该地区的卫星定位用户进行实时改正。

RTK定位模式与动态相对定位方法相同，只是需要在基准站和流动站间增加一套数据链，实现各点坐标的实时计算、实时输出（见图4-41）。

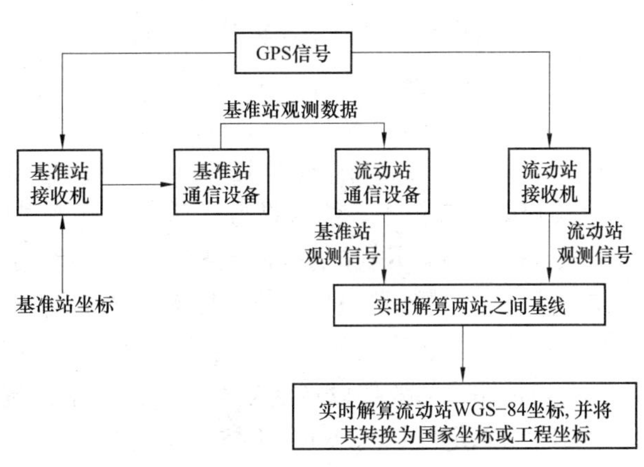

图4-41　RTK工作流程图

由于大部分情况下使用的坐标系都为国家坐标系或地方坐标系，而GPS所接收到为WGS-84坐标系下的数据，因此如何进行坐标系统的转换成为RTK使用过程中很重要的一个环节。一般情况下，可以根据已知条件的不同而使用不同的坐标转换方法，主要转换方法有平面四参数转换+高程拟合、三参数转换、七参数转换、一步法转换、点校验等。一般适用条件如下：

1）三参数：要求已知一个国家坐标点，精度随传输距离增加而减少。

2）四参数：要求两个任意坐标点，精度在小范围内可靠。

3）七参数：三个国家坐标点，精度高，对已知点要求严格。

4）一步法：三个任意坐标点，在残差不大的情况下，精度可靠。

(2) RTK 作业模式。

1）单基准站 RTK 模式，即电台模式（见图 4-42）。使用单基准站 RTK 测量需注意以下几点：

a. 作业距离一般为 0～28km，特别是山区或城区传播距离会受到很大影响。

b. 截止高度角为 15°以上的卫星为有效，个数超过 6 个为状态良好。

c. 电台的架设对环境有非常高的要求，一般选在比较空旷、周围没有遮挡的地方；电台信号容易受干扰，所以要远离大功率干扰源。

d. 对于电瓶的电量要求较高，出外业之前电瓶一定要充满或有足够的电量。

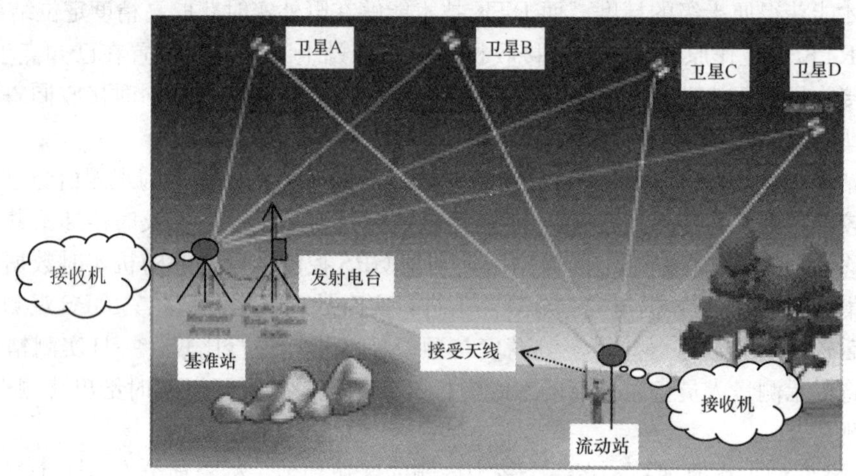

图 4-42　RTK 工作示意图

基准站架设的好坏，将影响移动站工作效率和精度，安置基准站需要注意以下条件：

a. 在 10°截止高度角以上空间应没有障碍物。

b. 邻近没有电视发射塔、雷达、电视发射天线、高压线路及变电站等强电磁辐射源，以免对 RTK 信号造成干扰，一般离开其距离在 200m 之外。

c. 基准站架设的越高，距离越远，应选在地势相对高的地方以利于电台作用。

d. 用户如果在树木、建筑物与移动车人流等对电磁传播较大的物体附近设站，将会产生多路径干扰，影响 RTK 的差分质量，使得移动站长时间不能获得固定解。

在单基准站 RTK 测量模式下，随着基线的增长，各类误差源影响的相关性减弱甚至消失，距离相关误差无法消除，导致定位精度下降，使得常规 RTK 仅局限在 10～15km 的较高范围内，且用户需要架设本地参考站，为克服常规 RTK 技术的不足，实现大范围、精度均匀的实时动态定位，网络 RTK 技术应运而生。

2）网络模式。网络 RTK（Network RTK）也称多基准站 RTK，是在一定区域内建立多个基准站，对该地区构成网状覆盖，并对卫星进行连续跟踪观测，也称连续运行基准站（Continuous Operational Reference Station，CORS）系统。CORS 是一个或若干个固定的、连续运行的 GNSS 参考站，利用现代计算机、数据通信和互联网（LAN/WAN）技术组成的网络，实时地向不同类型、不同需求、不同层次的用户自动地提供经过检验的不同类型的GNSS观测值（载波相位、伪距），各种改正数、状态信息，以及其他有关GNSS服务项目的系统。现在我国许多省市已经建立了地方CORS网，并已经广泛应用于数字测图外业数据采集。

CORS能很好地解决长距离、大规模的厘米级高精度实时定位的问题，其优点如下：

a. 不需要再四处找控制点，无需架设基准站，携带方便，可省去野外工作中的值守人员和架设参考站的时间，降低作业成本，提高生产效率。

b. 可改进初始化时间、扩大有效工作范围，网络覆盖范围内能够得到均等的精度。

c. 采用连续基准站，用户随时可以观测，使用方便，提高了工作效率。

d. 拥有完善的数据监控系统，可以有效地消除系统误差和周跳，增强差分作业的可靠性。使用固定可靠的数据链通信方式，减少了噪声干扰。

e. 在CORS覆盖区域内，能够实现测绘系统和定位精度的统一，便于测量成果的系统转换和多用途处理。

f. 提供远程INTERNET服务，实现了数据共享。

CORS系统的缺点是：容易造成差分数据延迟2～5s，在没有手机信号的地方无法使用，并且需要支付一定的服务费用。

CORS系统不仅是一个动态的、连续的定位框架基准，同时也是快速、高精度获取空间数据和地理特征的重要的城市基础设施，CORS可在城市区域内向大量用户同时提供高精度、高可靠性、实时的定位信息，并实现城市测绘数据的完整统一，将对现代城市基础地理信息系统的采集与应用体系产生深远的影响。

随着数字城市建设的逐步开展，全国各地已相继建立区域CORS系统，基于CORS系统的网络RTK技术将取代传统单基准站RTK技术，在CORS系统所覆盖的区域内得到越来越广泛的运用。

（3）RTK测量系统构成。

1）传统的RTK测量系统。主要由GPS接收设备、数据传输系统、软件系统三部分构成。

a. GPS接收设备。RTK测量系统中，至少包含两台接收机，分别安置在基准站和移动站上。基准站应设在测区内地势较高、视野开阔，且坐标已知的点上。在城区可考虑设在楼顶平台上。作业期间，基准站的接收机应连续跟踪全部可见GPS卫星，并将测量数据通过数据传输系统，实时地发送给移动站。

从理论上讲，双频接收机与单频接收机均可用于实时GPS测量。但是单频机进行整周未知数的初始化需要很长的时间，此乃实时动态测量所不允许的；加之单频机在实际作业时容易失锁，失锁后的重新初始化要占去许多时间。因此，实际作业中一般应采用双频机。

b. 数据传输系统。数据传输系统，由基准站的发射台和移动站的接收台组成，它是实现实时动态测量的关键设备。数据传输设备要充分保证传输数据的可靠性，其频率和功率的选择主要取决于移动站与基准站间的距离、环境质量及数据的传输速度。

c. 支持实时动态测量的软件系统。软件系统的质量与功能，对于保障实时动态测量的可行性测量结果的精确性与可靠性，具有决定性的意义。

2）网络RTK测量系统。一个完整的CORS系统是利用全球导航卫星定位系统

(GNSS)、计算机、数据通信和互联网络等技术，在一个城市、一个地区或一个国家范围内建立的长年连续运行的若干个固定 GNSS 参考站组成的网络系统，它由固定参考基准站、数据控制处理中心、数据通信链路（专用通信网或 Internet）和用户部分组成，各个基准站点与数据处理中心间有网络连接，数据处理中心从基准站采集数据，利用基准站网软件进行处理，然后向测绘用户提供高精度、连续的时间和空间基准。

a. 基准站。固定参考站是固定的 GPS 接收系统，分布在整个网络中，一个 CORS 网络可包括无数个站，但最少要 3 个站，站与站之间的距离可达 70km（传统高精度 GPS 网络，站间距离不过 10～20km）。固定站与控制中心之间有通信线相连，数据实时地传送到控制中心。

基准站由 GNSS 设备、计算机、气象设备、通信设备、电源设备及观测场地等构成，具备长期连续跟踪观测和记录卫星信号的能力，并通过数据通信网络定时或实时将观测数据传输到数据中心。

b. 数据处理中心。控制中心是整个系统的核心，既是通信控制中心，也是数据处理中心。它通过通信线（光缆、ISDN、电话线等）与所有的固定参考站通信；通过无线网络（GSM、CDMA、GPRS 等）与移动用户通信。由计算机实时控制整个系统的运行，所以控制中心的软件既是数据处理软件，也是系统管理软件。

数据处理中心由计算机、网络和软件系统组成，具备监控、数据管理、数据处理分析、产品服务等功能，用于汇集、存储、处理和分析基准站数据，形成产品和开展服务。

c. 数据通信链路。由公用或专用的通信网络构成，用于实现基准站与数据中心、数据中心与用户数据交换，完成数据传输、数据产品分发等任务。CORS 的数据通信包括固定参考站到控制中心的通信及控制中心到用户的通信。参考站到控制中心的通信网络负责将参考站的数据实时地传输给控制中心；控制中心和用户间的通信网络是指如何将网络校正数据送给用户。

一般来说，网络 RTK 系统有两种工作方式：单向方式和双向方式。在单向方式下，只是用户从控制中心获得校正数据，而所有用户得到的数据应该是一致的，如主辅站技术 MAX；在双向方式下，用户还需将自己的粗略位置（单点定位方式产生）报告给控制中心，由控制中心有针对性地产生校正数据并传给特定的用户，每个用户得到的数据则可能不同，如虚拟参考站 VRS 技术。

d. 用户部分。用户部分就是用户的接收机，加上无线通信的调制解调器及相关设备。根据自己的不同需求，放置在不同的载体上，如汽车、飞机、农业机器等。当然测量用户也可以把它背在肩上。接收机通过无线网络将自己初始位置发给控制中心，并接收控制中心的差分信号，生成厘米级的位置信息。

(4) 接收设备的维护。

1) 接收设备应有专人保管，运输期间应专人押送，并应采取防震、防潮、防晒、防尘、防蚀和防辐射等防护措施，软盘驱动器在运输中应插入保护片或废磁盘。

2) 接收设备的接头和连接器应保持清洁，电缆线不应扭折，应在地面拖拉、碾砸。连接电源前，电正负极连接应正确，观测前电压应正常。

3) 当接收设备置于楼顶、高标或其他设施顶端作业时，应采取加固措施；在大风和雷雨天气作业时，应采取防风和防雷措施。

4）作业结束后，应及时对接收设备进行擦拭，并放入有软垫的仪器箱内；仪器箱应置放于通风、干燥阴凉处，保持箱内干燥。

5）接收设备在室内存放时，电池应在充满状态下存放，应每隔1～2个月存放电一次。

6）仪器发生故障，应交专业人员维修。

习　题

1. 使用全站仪进行数据采集操作应该使用HR还是HL测角模式？
2. 使用全站仪施测地貌特征点，配2个以上棱镜有什么要求？
3. TOPCON-3系列全站仪，数据采集程序中的数据自动确认设置如何调出？
4. 棱镜参数的设置不对，将会影响全站仪的哪几种测量模式？
5. PSM与PPM分别代表什么？
6. 当全站仪所配棱镜参数未知时，如何测定？
7. GPS系统的组成部分有哪些？
8. GPS接收机的类别有哪些？
9. RTK作业模式有哪些？使用时有哪些注意事项？
10. CORS网的优缺点是什么？

单元五　数字测图外业

学习目标

在进行数字测图时，外业工作是尤为重要的一个组成部分。外业工作质量的好坏直接决定着最终成果的优劣。该章主要介绍数字测图外业方面的知识点。

学习时，应首先了解数字测图图根控制测量和碎部点采集工作的概念及具体内容，熟练掌握使用全站仪、RTK进行图根控制测量的方法，结合各种软硬件和生产实际学会如何利用全站仪及RTK进行野外数据采集，最后初步了解各种不同野外数据编码方案的原理，并重点掌握简编码和简拼编码法的实际运用。

5.1 图　根　控　制

5.1.1　控制测量概述

由于任何一种测量工作都会产生误差，因此必须采取一定的程序和方法，即遵循一定的测量实施原则，以防止误差的积累。例如，从一个碎部点开始逐点进行测量，最后虽然也能得到欲测点的坐标，但这种做法显然是不对的。因为前一点的测量误差，必然会传递到下一点，这样累积起来，最后有可能达到不可容许的程度。因此，为了防止误差的积累，提高测量精度，在实际测量工作中必须遵循"从整体到局部，先控制后碎部"的测量实施原则，即先在测区内建立控制网，以控制网为基础，分别从各个控制点开始施测控制点附近的碎部点。

在测量工作中，首先在测区内选择一些具有控制意义的点，组成一定的几何图形，形成测区的骨架，用相对精确的测量手段和计算方法，在统一坐标系中，确定这些点的平面坐标和高程，然后以它为基础来测定其他地面点的点位，进行施工放样，或进行其他测量工作。其中，这些具有控制意义的点称为控制点，由控制点组成的几何图形称为控制网，对控制网进行布设、观测、计算，确定控制点位置的工作称为控制测量。

专门为工程施工而布设的控制网称为施工控制网，施工控制网可以作为施工放样和变形监测的依据。在碎部测量中，专门为地形测图而布设的控制网称为图根控制网，相应的控制测量工作称为图根控制测量。由此可见，控制测量起到控制全局和限制误差积累的作用，为各项具体测量工作和科学研究提供依据。

控制测量分为平面控制测量和高程控制测量。平面控制测量确定控制点的平面坐标，高程控制测量确定控制点的高程。在传统测量工作中，平面控制网和高程控制网通常分别单独布设。随着各种测量技术和仪器设备的不断发展，有时候也将两种控制网联合起来布设成三维控制网。

5.1.2　图根控制测量

进行大比例尺数字测图时，由于国家控制网的点位稀少，不能满足测图的需要，就需要在测区内加密适当数量的控制点，直接为测图的碎部数据采集使用，这些点称为图根控制点。通过一定的测量仪器和测量方法，精确地求出其三维坐标的过程，称为图根控制测量。图根控制测量按施测的项目不同，分为平面控制测量和高程控制测量，平面控制测量确定图根点的平面坐标，高程控制测量确定图根点的高程。传统的平面控制测量方法有导线测量、三角测量、交会测量等，高程控制测量方法有图根水准测量和三角高程测量。这些测量方法普遍存在着外业工作量大、效率低等缺点。

近几年，随着测量仪器的不断发展改进和人们在实践中不断总结经验，新兴了多种既能保证测图精度又可极大提高工作效率的图根控制测量方法，如全站仪导线测量、全站仪直接三维坐标导线测量、GPS-RTK控制测量、一步测量法、辐射法等。

在图根点密度方面，由于采用光电测距，测站点到地物、地形点的距离即使较远，也能保证测量精度，故对图根点的密度要求已不很严格。在通视条件好的地方，图根点可稀疏些；在地物密集、通视困难的地方，图根点可密些。《城市测量规范》（CJJ/T 8—2011）规定：图根控制测量宜在城市各等级控制点下进行，可采用卫星定位测量、导线测量和电磁波测距极坐标等方法。图根点的密度应根据测图比例尺和地形条件确定，地形复杂、隐蔽及城市建筑区，图根点密度应以满足测图需要为原则，并结合具体情况加密，平坦开阔地区图根点密度一般不低于表5-1的要求，其图根点点位中误差和高程中误差应符合表5-2的要求。

表5-1　平坦开阔地区图根点密度　　点/km²

测图比例尺	1∶500	1∶1000	1∶2000
数字测图法图根点密度	≥64	≥16	≥4

表5-2　图根点点位中误差和高程中误差

中误差	相对于图根起算点	相对于邻近图根点	
点位中误差	≤图上0.1mm	≤图上0.3mm	
高程中误差	≤1/10×*H*	平地	≤1/10×*H*
		丘陵地	≤1/8×*H*
		山地、高山地	≤1/6×*H*

注　*H*为基本等高距。

下面介绍几种常用的图根控制测量方法。

1. 全站仪导线测量

导线测量是在地面上按一定的要求选定若干个控制点（导线点），将相邻控制点连成折线（导线），依次测定其边长和转折角，然后根据已知点的坐标，推算其余各点坐标的测量方法。

(1) 导线布设形式。根据测区自然地形条件、已知点及测量工作的需要，通常布设的导线形式有闭合导线、支导线、附合导线三种，见图5-1。

1) 闭合导线。由已知控制点出发，经过若干个连续的折线后仍回到起点的导线，称为闭合导线，它是一个闭合多边形。它有3个检核条件：一个多边形内角和条件及两个坐标增量条件。

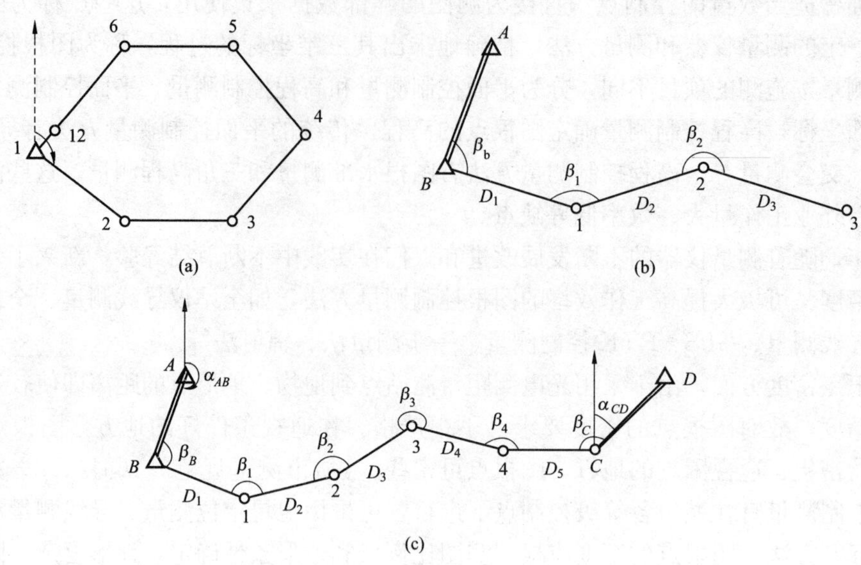

图 5-1 导线布设形式

(a) 闭合导线；(b) 支导线；(c) 附和导线

2）附合导线。由一已知控制点出发，经过若干个连续的折线后终止于另一已知控制点的导线，称为附合导线。它有三个检核条件：一个坐标方位角条件和两个坐标增量条件。

3）支导线。从一已知控制点出发，既不附合到另一已知控制点，也不回到原起点的导线，称为支导线。由于支导线不具备检核条件，不易发现测算中的错误，因此它只限于在图根导线中使用，一般只允许布置 2～3 点，用来补充导线点的不足。

导线测量的特点是易于自由扩展，地形条件限制少，观测方便，控制灵活。全站仪导线测量与传统的导线测量布设形式完全相同；不同的是，全站仪在一个点位上，可以同时测定后视方向与前视方向之间所夹的水平角、照准方向的垂直角或天顶距、测站距后视点和前视点的倾斜距离或水平距离、测站与后视点及前视点间的高差，也就是说，全站仪在一个点位上可以同时进行三要素的测量，与传统导线测量相比，极大地提高了工作效率。

(2) 导线测量的外业工作。在进行全站仪导线测量之前，首先对测区进行实地踏勘，了解测区的地形条件、范围大小和测图要求，并收集测区原有控制点和地形图资料，然后根据这些因素在原有地形图上进行导线测量的技术设计；在设计时必须重点考虑导线的图形、导线点的位置、导线的总长、如何与高级控制点连接等问题；当室内设计完成后，即可进行导线外业工作。

1）选点。选点就是根据控制测量的目的，在测区内合理布设导线点的过程。

a. 导线点要均匀布设在全测区内，以便控制整个测区，有利于碎部测量。

b. 导线点应选在地势较高、视野开阔且地面坚实的地方，点位便于长期保存、便于安置仪器。

c. 相邻导线点要互相通视，地面比较平坦或坡度比较均匀。

d. 导线边长相差不宜过大，以减小观测水平角时望远镜因调焦而引起误差，其平均边长应符合规定。

导线点选定后应设置临时性或永久性标识，也可利用地面固定地物作标识，必要时要画点之记。

2）测角。用全站仪或经纬仪测定导线相邻两边的转折角。观测时，附合导线一般观测导线前进方向的左角；闭合导线一般观测内角。当闭合导线点为顺时针编号时内角为右角，逆时针编号时内角为左角。一般采用 DJ_6 经纬仪测回法进行观测，上下半测回角值之差不超过±40″，取其平均值作为最终结果。

3）测距。测定导线各边的水平距离，可用检定过的钢尺或光电测距仪测量。钢尺往返丈量导线边各一次或单程丈量两次，丈量精度在平坦地区不低于 1∶3000，特殊困难地区不低于 1∶1000，如有条件，可用测距仪测量边长。

4）导线点的高程测量。导线点的高程测量可以采用水准测量或三角高程测量进行。其中水准测量主要按照等外水准测量的方法施测。随着测距仪的普及，水平距离与竖直角观测精度的不断提高，三角高程测量也能达到规定的精度要求。

因此，大多采用电磁波测距三角高程测量进行对向观测来确定导线点的高程，此时，必须观测竖直角、量取仪器高和目标高。它根据地面两点间的水平距离和竖直角，按三角公式计算两点的高差而求得高程，常用于地形起伏较大山区的高程测量，见图 5-2。

如图 5-2 所示，A、B 两点高差为

$$h_{AB} = D\tan\theta + i - v$$

式中：D 为 AB 水平距离；θ 为竖直角；i 为仪器高；v 为视距尺的中（横）丝读数或目标高。

若 A 点高程已知，则 B 点高程为

$$H_B = H_A + h_{AB}, \quad H_B = H_A + D\tan\theta + i - v$$

5）连测。测定导线点与已有高级控制点之间的连接边（距离）及连接角，使测区布设的导线与之联系起来；如果是独立测区，则要用罗盘仪测定起始边的磁方位角，以确定整个测区的方位。

如图 5-3 所示，A、B 为已知点，1～5 为新布设的导线点，连接测量就是观测连接角 β_B、β_1 和连接边 D_{B1}。

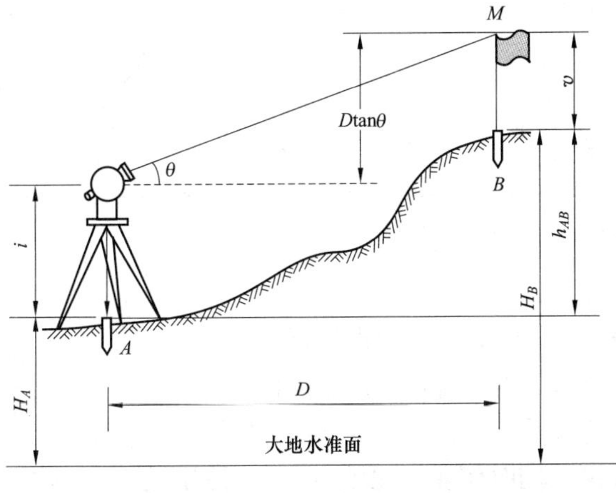

图 5-2　三角高程测量图解

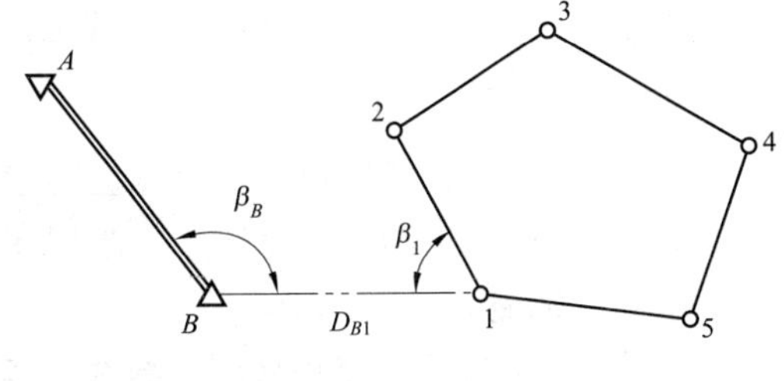

图 5-3　导线连测

一般来讲，图根导线的附合不宜超过两次，在个别极困难地区，可附合三次。因地形限制，图根导线无法附合时，可布设支导线，但不应多于四条边，长度不应超过表 5-3 中规定长度的 1/2，最大边长不应超过表 5-3 中平均边长的 2 倍。支导线采用电磁波测距时，可

单程观测一测回。水平角观测的首站应联测两个已知方向，采用 DJ_6 光学经纬仪观测一测回，其他站应分别测左、右角各一测回，其固定角不符值与测站圆周角闭合差均不应超过±40″，采用全站仪时，其他站可观测一测回。

表 5-3　图根电磁波测距导线测量的技术指标

等级	测图比例尺	附合导线长度（m）	平均边长（m）	导线相对闭合差	测回数 DJ_6	方位角闭合差（″）	仪器类别	方法与测回数
图根	1∶500	900	80	≤1/4000	1	$\leqslant \pm 40\sqrt{n}$	Ⅱ级	单程观测 1
	1∶1000	1800	150					
	1∶2000	3000	250					

注　n 为测站数。

2. 全站仪直接三维坐标导线测量

在一些精度要求不是很高的地形图测绘工作中，一般的导线测量方法用来做图根控制显然有些繁琐，测量内容较多，计算较为麻烦，这为测量工作带来诸多不便。因此，新兴了一种全站仪直接三维坐标导线测量，直接用全站仪测量图根点的三维坐标，然后用一定的平差程序进行平差计算，从而达到相对较高的精度，为快速布点带来方便，提高测量效率。常用的一款全站仪图根导线平差小程序的界面，如图 5-4 所示。

全站仪图根测量平差计算

点号	测得的点号		差值		坐标改正		平差后坐标		图示如下
	$X(i)$	$Y(i)$	ΔX	ΔY	$x(i)$	$y(i)$	$X_0(i)$	$Y_0(i)$	
$A(P_1)$									$A(P_1)$
P_2									P_2
P_3									P_3
P_4									P_4
P_5									P_5
$B(P_6)$									
	$\Delta X(B)=$								
	$\Delta Y(B)=$								$B(P_6)$

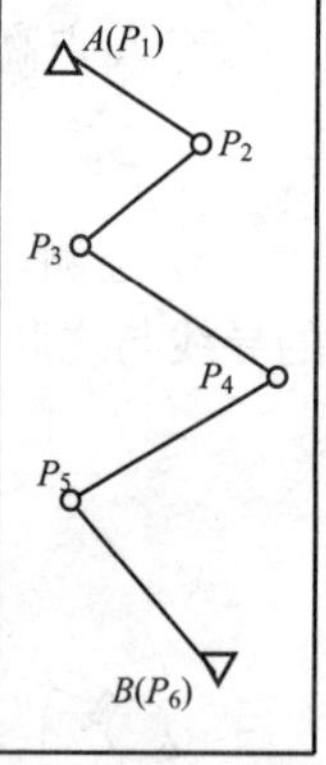

图 5-4　全站仪图根平差计算软件界面

图 5-4 的使用说明：

(1) 只需在阴影区域填写上所测量的数据就可以计算出图根点坐标。

(2) 如果所测量的数据比较多，改程序不能满足需求时，可以稍加优化。

3. 一步测量法

所谓一步测量法，就是将图根导线与碎部测量同时作业，比较适合小面积测量。一步测量法对图根控制测量少设一次站，少跑一遍路，提高外业效率是明显的。如果导线闭合差超限，只需重测导线错误处，用正确的导线点坐标，对本站所测的全部碎部点重算就可重新绘图，因而在数字测图中采用一步测量法是合适的。在 EPSW 电子平板测图系统中编有“一步测量法”测量程序，在测定导线后，可自动提取各条导线测量数据，进行导线平差，而后可按照新坐标对碎部点进行坐标重算。如图 5-5 所示，A、B、C、D 为已知点；1、2、3…为图根导线点，$1'$、$2'$、$3'$…为碎部点，一步测量法作业步骤如下：

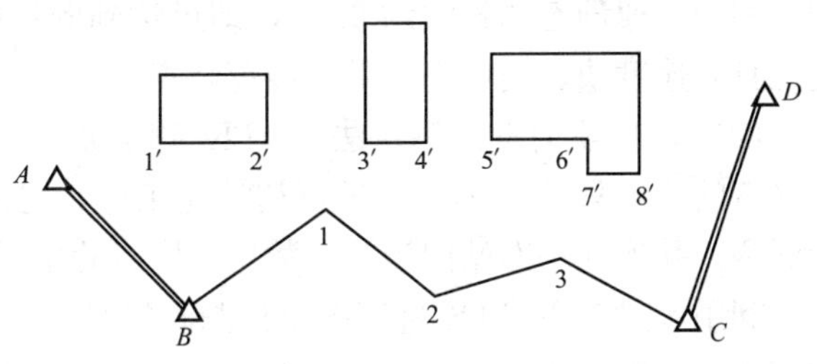

图 5-5 一步测量法

(1) 全站仪置于 B 点，先后视 A 点，再照准 1 点测水平角、垂直角和距离，可求得 1 点坐标，此坐标为近似坐标，以下施测坐标均为近似坐标。

(2) 不搬运仪器，再施测 B 点周围的碎部点 $1'$、$2'$、$3'$…根据 B 点坐标可得到碎部点的坐标。

(3) B 点测量完毕，仪器搬到 1 点，后视 B 点，前视 2 点，测角、测距，得 2 点坐标（近似坐标），再施测 1 点周围碎部点，根据 1 点坐标可得周围碎部点坐标（近似坐标）。同理，可依次测得各导线点坐标和该站周围的碎部点坐标，但要注意及时勾绘草图、标注测点角度、距离及碎部点点号。

(4) 待测至 C 点，则可由 B 点起至 C 点的导线数据，计算附合导线闭合差。若超限，则找出错误，重测导线；若在限差以内，用计算机重新对导线进行平差处理。然后利用平差后的导线坐标，再重新改算各碎部点的坐标。

4. 辐射点法

在数字测图的图根控制中，对于小区域的数字测图，可利用全站仪“辐射点法”直接测定图根控制点。

辐射点法就是在某一通视良好的等级控制点上安置全站仪，用极坐标测量方法，按照全圆方向观测方式直接测定周围选定的图根点坐标。这种方法无需平差计算，直接测出坐标，为了保证图根点的可靠性，一般要进行两次观测（另选定向点）。根据 CJJ/T 8—2011 中的要求，测站点对于邻近图根点，点位的平面中误差不应大于 $0.1\times M\times 10^{-3}$m（$M$ 为测图比例尺分母），高程中误差不应大于测图基本等高距的 1/6。该法最后测定的一个点必须与第一个点重合，以检查观测质量。

5. GPS-RTK 测量

与传统的导线测量比较，利用 RTK 进行图根控制测量不受天气、地形、通视等条件的限制，仪器操作简便、机动性强、自动化程度高，工作效率比传统方法提高数倍，大大节省人力，而且实时提供经过检验的成果资料，无需数据后处理，拥有彼此不通视条件下远距离传递三维坐标的优势，不仅能够达到导线测量的精度要求，而且误差分布均匀，不存在误差积累问题。所以当测区面积较大时，首选的图根控制测量方法就是 GPS-RTK 测量。该方法一般分为两种：一种是利用双频 RTK 实现快速静态作业模式；另一种是 RTK 实时动态测量法。

(1) 快速静态作业法。快速静态定位测量就是利用快速整周模糊度解算法原理所进行的 GPS 静态定位测量。

快速静态定位模式要求 GPS 接收机在每一流动站上，静止地进行观测。在观测过程中，同时接收基准站和卫星的同步观测数据，实时解算整周未知数和用户站的三维坐标，如果解算结果的变化趋于稳定，且其精度已满足设计要求，便可以结束实时观测。在图根控制测量中，利用快速静态测量大约 5min，即可达到图根控制点点位的精度要求。因此，快速静态定位具有速度快、精度高、效率高等特点。

(2) RTK 实时动态测量法。RTK 实时动态定位测量前需要在一控制点上静止观测数分钟（有的仪器只需 2～10s）进行初始化工作，之后流动站就可以按预定的采样间隔自动进行观测，并连同基准站同步观测数据，实时确定采样点的空间位置。

利用实时动态 RTK 进行图根控制测量时，一般将仪器存储模式定为平滑存储，然后设定存储次数，一般设定为 5～10 次（可根据需要设定），测量时，其结果为每次存储的平均值，其点位精度一般为 1～3cm。其具体技术要求如下：

1) 图根点宜采用木桩、铁桩或其他临时标识，必要时可埋设一定数量的标石。

2) RTK 图根点测量时，地心坐标系与地方坐标系的转换关系的获取方法可参考 CH/T 2009—2010，也可以在测区现场通过点校正的方法获取。

3) RTK 图根点高程的测定，通过流动站测得的大地高减去流动站的高程异常获得。

4) 流动站的高程异常可以采用数学拟合方法、似大地水准面精化模型内插等方法获取，也可以在测区现场通过点校正的方法获取。

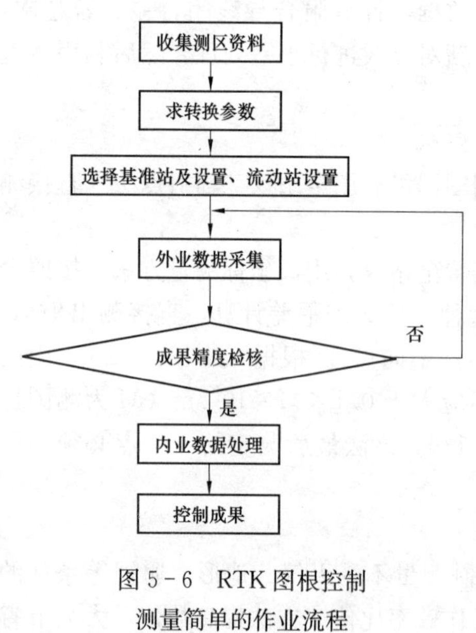

图 5-6 RTK 图根控制测量简单的作业流程

5) RTK 图根点测量方法可参照（CH/T 2009—2010）中相关要求执行。

6) RTK 平面控制点测量流动站观测时应采用三脚架对中、整平，每次观测历元数应大于 10 个。

7) RTK 图根点测量平面坐标转换残差不应大于图上 0.07mm。RTK 图根点测量高程拟合残差不应大于 1/12 等高距。

8) RTK 图根点测量，平面测量两次测量点位较差不应大于图上 0.1mm；高程测量两次测量高程较差不应大于 1/10 基本等高距。各次结果取中数作为最后成果。

实践证明，RTK 实时动态测量图根控制点能够满足大比例尺数字测图对图根控制测量的精度要求。

RTK 图根控制测量简单的作业流程如图 5-6 所示。

5.2 碎部点数据采集

5.2.1 碎部点采集内容

地球表面上复杂多样的物体和千姿百态的地表形状，在测量工作中可以概括为地物和地貌。地物是指地球表面上固定的物体，如河流、湖泊、道路、房屋和植被等；地貌是指高低起伏、倾斜缓急的地表形态，如山地、谷地、凹地、陡壁和悬崖等。

碎部测量就是以控制点为基础，测定地物、地貌的平面位置和高程，将其绘制成地形图的测量工作。在碎部测量中，地物的测绘实际上就是地物平面形状的测绘，地物平面形状可用其轮廓点（交点和拐点）和中心点来表示，这些点被称为地物的特征点（又称碎部点）。由此，地物的测绘可归结为地物碎部点的测绘。地貌尽管形态复杂，但可将其归结为许多不同方向、不同坡度的平面交合而成的几何体，其平面交线就是方向变化线和坡度变化线，只要确定这些方向变化线和坡度变化线上的方向和坡度变换点的平面位置和高程，地貌的形态也就反映出来了。因此，无论地物还是地貌，其形态都是由一些特征点，即碎部点的点位所决定。

在测定的控制点基础上，可以根据实际选择不同的测量方法进行碎部点数据采集。目前常用的是全站仪测量法和 GPS RTK 直接采集法，其中最常用的是全站仪测量法。用全站仪采集碎部点的点位信息的一般过程为，在控制点或图根点等测站点上架设全站仪，经建站、整平、定向三项检查后，观测碎部点上放置的棱镜，得到角度和距离等观测值，记在电子手簿或全站仪内存中，或是由记录器程序算出碎部点的坐标记入电子手簿或全站仪内存中。如果观测条件允许，也可以采用 GPS－RTK 直接测定碎部点，将直接得到碎部点的平面坐标和高程。

不论是用全站仪或 GPS－RTK 进行碎部点采集，除采集点位信息外，还应采集该测点的属性信息和连接信息，以便计算机生成图形文件，进行图形处理。

5.2.2　碎部点坐标测算方法

对碎部点进行坐标测算，目的是要获得点的定位信息。在数字测图中，由于受设备和成图方法的局限，一般不能像白纸测图那样在现场对地物、地貌进行模拟绘制，而需测量大量的碎部点供绘图使用。如果全站仪测量全部碎部点，工作量太大，而且有些点无法直接测定。因此要灵活运用各种方法，提高碎部点测量的工作效率。

这种结合数字测图设备特点，充分运用图形几何关系的碎部点测量方法，通常称为碎部点坐标“测算法”。其基本思路：①用全站仪极坐标法测定一些基本碎部点，作为对其他碎部点进行定位的依据；②用半仪器法（如方向法、勘测丈量法）推定一些碎部点；③充分利用直线、直角、平行、对称、全等等几何特征推求一些碎部点。

数字测图软件一般都能很方便地利用半仪器法、勘测丈量法获取的数据进行绘图。可以说，只要用几何作图方法能够确定位置的点，都可以用测算法求出点的坐标。

下面介绍几种常用的碎部点坐标测算方法的原理及应用特点。

1. 仪器测量法

(1) 极坐标法。当待测点与碎部点之间的距离便于测量时，通常采用极坐标法。它是一种非常灵活的也是最主要的测绘碎部点的方法，由于碎部点的位置都是独立测定的，不会产生误差积累。而且用全站仪极坐标法进行数据采集，速度快、精度高，因此对于需要采集的碎部点，应尽量用此方法测量。

所谓极坐标法即在已知坐标的测站点（Z）上安置全站仪或测距经纬仪，在测站定向后，观测测站点至碎部点的方向、天顶距和斜距，进而计算碎部点的平面直角坐标。极坐标法测定碎部点，在多数情况下，棱镜中心能安置在待测碎部点上，如图 5－7 所示的 P_i 点，则该点的坐标为

$$\left.\begin{aligned} X_i &= X_Z + D_i\cos\alpha_{Zi} \\ Y_i &= Y_Z + D_i\sin\alpha_{Zi} \\ H_i &= H_Z + D_i\cot T_i + i - v \end{aligned}\right\} \qquad (5-1)$$

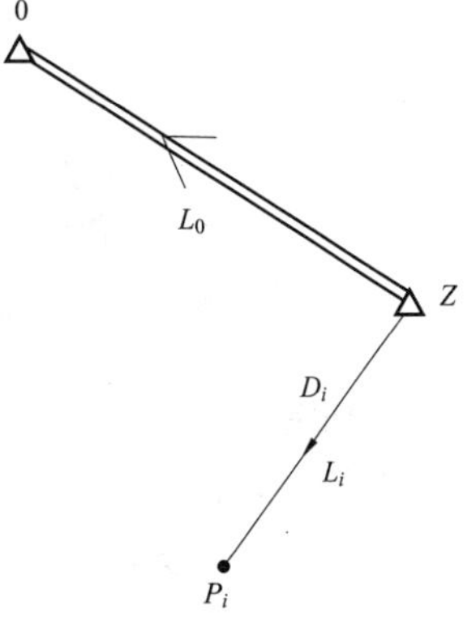

图 5－7　极坐标测图示意图

或 $$H_i = H_Z + D_i \tan A_i + i - v$$

式中：$\alpha_{Z_i} = \alpha_{Z_0} + L_i$（$\alpha_{ij}$ 为坐标方位角）；i 为仪高；v 为镜高；D_i 为平距；A_i 为竖直角；L_i 为右旋角；T_i 为天顶角。

但在有些情况下，棱镜只能安置在碎部点的周围。例如，对于精确测量而言，棱镜中心不能对中于房屋的棱角线上。如果棱镜位置、碎部点和测站点之间构成特殊的几何关系，则通过对棱镜位置的观测，就可推算待定碎部点的坐标。

采用极坐标测量方法得到的点位，在数字测图软件（如南方 CASS）中如果采用作图法，运用极坐标测量原理的做法是直接在命令框里面输入角度和距离，若不垂直在对象追踪中设置即可。

(2) 照准偏心法。当待求点与测站不通视或无法立镜时，可以使用照准偏心法间接测定碎部点的点位。该法包括直线延长偏心法、距离偏心法与角度偏心法。

1) 直线延长偏心法。如图 5-8 所示，Z 为测站点，在测得 A 点坐标后，欲测定 B 点，但 Z、B 不通视。此时，可在地物边线方向找到 B'（或 B''）作为辅助点，先用极坐标法测定其坐标，再用钢尺量取 BB'（或 BB''）的距离 d，即可按式（5-2）求出 B 点坐标，即

$$\left.\begin{aligned} X_B &= X_{B'} + d\cos\alpha_{AB'} \\ Y_B &= Y_{B'} + d\sin\alpha_{AB'} \end{aligned}\right\} \tag{5-2}$$

2) 距离偏心法。在碎部点坐标测定过程中，欲测定 B 点，但 B 点不能立标尺或反光镜，可先用极坐标法测定偏心点 B_i（水平角读数为 L_i，水平距离为 S_{ZBi}），再丈量偏心点 B_i 到目标点 B 的距离 ΔS_i，即可求出目标点 B 的坐标。

a. 如图 5-9 所示，当偏心点位于目标前方或后方（B_1、B_2）时，B 点的坐标可求得（当所测点位于 ZB 连线上时，取"+"；当位于 ZB 延长线上时，取"−"），即

$$\begin{cases} X_B = X_Z + (D_{ZB_i} \pm d) \times \cos\alpha_{ZB_i} \\ Y_B = Y_Z + (D_{ZB_i} \pm d) \times \sin\alpha_{ZB_i} \end{cases} \tag{5-3}$$

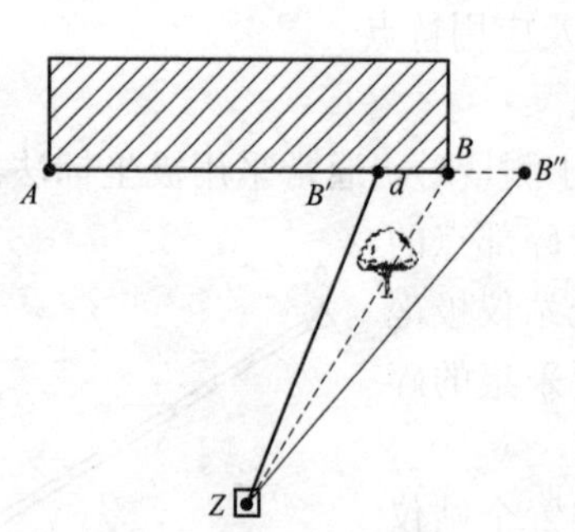

图 5-8　直线延长偏心法

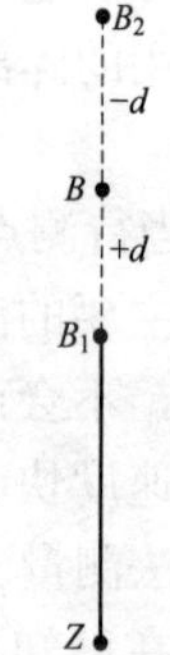

图 5-9　偏心点位于目标前、后方

b. 如图 5-10 所示，当偏心点位于目标点 B 的左或右边（B_1、B_2）时，偏心点至目标点的方向和偏心点至测站点 Z 的方向应成直角，B 点的坐标可求得（当偏心点位于左侧时，取"+"，位于右侧时，取"−"），即

$$\begin{cases} X_B = X_{B_i} + \Delta S_i \cos\alpha_{B_iB} \\ Y_B = Y_{B_i} + \Delta S_i \sin\alpha_{B_iB} \end{cases} \tag{5-4}$$

$$\alpha_{B_iB}=\alpha_{ZB_i}\pm 90^\circ$$

3）角度偏心法。如图5－11所示，欲测定目标点 B，由于 B 点无法到达或 B 点无法立镜，将棱镜安置在离仪器到目标 B 相同水平距离的另一个合适的目标点 B_i 上进行测量，先测定至棱镜的距离（$D_{ZB}=D_{ZB_i}$），然后转动望远镜照准待测目标点 B，读取水平角 L_B，则测得 B 点坐标为

$$\begin{cases}X_B=X_Z+D_{ZB}\cos\alpha_{ZB}\\Y_B=Y_Z+D_{ZB}\sin\alpha_{ZB}\end{cases}\tag{5-5}$$

其中　$\theta=\dfrac{d\times 180^\circ}{\pi D}$，$\beta=90^\circ-\dfrac{\theta}{2}$

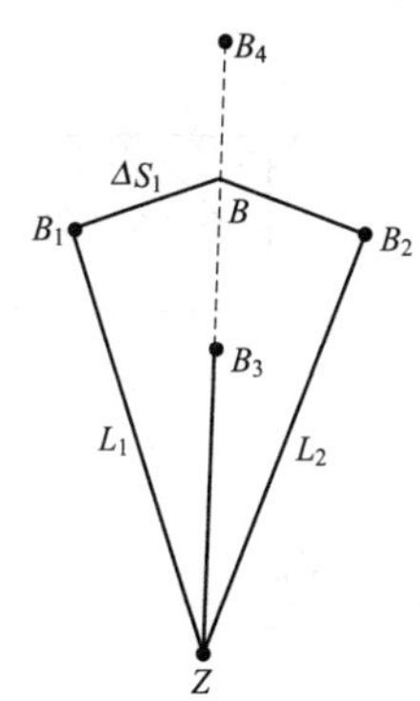

图5－10　偏心点位于目标左、右边

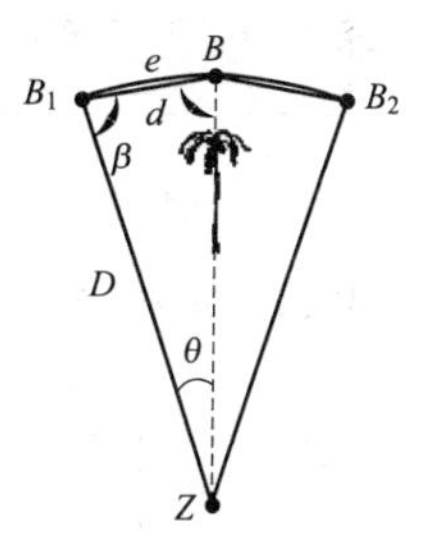

图5－11　角度偏心法

（3）方向直线交会法。如图5－12所示，A、B 为已知点，欲测定 i 点，照准 i 点，读取方向值 L_i，用戎格公式即可计算出 i 点坐标

$$\begin{cases}X_i=\dfrac{X_A\cot\beta+X_Z\cot\alpha-Y_A+Y_Z}{\cot\alpha+\cot\beta}\\[2ex]Y_i=\dfrac{Y_A\cot\beta+Y_Z\cot\alpha-X_A+X_Z}{\cot\alpha+\cot\beta}\end{cases}\tag{5-6}$$

$$\alpha=\alpha_{AZ}-\alpha_{AB},\quad \beta=\alpha_{Z_i}-\alpha_{ZA}$$

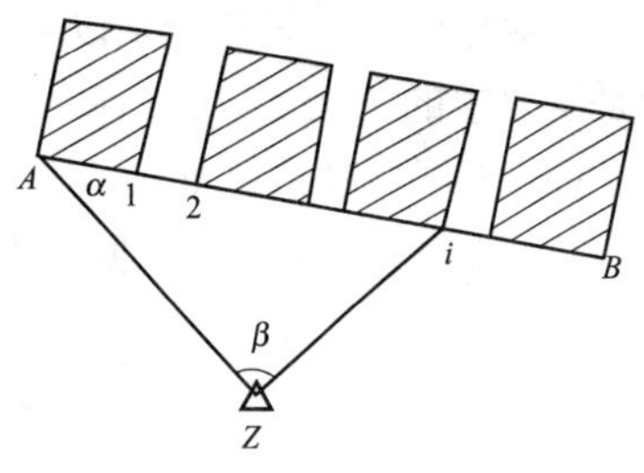

图5－12　方向直线交会法

2. 勘测丈量法

勘测丈量法是指利用勘测丈量的距离及直线、直角的特性测算出待定点的坐标。但需要注意的是，勘测丈量法对高程无效。

（1）直角坐标法（正交法）。正交法使用钢尺丈量距离，配以直角棱镜作业。如图5－13所示，已知 A、B 两点，欲测碎部点 i(1，2，3…)，则以 AB 为轴线，自碎部点 i 向轴线作垂线（由直角棱镜定垂足）。假设以 A 为原点，只要量测得到原点 A 至垂足 D_i 的距离 a_i 和垂线的长度 b_i，就可求得碎部点 i 的位置，即

$$\begin{cases}X_i=X_A+D_i\cos\alpha_i\\Y_i=Y_A+D_i\sin\alpha_i\end{cases}\tag{5-7}$$

式中：$D_i=\sqrt{a_i^2+b_i^2}$，$a_i=a_{AB}\pm\arctan\dfrac{b_i}{a_i}$［当碎部点位于轴线（$AB$ 方向）左侧时，取“－”，右侧时，取“＋”］。

（2）距离交会法。如图5－14所示，已知碎部点 A、B，欲测碎部点 i，则可分别量取 i

至 A、B 点的距离 D_1、D_2，即可求得 i 点的坐标

$$\begin{cases}\alpha = \arccos\dfrac{D_{AB}^2 + D_1^2 - D_2^2}{2D_{AB} \times D_1} \\ \beta = \arccos\dfrac{D_{AB}^2 + D_2^2 - D_1^2}{2D_{AB} \times D_2}\end{cases} \tag{5-8}$$

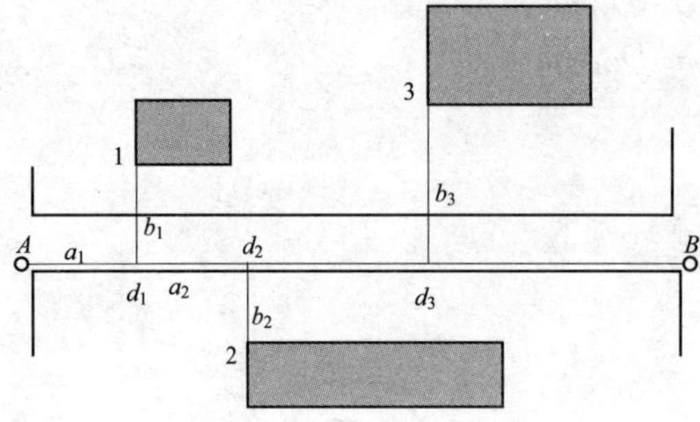

图 5-13 直角坐标法

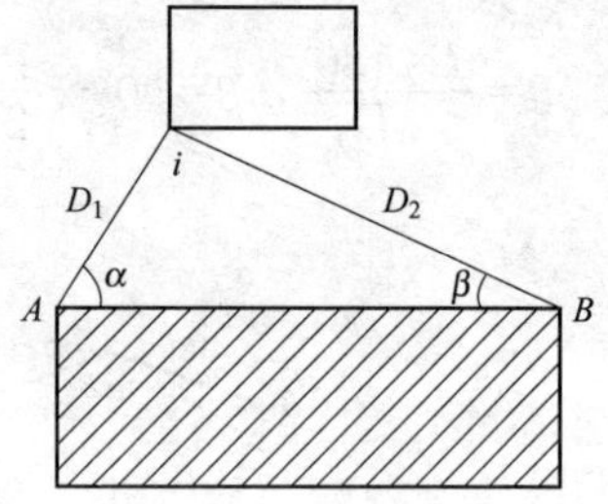

图 5-14 距离交会法

再根据戎格公式即可求得 X_i、Y_i

$$\begin{cases}X_i = \dfrac{X_A\cot\beta + X_B\cot\alpha - Y_A + Y_B}{\cot\alpha + \cot\beta} \\ Y_i = \dfrac{Y_A\cot\beta + Y_B\cot\alpha + X_A - X_B}{\cot\alpha + \cot\beta}\end{cases} \tag{5-9}$$

内业作图时，只要分别以 A、B 为圆心，以 D_1、D_2 为半径作圆弧，相交的其中一个点就是所要求的 P 点。

(3) 直线内插法。如图 5-15 所示，已知 A、B 两点，欲测定 AB 直线上 1、2、3、…、i 各点，可分别量取相邻点间的距离 D_{A1}、D_{12}、D_{23} 等，从而求出各内插点的坐标，即

$$\begin{cases}X_i = X_A + D_{Ai}\cos\alpha_{AB} \\ Y_i = Y_A + D_{Ai}\sin\alpha_{AB}\end{cases} \tag{5-10}$$

其中 $$D_{Ai} = D_{A1} + D_{12} + D_{23} + \cdots + D_{i-1,i}$$

(4) 直角折线法（微导线法）。

1) 定向微导线。如图 5-16 所示，已知 A、B 两点，欲求 1，2，3…，i 各点，可分别量取各边边长 D_1，D_2，…，D_i 即可依次推出各点坐标，即

$$\begin{cases}X_i = X_{i-1} + D_i\cos\alpha_i \\ Y_i = Y_{i-1} + D_i\sin\alpha_i\end{cases} \tag{5-11}$$

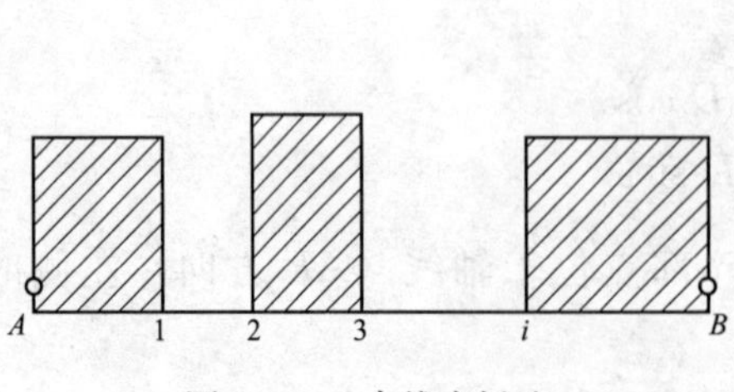

图 5-15 直线内插法

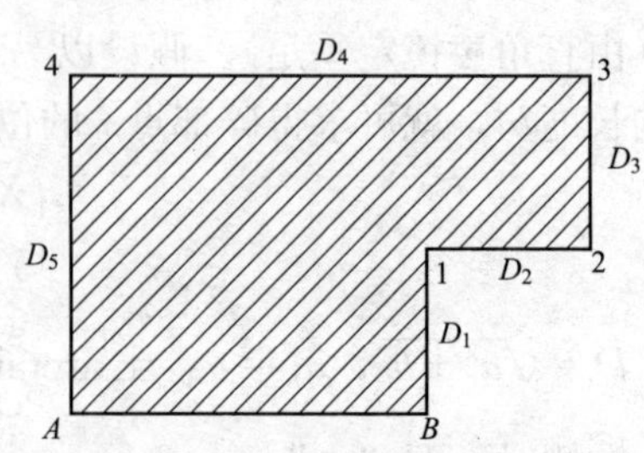

图 5-16 定向微导线法

当 i 为左折点时取"－"，右折点时取"＋"。如图 5－16 所示，1 点位于 AB 方向的左侧，称为左折点；2 点位于 B_1 方向的右侧，称为右折点。当推求点数超过三个时，最好进行闭合差调整，但前提是闭合差不超限，即

$$\begin{aligned} f_x &= X'_A - X_A \\ f_y &= Y'_A - Y_A \end{aligned} \tag{5-12}$$

$$\begin{cases} V_{X_i} = -\dfrac{f_x}{\sum D} \times D_i \\ V_{Y_i} = -\dfrac{f_y}{\sum D} \times D_i \end{cases} \tag{5-13}$$

这种方法主要用在待测点逐一互相垂直时，如多点房屋等。在南方 CASS 中，通过对象追踪设置后，按照一般画直线的方法，输入相应的距离即可，也可以通过在多段线中用微导线输入角度和距离逐一画出。

2）无定向微导线。如图 5－17 所示，已知 A、B 两点坐标，欲求 1，2，3，…，i 各点，可分别量取相邻点间的距离 a，b，D_1，D_2，D_3，…，D_i，即可依次推出各点的坐标

$$\begin{cases} \alpha = \arccos\left(\dfrac{a^2 + S^2 - b^2}{2aS}\right) \\ \beta = \arccos\left(\dfrac{b^2 + S^2 - a^2}{2bS}\right) \end{cases} \tag{5-14}$$

$$\begin{cases} X_i = \dfrac{X_A \cot\beta + X_B \cot\alpha - Y_A + Y_B}{\cot\alpha + \cot\beta} \\ Y_i = \dfrac{Y_A \cot\beta + Y_B \cot\alpha + X_A - X_B}{\cot\alpha + \cot\beta} \end{cases} \tag{5-15}$$

3. 计算法

计算法不需要外业观测数据，仅利用图形的几何特性计算碎部点的坐标。

（1）矩形计算法。如图 5－18 所示，已知 A、B、C 三个房角点，求第四个房角点，即

$$\begin{cases} X_4 = X_A + (X_C - X_B) \\ Y_4 = Y_A + (Y_C - Y_B) \end{cases} \tag{5-16}$$

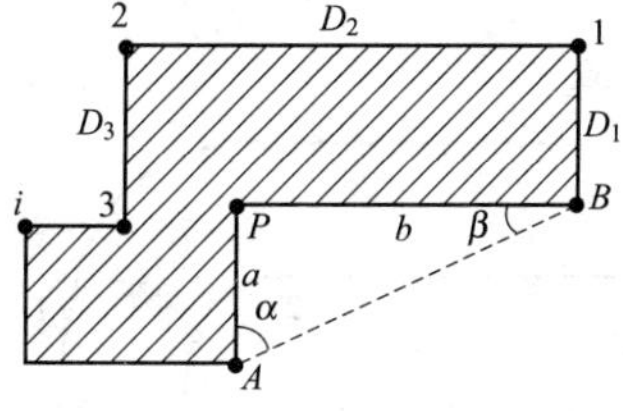

图 5－17　无定向微导线法

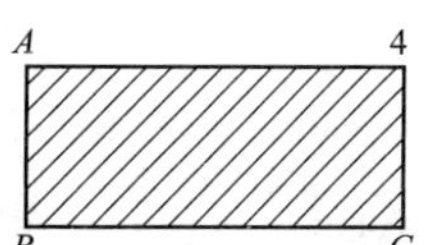

图 5－18　矩形计算法

（2）垂足计算法。如图 5－19 所示，已知碎部点 A、B、1、2、3、4，且 $11' \perp AB$、$22' \perp AB$、$33' \perp AB$、$44' \perp AB$，求 $1'$、$2'$、$3'$、$4'$各点，则计算得到其坐标，即

$$\begin{cases} X_{i'} = X_A + D_{Ai}\cos\gamma_i\cos\alpha_{AB} \\ Y_{i'} = Y_A + D_{Ai}\cos\gamma_i\sin\alpha_{AB} \end{cases} \tag{5-17}$$

$$\gamma_i = \alpha_{AB} - \alpha_{Ai}$$

使用此法确定规则建筑群内楼道口点、道路折点十分有利。

(3) 直角点计算法（微导线中的隔一点）。如图 5-20 所示，在测站上可以测定房角点 A，B，D，但直角点 C 却无法测定，而且 BC 和 CD 的长度也不易直接量取，此时可以用式 (5-18) 计算直角点的坐标，即

$$\begin{cases} X_C = X_B - D_{BD}\sin\gamma\sin\alpha_{BA} \\ Y_C = Y_B - D_{BD}\sin\gamma\cos\alpha_{BA} \end{cases} \tag{5-18}$$

$$\gamma = \alpha_{BD} - \alpha_{BA}$$

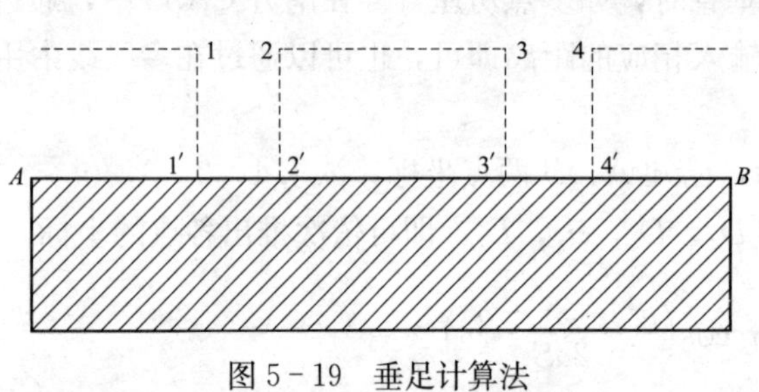

图 5-19 垂足计算法

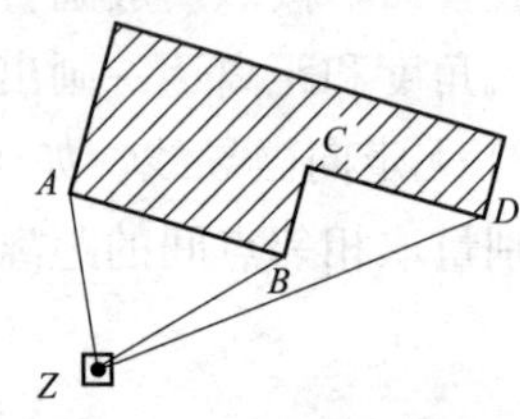

图 5-20 直角点计算法

(4) 直线相交法。如图 5-21 所示，A、B、C、D 为四个已知碎部点，且 AB 与 CD 相交于 i，则交点 i 的坐标为

$$\begin{cases} X_i = \dfrac{X_A\cot\beta + X_D\cot\alpha - Y_A + Y_D}{\cot\alpha + \cot\beta} \\ Y_i = \dfrac{Y_A\cot\beta + Y_D\cot\alpha + X_A - X_D}{\cot\alpha + \cot\beta} \end{cases} \tag{5-19}$$

该法实际应用在独立地物中心点不宜放棱镜的情况下（当然在采集点位数据时，也可以用全站仪的偏心测量程序），如无线电塔。

(5) 平行曲线定点法。图 5-22 所示两条平行曲线，已知平行曲线一边点 1、2、3、4…和与 1 点间距为 R 的另一曲线上的点 1′，求另一边线对应点 2′、3′、4′…的坐标。

对于直线部分，其坐标公式为

$$\left.\begin{aligned} x_{2'} &= x_2 + R\cos\alpha_2 \\ y_{2'} &= y_2 + R\sin\alpha_2 \end{aligned}\right\} \tag{5-20}$$

$$\alpha_2 = \alpha_{12} \pm 90^\circ$$

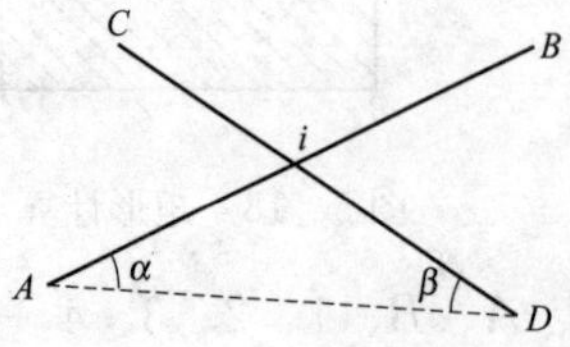

图 5-21 直线相交法

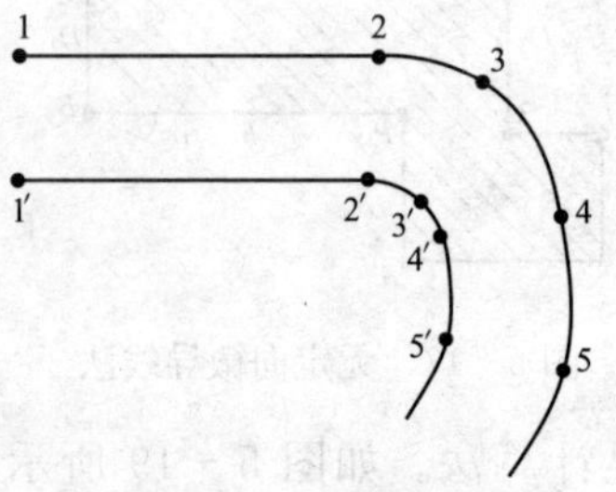

图 5-22 平行曲线定点法

对于曲线部分，其坐标公式为（左“－”右“＋”）

$$\left.\begin{aligned} x_{i'} &= x_i + R\cos(\alpha_i + c) \\ y_{i'} &= y_i + R\sin(\alpha_i + c) \end{aligned}\right\} \tag{5-21}$$

$$\alpha_i = \frac{1}{2}(\alpha_{i+1} + \alpha_{i-1})$$

在南方 CASS 中，用此法通过偏移功能即可实现，此种算法用在道路（尤其是弯道）另一测点的坐标是十分便利的。

（6）对称点法。如图 5－23 所示，一轴对称地物，测出 1，2，3…，7 和 A 点后，再测出 A 点的对称点 B，即可分别求出各对称点 $1'$，$2'$，$3'$，…，$7'$的坐标。

$$\begin{cases} X_{i'} = X_B + D_i\cos\alpha_i \\ Y_{i'} = Y_B + D_i\sin\alpha_i \end{cases} \tag{5-22}$$

其中，$D_i = \sqrt{\Delta X_{Ai}^2 + \Delta Y_{Ai}^2}$，$\alpha_i = 2\alpha_{AB} - \alpha_{ai} - 180°$

在生产实际中，许多人工地物的平面图形是轴对称图形，运用该法，可大量减少实测点。在所有的数字测图软件中几乎都有这种功能，如在南方 CASS 中此方法对应的是镜像功能，但在实际测量时，若地物点数量较多，最好测量对边的两个或两个以上的碎部点，以便检核。

（7）图形平移法。如图 5－24 所示，图形 B 与图形 A 全等且方位一致，若已知图形 A 上各点和图形 B 上一个点（如 $1'$）的坐标，就可根据式（5－23）求得图形 B 上各点的坐标

$$\begin{cases} X_{i'} = X_{1'} - X_1 + X_i \\ Y_{i'} = Y_{1'} - Y_1 + Y_i \end{cases} \tag{5-23}$$

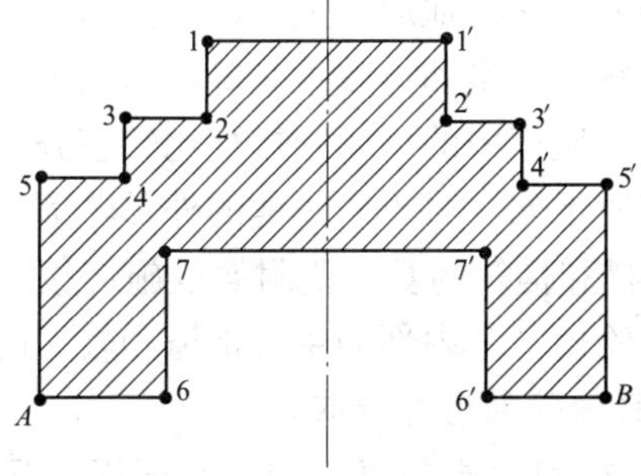

图 5－23　对称点法

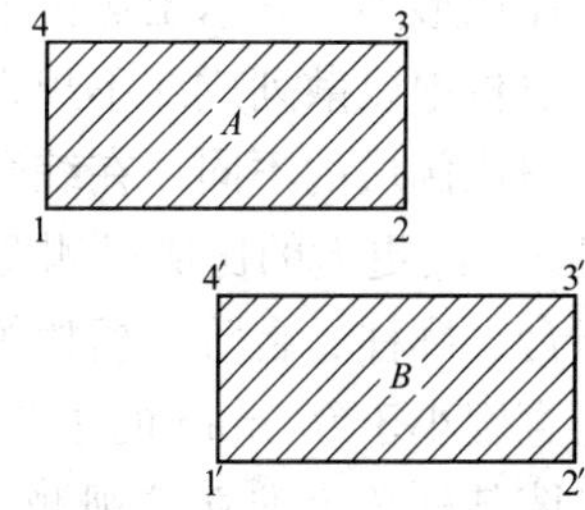

图 5－24　图形平移法

对于成群的形状完全一样的地物，且方位一致时，用此法非常方便，如用来确定规则建筑群位置，可以大大减少实测工作量。在南方 CASS 中，当成群的形状完全一样的地物成阵列形式时，可用阵列功能，但是，需要量取地物之间的距离。

4. 作图法

现在许多数字测图软件都提供了强大的绘图功能，尤其是在 Auto CAD 平台上开发的软件，因 CAD 绘图命令在软件里面基本上可以用，如南方 CASS 数字成图软件。采用作图法，主要是通过测量的基本碎部点结合勘测丈量数据高效成图的方法，即在利用全站仪进行野外数据采集时，除测定基本碎部点外，用钢尺丈量必要的距离或用全站仪测量必需的方向，通过测图软件的绘图功能将地物图形绘出。

5.2.3 碎部点采集方法

地物在地形图上表示的原则是：凡能按比例尺表示的地物，则将它们水平投影位置的几何形状依照比例尺描绘在地形图上，如房屋、双线河等，或将其边界位置按比例尺表示在图上，边界内绘上相应的符号，如果园、森林、耕地等；不能按比例尺表示的地物，在地形图上是用相应的地物符号表示在地物的中心位置上，如水塔、烟囱、纪念碑等。凡是长度能按比例尺表示，而宽度不能按比例尺表示的地物，则其长度按比例尺表示，宽度以相应符号表示。地物测绘必须根据规定的比例尺，按照相应的测图规范和地形图图式的要求，进行综合取舍，将各种地物表示在地形图上，见表5-4。

表5-4 地物分类

地物类型	地物类型举例
水系	江河、运河、沟渠、湖泊、池塘、井、泉、堤坝、闸等及其附属建筑物
居民地	城市、集镇、村庄、窑洞、蒙古包及居民地的附属建筑物
道路网	铁路、公路、乡村路、大车路、小路、桥梁、涵洞以及其他道路附属建筑物
独立地物	三角点等各种测量控制点、亭、塔、碑、牌坊、气象站、独立石等
管线与垣墙	输电线路、通信线路、地面与地下管道、城墙、围墙、栅栏、篱笆等
境界与界碑	国界、省界、县界及其界碑等
土质与植被	森林、果园、菜园、耕地、草地、沙地、石块地、沼泽等

在地形图测绘中，能否准确确定和取舍典型地物、地貌点是正确绘出符合要求地形图的关键。

1. 居民地

居民地是人类居住和进行各种活动的中心场所，它是地形图上一项重要内容。在居民地测绘时，应在地形图上表示出居民地的类型、形状、质量和行政意义等。居民地房屋的排列形式很多，农村中以散列式即不规则的房屋较多，城市中的房屋则排列比较整齐。测绘居民地时根据测图比例尺的不同，在综合取舍方面有所不同。对于居民地的外部轮廓，都应准确测绘。1∶1000或更大的比例尺测图，各类建筑物和构筑物及主要附属设施应按实地轮廓逐个测绘，阳台、廊柱、台阶、栅栏等都需要详细绘出。其内部的主要街道和较大的空地应以区分，图上宽度小于0.5mm的小巷不予表示，其他碎部可综合取舍。

房屋以墙基外角为准立镜观测，并按建筑材料和性质予以注记，对于楼房还应注记层数。圆形建筑物（如油库、烟囱、水塔等）应尽可能实测出其中心位置并量其直径。房屋和建筑物轮廓的凸凹在图上小于0.4mm（简单房屋小于0.6mm）时可用直线连接。对于散列式的居民地、独立房屋应分别测绘。1∶2000比例尺测图房屋可适当综合取舍。围墙、栅栏等可根据其永久性、规整性、重要性等综合取舍。

测量居民地时，有时需要在房顶上打点，此类不能代表当地高程的碎部点，应使其高程为0，内业绘图时不参与高程点展绘。

2. 独立地物

独立地物是判定方位、确定位置、指定目标的重要标志，必须准确测绘并按规定的符号正确予以表示。点状独立地物采集其几何中心，有墩台的依比例地物，采集外轮廓。不便立镜观测时，可使用偏心测量或免棱镜功能施测。

3. 道路

道路包括铁路、公路及其他道路。所有铁路、有轨电车道、公路、大车路、乡村路均应测绘。车站及其附属建筑物、隧道、桥涵、路堑、路堤、里程碑等均需表示。在道路稠密地区，次要的人行路可适当取舍。

(1) 铁路测绘应立尺于铁轨的中心线，对于1∶1000或更大比例尺测图，依比例绘制铁路符号，标准轨距为1.435m。铁路线上应测绘轨顶高程，曲线部分测取内轨顶面高程。路堤、路堑应测定坡顶、坡脚的位置和高程。铁路两旁的附属建筑物，如信号灯、扳道房、里程碑等都应按实际位置测绘。铁路与公路或其他道路在同一水平面内相交时，铁路符号不中断，而将另一道路符号中断表示；不在同一水平面相交的道路交叉点，应绘以相应的桥梁或涵洞、隧道等符号。

(2) 公路应实测路面位置，并测定道路中心高程。高速公路应测出两侧围建的栏杆、收费站，中央分隔带视用图需要测绘。公路、街道一般在边线上取点立镜，并量取路的宽度或在路两边取点立镜。当公路弯道有圆弧时，至少要测取起、中、终三点，并用圆滑曲线连接。路堤、路堑均应按实地宽度绘出边界，并应在其坡顶、坡脚适当注记高程。公路路堤应分别绘出路边线与堤（堑）边线，两者重合时，可将其中之一移位0.2mm表示。公路、街道按路面材料划分为水泥、沥青、碎石、砾石等，以文字注记在草图上，路面材料改变处应实测其位置。

(3) 其他道路测绘。其他道路有大车路、乡村路和小路等，测绘时，一般在中心线上取点立镜，道路宽度能依比例表示时，外业可测定一边线，量取路宽，或路对面测定一点即可。对于宽度在图上小于0.6mm的小路，选择路中心线立镜测定。

(4) 桥梁测绘，铁路、公路桥应实测桥头、桥身和桥墩位置，桥面应测定高程，桥面上的人行道图上宽度大于1mm的应实测。各种人行桥图上宽度大于1mm的应实测桥面位置，不能依比例表示时，实测桥面中心线。

4. 管线与垣栅

永久性的工程线、通信线路的电杆、铁塔位置应实测。同一杆上架有多种线路时，应表示其中主要线路，并要做到各种线路走向连贯、线类分明。居民地、建筑区内的工程线、通信线可不连线，但应在杆架处绘出连线方向，所以采点时需要调查线路走向关系。电杆上有变压器时，变压器的位置按其与电杆的相应位置测出。

地面上的、架空的、有堤基的管道应实测并注记输送的物质类型。当架空的管道直线部分的支架密集时，可适当取舍。地下管线检修井按类别测定其中心位置。

城墙、围墙及永久性的栅栏、篱笆、铁丝网、活树篱笆等均应实测。

境界线应测绘至县和县级以上。乡与国营农、林、牧场的界线应按需要进行测绘。两级境界重合时，只绘高一级符号。

5. 水系

水系测绘时，海岸、河流、溪流、湖泊、水库、池塘、沟渠、泉、井及各种水工设施均应实测。河流、沟渠、湖泊等地物，通常无特殊要求时均以岸边为界，如果要求测出水涯线（水面与地面的交线）、洪水位（历史上最高水位的位置）及平水位（常年一般水位的位置），应按要求在调查研究的基础上进行测绘。河流的两岸一般不大规则，在保证精度的前提下，对于小的弯曲和岸边不甚明显的地段可进行适当取舍。

河流图上宽度小于0.5mm、沟渠实际宽度小于1m（1∶500测图时小于0.5m）时，不必测绘其两岸，只要测出其中心位置即可。渠道比较规则，有的两岸有堤，测绘时可以参照公路的测法。对于田间临时性的小渠不必测出，以免影响图面清晰度。

湖泊的边界经人工整理、筑堤、修有建筑物的地段是明显的，在自然耕地的地段大多不甚明显，测绘时要根据具体情况和用图单位的要求来确定以湖岸或水崖线为准。在不甚明显地段确定湖岸线时，可采用调查平水位的边界或根据农作物的种植位置等方法来确定。

水渠应测注渠边和渠底高程。时令河应测注河底高程。堤坝应测注顶部及坡脚高程。泉、井应测注泉出水口及井台高程，并根据需要注记井台至水面的深度。

6. 植被与土质

植被测绘时，对于各种树林、苗圃、灌木林丛、散树、独立树、行树、竹林、经济林等，要测定其边界。若边界与道路、河流、栏栅等重合，则可不绘出地类界，但与境界、高压线等重合时，地类界应移位表示。对经济林应加以种类说明注记。要测出农村用地的范围，并区分出稻田、旱地、菜地、经济作物地和水中经济作物区等。一年几季种植不同作物的耕地，以夏季主要作物为准。田埂的宽度在图上大于1mm（1∶500测图时大于2mm）时用双线描绘，田块内要测注有代表性的高程。

地形图上要测绘沼泽地、沙地、岩石地、龟裂地、盐碱地等。

7. 地貌

一般把山脊线、山谷线和变坡线等地貌结构线称为地性线，在进行地貌采点时，可以用多镜测量，一般在地性线上要采集足够密度的点。在地势最高点、最低点、地貌变向点和坡度变换点都需要采点，对于沟状地物，需在沟底测一排点，也应该沿沟上边缘再测一排点，这样生成的等高线才真实；在测陡坎时，只要不是接近90°的，一般也应在坎上坎下同时测点，并量出坎下比高值。采点密度一般每隔十几米打一点，在其他地形变化不大的地方，可以适当放宽采点密度。尽量多观测特征点，生成的等高线要能真实地反映实际地貌。

城镇工矿场区等建筑密集区域，1∶500地形图测绘采集的高程散点密度一般以2500m^2范围8～20个点为宜，采点要能准确真实地反映当地的地势变化情况，可选择明显地物点、建筑一角、广场中心、道路中间沿线布设。

外业跑镜员的测量经验和选取地貌碎部点的合理性将直接影响内业等高线生成质量，初学者有时需要不断查图修测才能做好。

5.2.4 外业作业人员的组织

在数字测图外业工作中，人员的组织与分工直接影响着整个外业工作的效率，对作业人员的分工视人员的数量和业务特长而定。

(1) 测记法施测时，作业人员一般配置为：观测员1人，记录员1人，草图员1人，跑尺员1～2人（依测量作业熟练情况而定），跑尺员一定要熟悉地物和地貌特征点的取舍。

(2) 电子平板法施测时，作业人员一般配置为：观测员1人，电子平板操作人员1人（记录与成图），依测量作业熟练情况定跑尺人员1～2人。

在特殊情况下，外业作业组至少需要两人：观测员1人，同时负责操作电子平板，一个跑尺人员。只要便携机配置的测图软件所提供的操作十分方便，而且作业人员又具有熟练的操作水平，此方案是可行的。

用电子平板测图，从人员组织到各种测量方法的自动解算和现场自动成图，真正做到了内外业一体化，测图的质量和效率都超过传统的人工白纸成图。但是由于电子平板法测图易受便携计算机电池供电等因素影响，它只适合在城镇里任务量不大的作业项目，在数字测图的外业实施时主要还是采用测记法。

5.3　全站仪外业数据采集

5.3.1　全站仪外业数据采集的基本原理

全站仪外业数据采集根据极坐标测量的方法，通过测定出已知点与地面上任意一待定点之间相对关系（角度、距离、高差），利用全站仪内部自带的计算程序计算出待定点的三维坐标（X、Y、H）；也可以通过对已知点的观测用交会方法求测站点的坐标。

外业测绘时，在已知点和后视点分别架设全站仪和棱镜，量取或读取仪器高，输入已知点坐标或起始方位角（测站点到后视点的方位角），通过设置棱镜常数、大气改正值或气温、气压值等改正参数，精确照准后视后，自动地同时测定角度和距离，并按极坐标法计算出碎部点的坐标和高程。其计算公式如下

$$\left.\begin{aligned} X_P &= X_S + D_{sp}\cos\alpha_{sp} \\ Y_P &= Y_S + D_{sp}\sin\alpha_{sp} \\ H_P &= H_S + D_{sp}\tan\alpha + K - L \end{aligned}\right\} \tag{5-24}$$

式中：X_S、Y_S、H_S 为测站点坐标；D_{sp}、α_{sp} 为测站点到棱镜中心的平距和竖直角；K、L 为仪器高及棱镜高；X_P、Y_P、H_P 为未知点坐标。

5.3.2　野外数据采集技术要求

1. 仪器设置及测站点定向检查

碎部测量之前，应根据 GB/T 14912—2005 中的具体要求对仪器及测站点定向结果进行检核。

（1）仪器对中偏差不大于 5mm。

（2）以较远一测站点（或其他控制点）标定方向（起始方向），另一测站点（或其他控制点）作为检核，算得检核点平面位置误差不大于 $0.2\times M\times 10^{-3}$（m）。

（3）检查另一测站点（或其他控制点）高程，其较差不应大于 1/6 等高距。

（4）每站数据采集结束时应重新检测标定方向，检测结果如超出（2）、（3）两项所规定的限差，其检测前所测的碎部点成果须重新计算，并应检测不少于两个碎部点。

在同一测站碎部采集过程中，需要时常注意并检核测量精度。但是因全站仪封装程度高，实测数据是自动记录，用户不便实时进行检核。因此，可在开始设站并后视之后瞄准周围一有明显标识的固定地物（如建筑上的避雷针、旗杆顶部尖端等）并记录下其方位角数据。在随后的该站碎部点采集过程中，可不定时地瞄准该尖端标识并检核其方位角，以此保证测量的准确性。最后搬站前，如果后视点较远或使用不便，同样可以瞄准该标志进行最后验证。

2. 地形点密度

地形点间距一般应按照表 5-5 的规定执行。地性线和断裂线应按其地形变化增大采点

密度。

表 5-5 地形点间距 m

比例尺	1∶500	1∶1000	1∶2000
地形点平均间距	25	50	100

3. 碎部点测距长度

碎部点测距最大长度一般应按照表 5-6 的规定执行。如遇特殊情况，应在保证碎部点精度的前提下，测距长度可适当加长。

表 5-6 碎部点测距长度 m

比例尺	1∶500	1∶1000	1∶2000
最大测距长度	200	350	500

5.3.3 全站仪外业数据采集操作

1. 基本步骤

(1) 置仪。在测站点上检查中心连接螺旋是否旋紧，进行对中、整平，量取仪器高（量至毫米），开机使全站仪进入观测状态，并对仪器进行温度、气压、棱镜常数设置。

(2) 创建文件。在全站仪 Menu 中，选择“数据采集”进入“选择一个文件”，输入一个文件名后确定，即完成文件创建工作，此时仪器将自动生成两个同名文件，一个用来保存采集到的测量数据，一个用来保存采集到的坐标数据。

(3) 输入测站数据。输入一个文件名，回车后即进入数据采集的输入数据窗口，按提示输入测站点点号及标识符、坐标、仪高，一般来说，测站点的点号可以通过两种方法来设定：利用内存中的坐标数据来设定和直接由键盘输入（一般建议用此方法）

(4) 输入后视点数据。按照窗口提示继续输入后视点点号及标识符、坐标、镜高，其坐标设定方法一般有三种：①利用内存中的坐标数据来确定；②直接键入后视点坐标；③直接键入设置的定向角。

(5) 仪器定向。前后视数据输入完毕后，将仪器瞄准后视点，测量出后视点坐标，与已知的该点坐标进行对比，在限差范围内即完成仪器的定向。

(6) 测量碎部点坐标。仪器定向后，即可进入“测量”状态，输入所测碎部点点号、编码、镜高后，精确瞄准竖立在碎部点上的反光镜，按“坐标”键，仪器即测量出棱镜点的坐标，并将测量结果保存到前面输入的坐标文件中，同时将碎部点点号自动加 1 返回测量状态。再输入编码、镜高，瞄准第 2 个碎部点上的反光镜，按“坐标”键，仪器又测量出第 2 个棱镜点的坐标，并将测量结果保存到前面创建的坐标文件中。按此方法，可以测量并保存其后所测碎部点的三维坐标。

(7) 临时测站点的测量。在数据采集过程中，有些碎部点用已有的控制点无法测到，这时需临时增加一个测站点，临时测站点的测量是根据前述的碎部点测量中的（侧视）菜单进行，只是在测量之前要输入临时测站点的测站名而已，方法不变。其所得到的坐标数据同样被保存在文件中。

2. 具体仪器操作方法（以拓普康 GTS-330 型全站仪为例）

(1) 建立碎部测量控制点坐标存储文件。按“MENU”菜单键→按 F1 键（数据采集）→

输入测量文件名（如图 5－25 所示，建立控制点文件 KZD)→ENT 回车；ESC 退出。

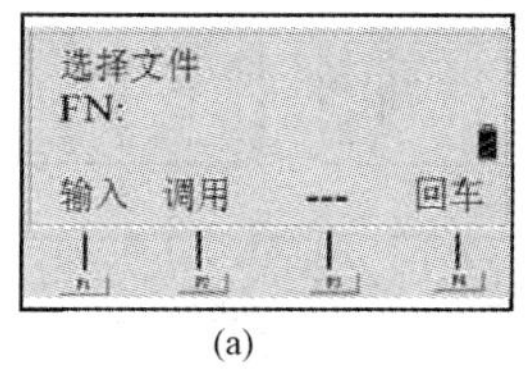

(a)

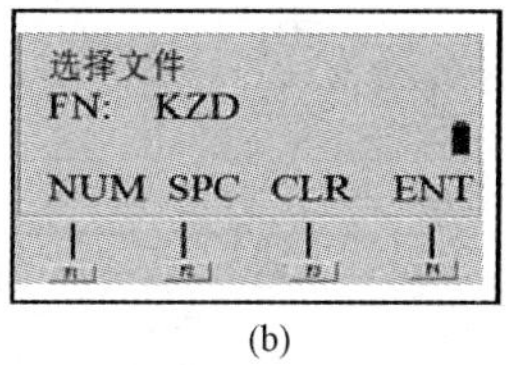

(b)

图 5－25　建立碎部测量控制点文件

(a) 建立控制点文件；(b) 输入控制点文件名

(2) 在控制点坐标文件中输入控制点坐标。如图 5－26 所示，按“MENU”菜单键→按 F3 键（存储管理)→P2（翻页)→按 F1 键（输入坐标)→输入文件名→调用→通过上下箭头选择控制点坐标文件名（KZD)→ENT 回车→输入点号及坐标（*NEZ* 对应 *XYZ*)→依次输完后 ESC 退出。

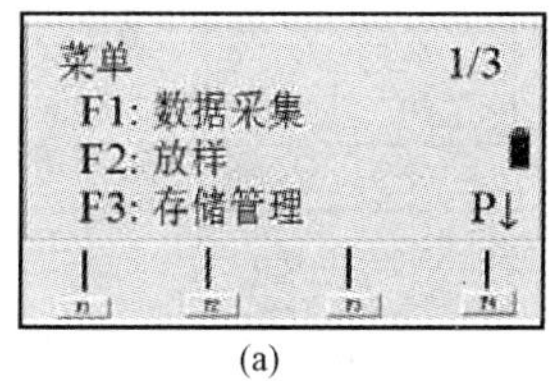

(a)

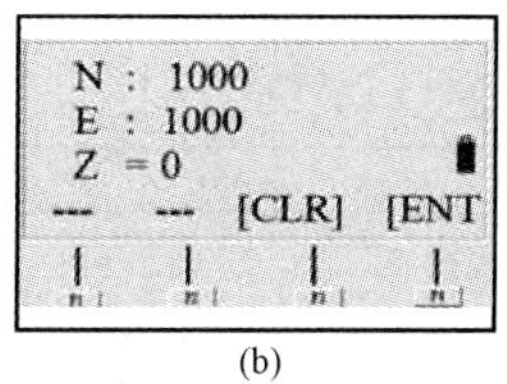

(b)

图 5－26　输入已知控制点坐标

(a) 存储管理菜单；(b) 输入控制点坐标

(3) 建立碎部点数据文件。如图 5－27 所示，按“MENU”菜单键→按 F1 键（数据采集)→F1 输入文件名。

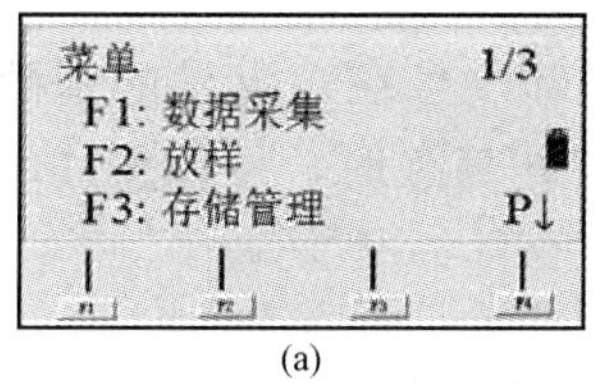

(a)

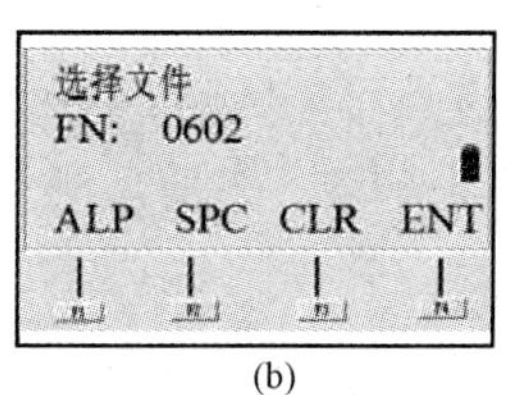

(b)

图 5－27　建立碎部点采集坐标文件

(a) 数据采集菜单；(b) 输入碎部点文件名

(4) 设置测站。“数据采集”→选择控制点坐标文件名→调用→ENT 回车→F1（测站点输入)→F4（测站)→选择测站点对应的控制点点号（调用该控制点坐标)→ENT 回车→输入仪器高→记录，见图 5－28。

(5) 设置后视点进行定向和定向检查。“数据采集”→F2（后视点输入)→F4（后视)→选择后视点→输入镜高→照准后视点→F3（测量)→选择 F1～F3（坐标、测角或测距)，与坐标、反算方位角或距离比较，检查测站点和定向点及其坐标输入有无问题，没有问题进行下面工作（流程见图 5－29)。

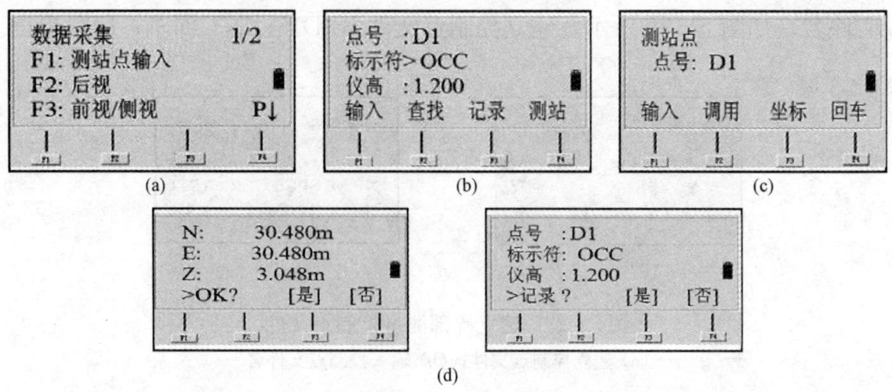

图 5-28 设置测站

(a) 测站点输入；(b) 输入测站点仪高；(c) 选择或者输入测站点号；(d) 保存测站点信息

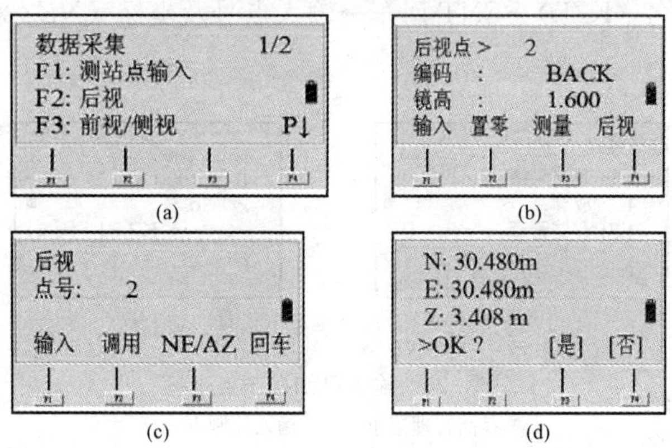

图 5-29 后视定向

(a) 后视点输入；(b) 输入后视点镜高；(c) 选择或者输入后视点号；(d) 后视点测量坐标

(6) 碎部点测量、记录数据，存于碎部点文件中。“数据采集”→F3（前视/侧视）→输入点号（第一个碎部点点号输入后，后续的碎部点号在该点号的基础上依次自动累加）、(标示码忽略)、仪器高→F3（测量）测量后续碎部点时，可以按“同前”进行测量（见图 5-30）。

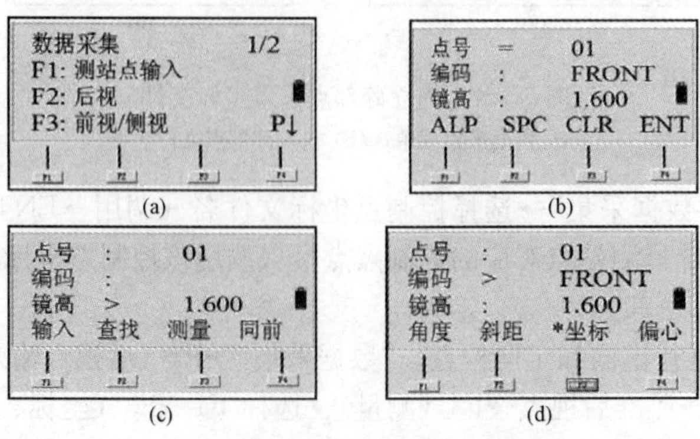

图 5-30 碎部点观测

(a) 前视/侧视点输入；(b) 选择或者输入前视/侧视点号；(c) 镜高输入；(d) 确认测量结果

(7) 全站仪的其他操作说明。

1) 在"输入"模式下，利用"Ang"键可切换到字母输入模式；

2) 在"MENU"—F3（存储管理）下，可以对文件和数据进行管理。

5.3.4　采集模式

不同的数字测图软件在数据采集方法、数据记录格式、图形文件格式和图形编辑功能等方面会有所不同。测站点属性和连接信息可以通过草图记录，也可以现场输入仪器中。为了便于计算机识别，这些与绘图有关的信息（如碎部点的地形要素名称、碎部点连接线型信息）也都用数字代码或英文字母代码来表示，这些代码称为图形信息码。根据给以图形信息码的方式不同（即数字化测图根据所使用设备的不同），碎部点数据采集的模式分为两种：一种是测记法；另一种是电子平板法。

1. 测记法

数字测记模式是一种野外测记、室内成图的数字测图方法，即使用带内存的全站仪，将野外采集的数据记录在全站仪内存中，同时在观测碎部点时，绘制工作草图，在工作草图上记录地形要素名称、碎部点连接关系。然后在室内将碎部点显示在计算机屏幕上，根据工作草图（见图 5－31），采用人机交互方式连接碎部点，输入图形信息码和生成图形。

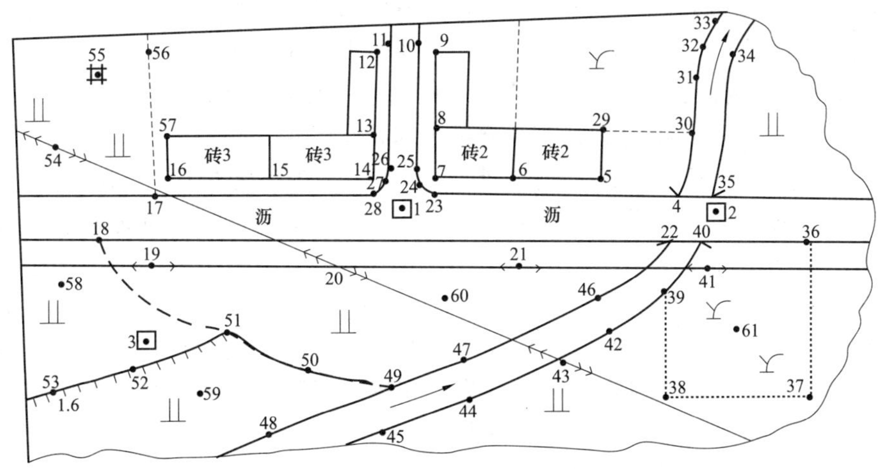

图 5－31　测记法实例

(1) 作业流程。测记法数据采集，每作业组一般需仪器观测员（兼记录员）1 名，绘草图领镜（尺）员 1 名，立镜（尺）员 1～2 名，其中绘草图领镜员是作业组的指挥者，需技术全面的人担任。测记法测定碎部点的操作过程为：

1) 草图准备。进入测区后，绘草图领镜（尺）员首先对测站周围的地形、地物分布情况大概看一遍，认清方向，及时按近似比例勾绘一份含主要地物、地貌的草图（若在放大的旧图上会更准确的标明），便于观测时在草图上标明所测碎部点的位置及点号。

2) 安置仪器。仪器观测员指挥立镜员到事先选好的某已知点上准备立镜定向；自己快速架好仪器，连接电子手簿，量取仪器高；然后启动操作全站仪，选择测量状态，输入测站点号和定向点号、定向点起始方向值（一般把起始方向值置零）和仪器高。

3) 测站定向。瞄准后视点，锁定仪器水平度盘，输入定向参数，即输入后视点的坐标或定向边的方位角。

4）定向检核。测量某一已知点的坐标。测量结果符合后，定向结束。否则，应重新定向，以满足要求为准。

5）碎部点测量。瞄准定向棱镜，定好方向后，锁定全站仪度盘，通知立镜员开始跑点。立镜员在碎部点立棱镜后，观测员及时瞄准棱镜，用对讲机联系、确定镜高（一般设在一个固定的高度，如2.0m）及所立点的性质，输入镜高（镜高不变直接按回车键）、地物代码（无码作业时直接按回车键），确认准确照准棱镜后，再按全站仪的测量键，回车后，记录测点数据。

6）结束前的定向检查。检查方法同4），如发现定向有误，应查找原因进行改正或重新进行碎部测量。

野外数据采集时，由于测站离测点可以比较远，因此，观测员与立镜员或领尺员之间的联系通常离不开对讲机。仪器观测员要及时将测点点号告知领图员或记录员，以便及时对照手簿上记录的点号和绘草图员标注的点号，保证两者一致。若两者不一致，应查找原因，是漏标点了，还是多标点了，或一个位置测重复了等，必须及时更正。

一个测站上的测量工作完成后，绘制草图的人员应对所绘的草图进行仔细检查，主要看图形与属性记录有无疏漏和差错。立镜人员要找一个已知点重测，进行检核，以检查施测过程中是否存在误操作、仪器碰动或出故障等原因造成的错误。检查完，确定无误后，关闭仪器电源，搬站。到下一测站，重新按上述采集方法、步骤进行施测。

（2）作业模式。测记法数据采集通常区分为有码作业和无码作业。

有码作业是用约定的编码表示地形实体的地理属性和测点的连接关系，野外测量时，除将碎部点的坐标数据记录入全站仪内存中外，还需将对应的编码人工输入到全站仪内存，最后与测量数据一起传入计算机，数字化成图软件通过对编码的处理就能自动生成数字地形图。

无码作业是用草图来描述测点的连接关系和实体的地理属性，野外测图时，仅将碎部点的坐标和点号数据记录入全站仪的内存中，在工作草图上绘制相应的比较详尽的测点点号、测点间的连接关系和地物实体的属性，在内业工作中，再将草图上的信息与全站仪内存中的测量数据传入计算机进行联合处理。由于无码作业现场不输入数据编码，而是用草图记录绘图信息，采集数据方便、可靠，是目前大多数数字测图系统和作业单位的首选作业方式。

在无码作业时，草图的绘制是保证数字测图质量的一项措施。它是图形信息编码碎部点间接坐标计算和人机交互编辑修改的依据。进行数字测图时，如果测区有相近比例尺的地图，则可利用旧图或影像图并适当放大复制，裁成合适的大小（如A4幅面）作为工作草图。在这种情况下，作业员可先进行测区调查，对照实地将变化的地物反映在草图上，同时标出控制点的位置，这种工作草图也起到工作计划图的作用。在没有合适的地图可作为工作草图的情况下，应在数据采集时绘制工作草图。

工作草图应绘制地物相关位置、地貌的地性线、点号、丈量距离记录、地理名称和说明注记等。草图可按地物相互关系分块绘制，也可按测站绘制，地物密集处可绘制局部放大图。草图上点号标注应清楚正确，并和电子手簿记录点号一一对应，如图5-32所示。

2. 电子平板法

电子平板法是内外业一体化的测量成图方法。它主要是采用笔记本电脑和PDA掌上电脑等作为野外数据采集记录器，将之和全站仪连接起来，利用测图软件，在外面边测边绘，同时给地物输入相应的属性，可以在观测碎部点之后，对照实际地形输入图形信息码和生成图形。电子平板法数字测图的特点是直观性强，在野外作业现场“所测即所得”；若出现错误时，可以及时发现，立即修改。

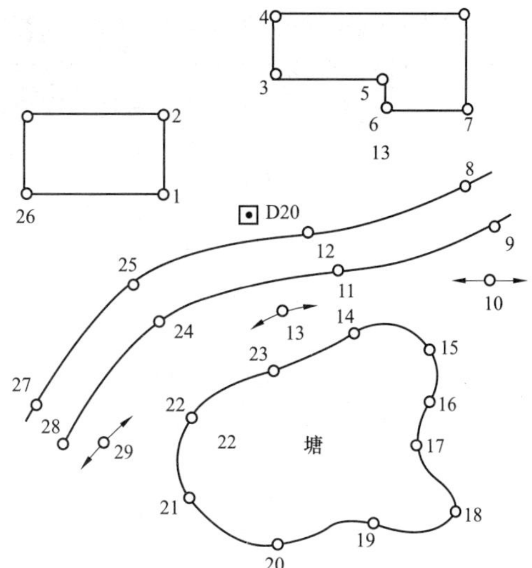

图5-32　野外碎部测量绘制的工作草图

(1) 操作概述。电子平板法的基本操作过程如下：

1) 测图前准备。利用计算机将测区的已知控制点及测站点的坐标传输到全站仪的内存或笔记本电脑（或PDA掌上电脑）中，或手工输入控制点及测站点的坐标到全站仪的内存中。

2) 在测站点上架好仪器，并把笔记本电脑或PDA掌上电脑与全站仪用相应的电缆连接好，开机后进入测图系统；设置全站仪的通信参数（串口、传输速度、检验方式、数据位、停止位等）；选定所使用的全站仪类型，分别在全站仪和笔记本电脑或PDA掌上电脑上完成测站、定向点的设置工作。

3) 全站仪照准碎部点，利用计算机控制全站仪的测角和测距，每测完一个点，屏幕上都会及时地展绘显示出来。

4) 根据被测点的类型，在测图系统上找到相应的菜单项，将被测点绘制出来，现场成图。

(2) 测图过程。电子平板法测图时，作业人员一般配置为：观测员1名，电子平板（便携机）操作人员1名，跑尺员1～2名，其中电子平板操作员为测图小组的指挥。

目前，广泛应用于实际测绘生产工作的电子平板测绘系统主要有南方CASS电子平板测绘系统、广州开思创力SCS2000遥控电子平板测绘系统、SVCAD电子平板测绘系统、清华山维EPSW电子平板测绘系统、武汉中地数码的MAPSUV数字测图系统、武汉瑞得测绘自动化公司的RDMS系列等。其中，前三者都是基于Auto CAD上二次开发，所以Auto CAD的所有功能它们都可以用，Auto CAD则是世界上大家所共识的绘图平台，其编辑功能也是有目共睹的。下面以常用的CASS 9.1电子平板（见图5-33）为例介绍数据采集的具体过程。

1) 测图前的准备工作。在进行电子平板测图之前，应该做好必要的准备工作，包括配备仪器、图根控制和坐标录入等。

a. 配备仪器。按照电子平板作业的思路，准备好相应的仪器设备，主要有：①安装好CASS软件的便携计算机一台；②全站仪一套（主机、三脚架、棱镜和对中杆若干）；③数据传输电缆一条；④对讲机若干。

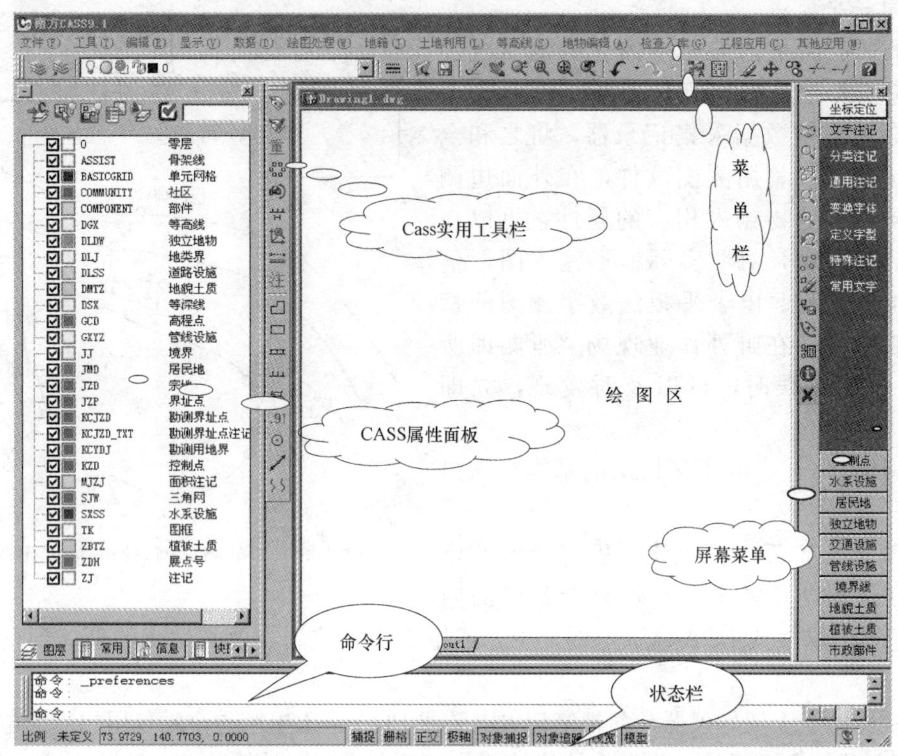

图 5-33 CASS 9.1 电子平板测图软件

b. 图根控制。首先，应该按照规范要求、地形实际情况布设足够的图根控制点。尽量让控制点位于较高且通视、效果良好的地方，以便测图时可以更好地观测地物、地貌，从而准确地反映出地表特征。然后，利用已有的坐标数据和仪器设备进行图根控制测量，并通过内业平差数据处理得到所有图根点的平面坐标和高程，或者直接采用 GPS-RTK 方法测定图根点坐标。

c. 坐标录入。图根控制测量内业平差处理完成后，将得到测区内的控制点成果，在进行碎部测量前，必须将这些控制点数据输入全站仪和计算机中，以便野外测图时调用。录入测区的已知坐标有两种方法：一种是将控制点坐标手工录入计算机；另一种是将控制点坐标输入全站仪。这两种方法的具体操作步骤如下：

(a) 将控制点坐标手工录入计算机。在 CASS 系统任务栏中，点击鼠标至屏幕下拉菜单"编辑/编辑文本文件"项，见图 5-34，在弹出的选择文件对话框中输入控制点坐标数据文件名及其完整路径，并按回车键打开，如果不存在该文件名，系统便弹出如图 5-35 所示的对话框。

如果事先已经创建好文件，系统便出现记事本的文本编辑器并读入该文件内容。如图 5-36 所示；也可以通过编辑或按照"点名，编码，Y 方向（东）坐标，X 方向（北）坐标，高程"的格式输入控制点坐标。输完控制点数据后，按下 Ctrl+S 键后保存退出。

图 5－34　编辑文本文件

数据编辑时应注意：①编码可输可不输；即使编码为空，其后的逗号也不能省略；②每个点的 Y 坐标、X 坐标、高程的单位是米；③文件中间不能有空行。

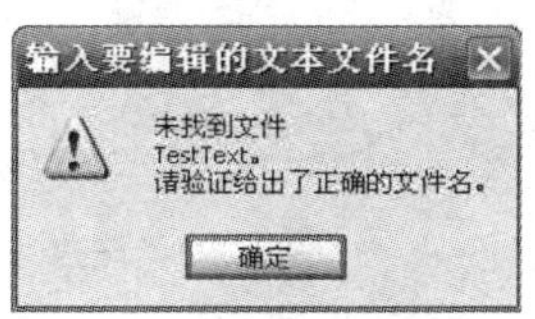

图 5－35　文件名不存在时弹出的对话框

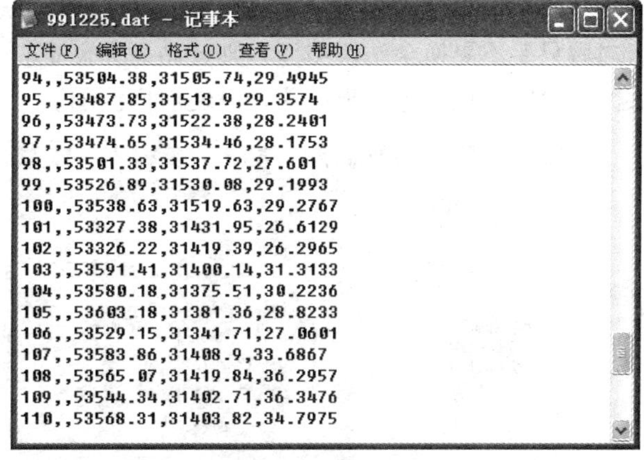

图 5－36　文件已建时弹出的对话框

(b) 将控制点坐标输入全站仪。一般来说也有两种方法：一种是手工输入，该方法简单、易操作，可以随时随地录入数据，但是当数据量非常大时非常费时，且容易发生错误；另一种是通过 CASS 9.1 的坐标数据发送来完成，生产实际中该方法使用较多。具体操作方法如下：首先用通信电缆将计算机与全站仪连接好，然后打开 CASS 9.1，选择“数据（D）”下拉菜单的“坐标数据发送”（见图 5－37）。根据所使用的全站仪类

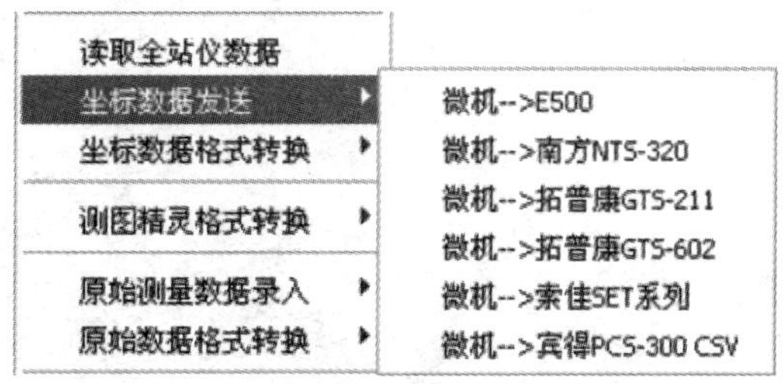

图 5－37　坐标数据发送子菜单

型再选择子菜单项，在弹出的对话框（见图 5－38）中选择要发送的控制点坐标数据文件填入“文件名”栏中，打开后，根据命令行提示选择好合适的通信口、通信参数等后回车，会出现如图 5－39 所示的对话框，当全站仪准备好接收数据后回车，然后在微机上回车，控制点的坐标数据就传送到全站仪上了。

2）电子平板测图。

a. 测前准备。

（a）仪器设置。在测站点上架好仪器，并把便携机与全站仪用相应的电缆连接好，开机后进入 CASS 9.1 数字测图软件；然后设置全站仪的各项通信参数。

图 5－38 提示输入的文件名

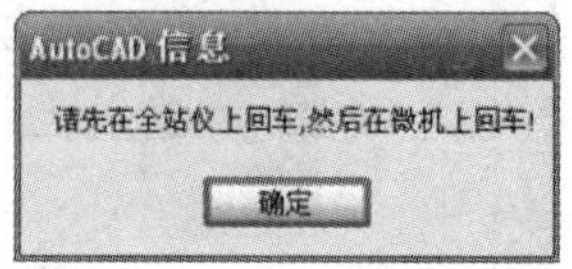

图 5－39 数据通信操作提示

在 CASS 下拉菜单选取“文件”中的“CASS 参数配置”菜单项后，再选择“电子平板”选项，出现如图 5－40 所示的对话框，选定所使用的全站仪类型，并检查全站仪的通信参数与软件中设置是否一致，单击“确定”按钮确认所选择的仪器，该设置只需要设置一次，之后只要不更换全站仪类型，则迁站后无需重新设置。若“地物绘制”“高级设置”等参数没有设定，还要进一步设置，以便后面测图。

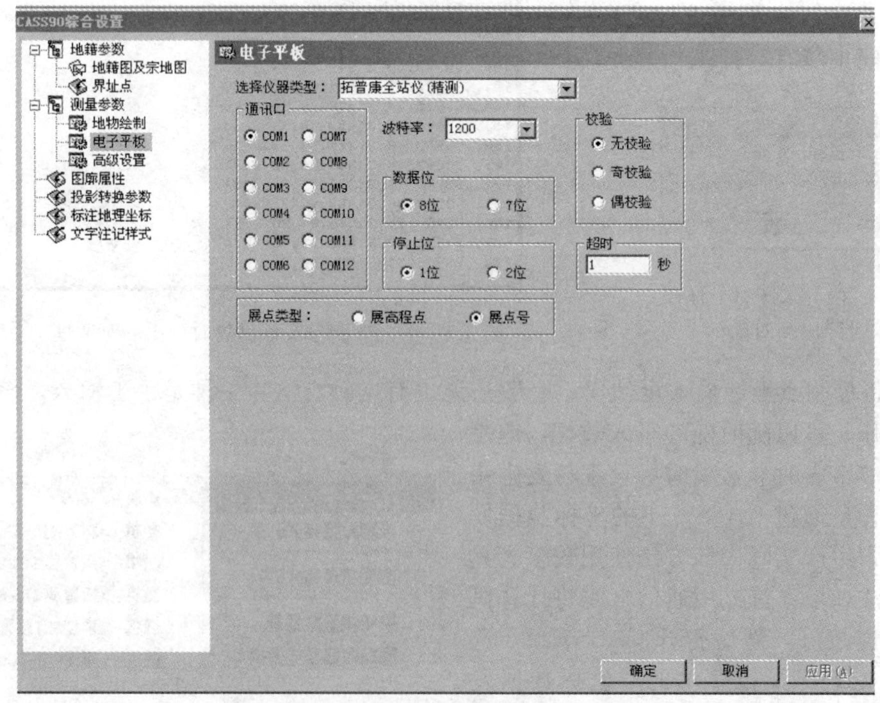

图 5－40 CASS 9.1 电子平板参数设置

(b) 定显示区。定显示区的作用是根据已知坐标数据文件的数据大小定义屏幕显示区的大小。首先移动鼠标至主菜单栏，选择“绘图处理/定显示区”项。执行此菜单后，会弹出一个对话框（见图 5-41），要求输入测定区域的野外坐标数据文件，计算机自动求出该测区的最大、最小坐标，然后自动将坐标数据文件内所有的点都显示在屏幕显示范围内。

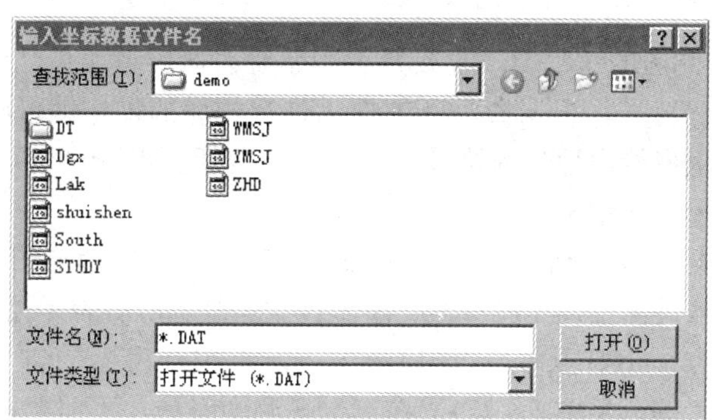

图 5-41 选择已知坐标数据文件定显示区

(c) 测站设置。鼠标点击屏幕右侧菜单的“电子平板”项，则弹出如图 5-42 所示的对话框，选择测区内的控制点坐标数据文件名。然后输入测站的其他有关信息。

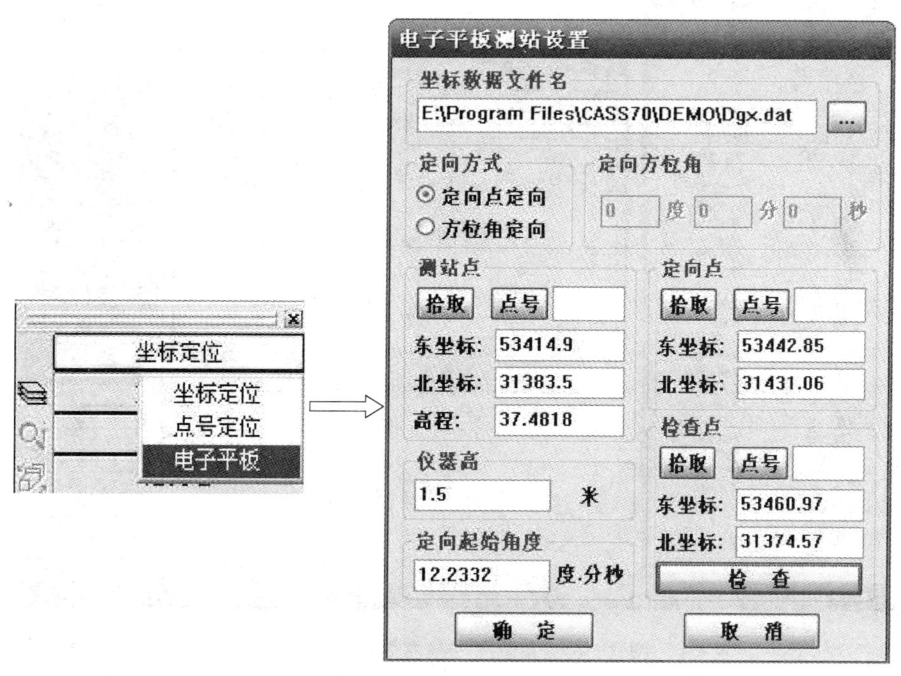

图 5-42 电子平板测站设置

若事前已经在屏幕上展出了控制点，则直接点“拾取”按钮，再在屏幕上捕捉作为测站、定向点的控制点；若屏幕上没有展控制点，则手工输入测站点点号及坐标、定向点点号及坐标、定向起始值、检查点点号及坐标、仪器高等参数，利用展点和拾取的方法输入测站信息。

当测站点、定向点信息设置完毕后，单击“检查”按钮，弹出检查信息，如图 5-43 所示。单击“确定”按钮，完成测站设置。检查点主要是用来检查该测站相互关系，系统将根据测站点和检查点的坐标反算出测站点与检查点的方向值。这样，可以检查出坐标数据是否输错，测站点、定向点是否给错。

图 5-43 检查点水平读数

具体操作时是用全站仪照准定向点，设置定向起始角度（通常为 0°00′00″），再照准检查点，查看全站仪显示的水平角与检查角值是否相符（见图 5-43），一般在 20″以内便可开始测图。

b. 测图操作。在测图的过程中，主要是利用系统右侧屏幕菜单功能，用鼠标选取屏幕菜单相应图层中的图标符号，根据命令区的提示进行相应的操作即可将地物点的坐标测下来，并在屏幕编辑区里展绘出地物的符号，实现“所测即所得”；也可以同时使用系统的其他编辑功能，绘制图形，注记文字。

CASS 9.1 系统中绝大部分地形符号都是根据最新国家标准地形图图式规范编制的，并按照一定的规律分成各种图层，见图 5-44 所示控制点层，所有表示控制点的符号都放在此图层（三角点、导线点、GPS 点等）；居民地层，所有表示房屋的符号都放在此图层（房屋、楼梯、围墙、栅栏等，见图 5-45）。在 CASS 测图系统，不需要输入“编码”，而由操作菜单和图标系统自动给出“内部编码”，供计算机自动绘图用。

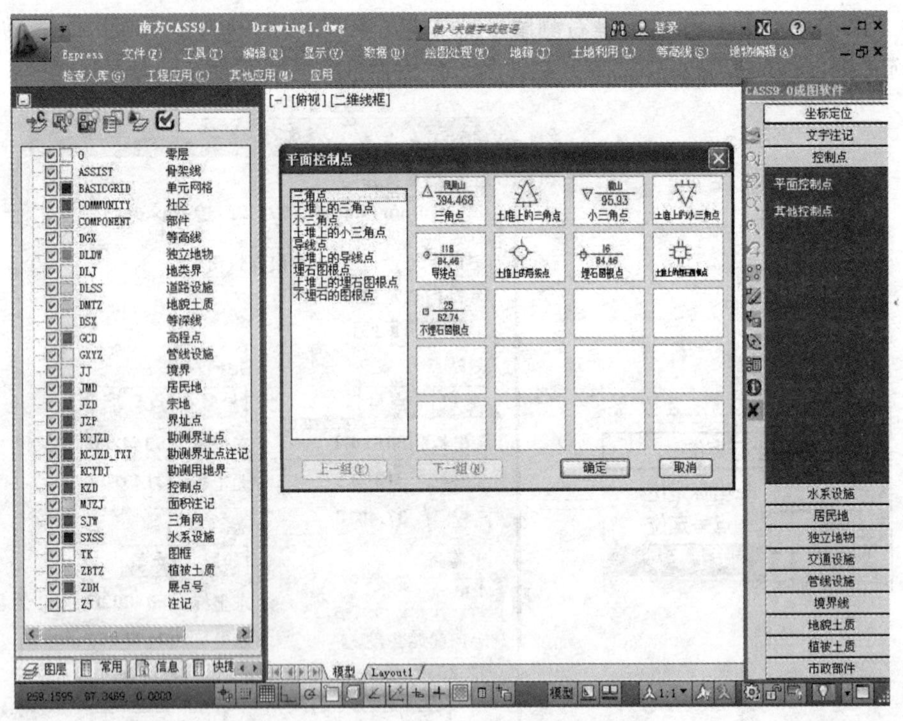

图 5-44 左侧图层与右侧屏幕菜单项

下面介绍各类地物的测制方法：

(a) 点状地物测绘。测一钻孔的操作方法是：用鼠标在屏幕右侧菜单处选取“独立地物”项，系统便弹出如图 5-46 所示的对话框。

在对话框中按鼠标左键选择表示钻孔的图标，图标变亮则表示该图标被选中，再鼠标单击“确定”，弹出如图 5-47 所示的数据输入对话框。

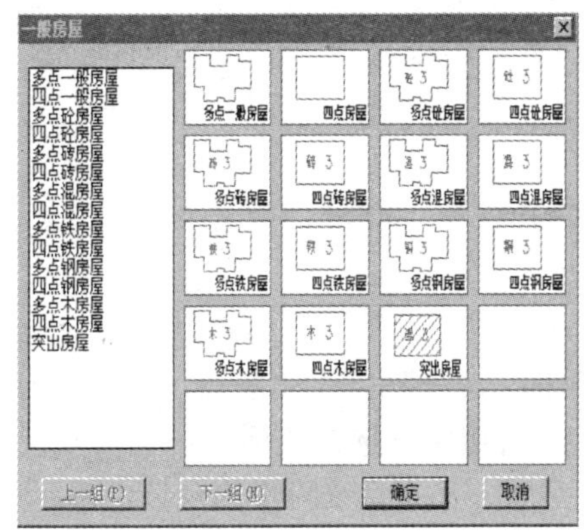

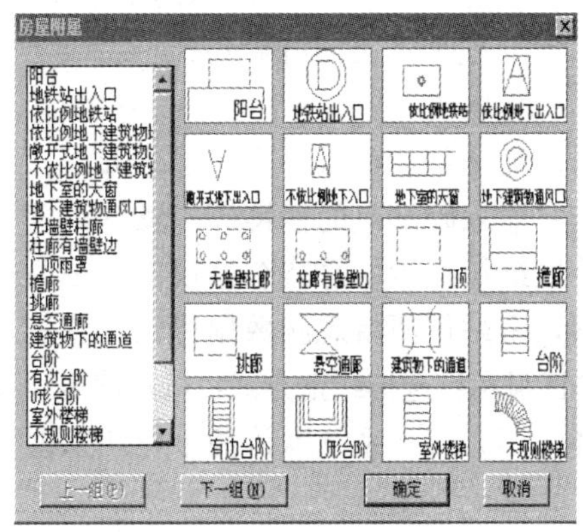

图 5-45 居民地与附属

图 5-46 选择“独立地物”项的“矿山开采”对话框

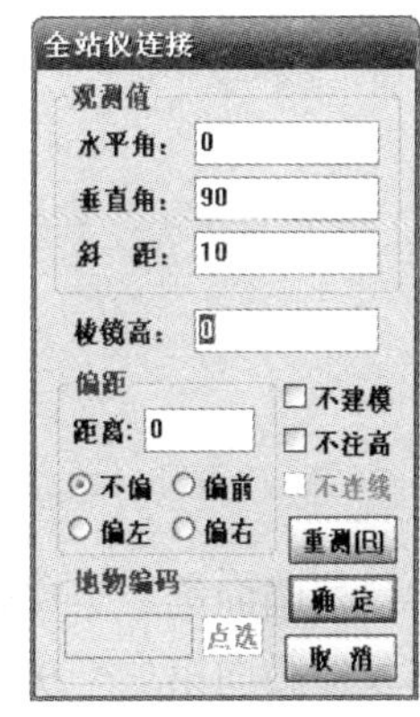

图 5-47 全站仪连接窗口

此处仪器类型选择为手工，则在此界面中可以手工输入观测值（若仪器类型为全站仪，则系统自动驱动全站仪观测并返回观测值）。输入水平角、垂直角、斜距、棱镜高等值，确定后选择下一个地物，依此类推。

系统接收到观测数据便在屏幕自动将钻孔的符号展出来，并且将被测点的 X、Y、H 坐标写到先前输入的测区的控制点坐标数据文件中，点号顺序依次增加。如图 5-48 所示，即为通过 1 号点偏前（2）、偏左（3）、偏右（4）测出的其他钻孔符号。

说明：不偏：即对所测的数据不做任何修改；偏前：指棱镜与地物点、测站点在同一直线上，即角度相同，偏距为实际地物点到棱镜的距离；偏左：实际地物点在垂直与测站与棱镜连线左边，偏距为实际地物点到棱镜的距离；偏右：实际地物点在垂直与测站与棱镜连线右边，偏距为实际地物点到棱镜的距离。

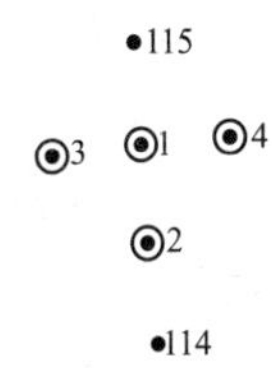

图 5-48 系统在屏幕展出的钻孔符号

(b) 四点房测量方法。用该方法测一栋房子的操作方法如下：

在屏幕右侧菜单中选取“居民地”项，移动鼠标到表示“四点房屋”的图标处按鼠标左键，被选中的图标和汉字都呈高亮度显示。然后按

“确定”按钮，弹出如5－47所示的全站仪连接窗口。输入相应的参数后点击确定，命令区显示：1已知三点/2. 已知两点及宽度/3. 已知四点<1>。

操作：输入1。

命令区显示：请输入标高（1.500m）。

操作：输入碎部点的棱镜高（默认为上一次的值：1.500m）。全站仪照准1点。

命令区继续显示：等待全站仪信号……

稍候，全站仪便将观测数据传到计算机。

命令区显示：选择纠正方式：(1) 偏角 (2) 偏前 (3) 偏左 (4) 偏右 (5) 不作纠正<5>：

选择纠正方式，系统默认为不作纠正即“5”，直接回车选择该项。

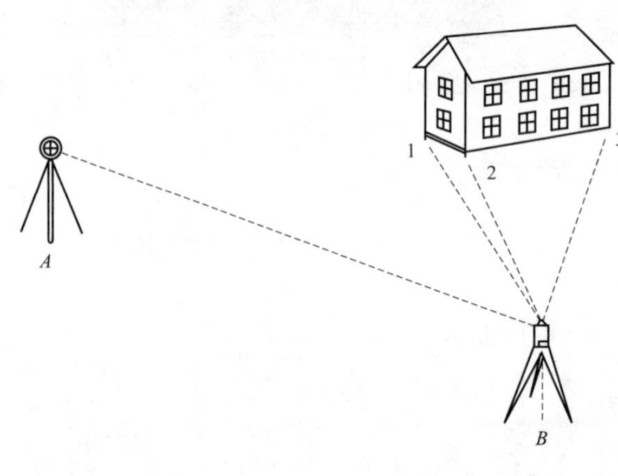

图5－49 四点房屋采集

当系统再次出现以上提示时，便测完1点。此时可将仪器瞄向2点、3点（见图5－49）。当系统接收到数据后，便自动在图形编辑区将表示简单房屋的符号展绘出来。

(c) 多点房测制方法。首先移动鼠标在屏幕右侧菜单中选取“居民地”项的“一般房屋”，然后移动鼠标到对话框左边的“多点混凝土房屋”处或表示多点混凝土房屋的图标处按鼠标左键，被选中的图标和汉字都呈高亮度显示。然后单击“确定”按钮，输入参数点击确定。

将仪器瞄向第一个房角点，命令区显示：<跟踪 T/区间跟踪 N>。

将仪器瞄向第二个房角点，命令区显示：曲线 Q/边长交会 B/跟踪 T/区间跟踪 N/垂直距离 Z/平行线 X/两边距离 L/<鼠标定点，回车键连接，ESC键退出>。

将仪器瞄向第三个房角点，命令区显示：曲线 Q/边长交会 B/跟踪 T/区间跟踪 N/垂直距离 Z/平行线 X/两边距离 L/隔一点 J/微导线 A/延伸 E/插点 I/回退 U/换向 H<指定点>。

将仪器瞄向第四个房角点，命令区显示：曲线 Q/边长交会 B/跟踪 T/区间跟踪 N/垂直距离 Z/平行线 X/两边距离 L/闭合 C/隔一闭合 G/隔一点 J/微导线 A/延伸 E/插点 I/回退 U/换向 H<鼠标定点，回车键连接，ESC键退出>。

根据实际情况分别选择输入命令，最后按确定则完成了多点房屋的绘制。

(d) 多镜测量。如果某地物还没测完就中断了，转而去测另一个地物，之后可根据多测尺方法继续测量该地物。中断地物测量时，利用“多镜测量”功能设置测尺，待要继续测量该地物时，再利用“多镜测量”中测尺转换功能，在多个测尺之间切换。利用“多镜测量”时直接驱动全站仪测点，自动连接已加入测尺名的未完成地物符号。

一般如果地物比较复杂或使用多名跑尺员时，都要用多镜测量。以下是多镜测量的方法步骤：

点击屏幕菜单的“多镜测量”项，命令区提示：选择要连接的复合线：<回车输入测尺名> 选择已有地物则不需设尺；回车则弹出设置测尺对话框，如图5－50所示。

选择“新地物”项，在“输入测尺名”下方的文本框输入测尺名，测尺名可以是数字、字母和汉字，如输入“1”后确定，则命令行提示：切换 S/测尺 R<1>/曲线 Q/边长交会 B/跟踪 T/区间跟踪 N/垂直距离 Z/平行线 X/两边距离 L/闭合 C/隔一闭合 G/隔一点 J/微导线 A/延伸 E/插点 I/回退 U/换向 H<鼠标定点，回车键连接，ESC 键退出>。

图 5－50　设置测尺

命令行中“测尺 R<1>”表示当前进行的是 1 号尺，输入“R”则回到设置测尺对话框换尺或添加尺。

切换：不止一个测尺进行测量时，在几个测尺之间变换，观测时在命令行输入“R”后回到设置测尺对话框，在已有测尺栏中选择一个测尺点“确定”后则将该地物置为当前。

新地物：开始测量一个地物前就设置测尺名。

赋尺名：若测量一个地物前没有进行设尺，测量过程中又要中断，此时可以赋予其测尺名。

c. 野外电子平板测图注意事项。

(a) 立尺注意事项。当测三点房时，要注意立尺的顺序，必须按顺时针或逆时针立尺；当测有辅助符号（如陡坎的毛刺），辅助符号生成在立尺前进方向的左侧，如果方向与实际相反，可用下面的方法换向：“地物编辑（A）—线型换向”功能换向；要在坎顶立尺，并量取坎高；当测某些不需参与等高线计算的地物（如房角点）时，在观测控制平板上选择不建模选项。

(b) 野外作业注意事项。

a) 测图过程中，为防止意外应该每隔 20min 或 40min 存一下盘，这样即使在中途因特殊情况出现死机，也不致前功尽弃。

b) 如选择手工输入观测值，系统会提示输入边长、角度，如选择全站仪，系统会自动驱动全站仪测量。

c) 镜高是默认为上一次的值，当测某些不需参与等高线计算的地物（如房角点）时，在观测控制平板上选择不建模选项。

d) 测碎部点，其定点方式分全站仪定点方式和鼠标定点方式两种，可通过屏幕右侧菜单的“方式转换”项切换。全站仪定点方式是根据全站仪传来的数据算出坐标后成图；鼠标定点方式是利用鼠标在图形编辑区直接绘图。

e) 跑尺员在野外立尺时，尽可能将同一地物编码的地物连续立尺，以减少在计算机处来回切换。

f) 如果某地物还没测完就中断了，转而去测另一个地物，可利用“加地物名”功能添加地物名备查，待继续测该地物时利用“测单个点”功能的“输入要连接本点地物名”项继续连接测量，即多棱镜测量。

g) 观测数据分为自动传输、手动传输两种情况。自动传输是由程序驱动全站仪自动测距、自动将观测数据传至计算机，如宾得全站仪；手动传输则是全站仪测距、观测数据的传输要人工干预，如徕卡全站仪。

h) 当系统驱动全站仪测距过程中中断操作时，Windows 版则由系统的时钟控制，由系统向全站仪发出测距指令后 20～40s 时间还没完成测距，将自动中断操作，并弹出如

图 5－51 通信超时的窗口

图 5－51 所示的窗口。

i）按右侧菜单 “找测站点”，使测站点出现在屏幕的中央。

总之，采用电子平板的作业模式测图时，首先要准备好测站的工作，然后进行碎部点的采集，测地物就在屏幕右侧菜单中选择相应图层中的图标符号，根据命令区的提示进行相应的操作即可将地物点的坐标测下来，并在屏幕编辑区里展绘出地物的符号，实现所测所得。

电子平板测图，真正做到了内外业一体化，测图的质量和效率都超过了传统的人工白纸成图，其灵活的工作方式、直观的测图效果，受到了广大测绘工作者的喜爱。现在，各类成图软件电子平板方面的开发已经非常完善，但在硬件方面仍受到一些限制，便携机本身价格和台式机相比差异达到 2～3 倍，而且市场上防尘、防水的便携机型号比较少，恶劣的野外观测环境会严重损坏其零部件，因此，虽然它有许多明显的优点，但是受野外条件影响比较大，仅适合任务量比较小的城镇小项目，所以生产单位在数字测图的外业实施时还是更多地采用实施比较容易的测记法。

5.4 RTK 外业数据采集

当前，在测绘工作中，RTK 实时动态差分法以其定位精度高、效率快、不要求点位相互通视、自动化程度高、误差积累小、测绘成果统一、操作简单、全天候等优点，被测绘各个领域广泛运用。相比以前的静态、快速静态、动态测量都需要事后进行解算才能获得厘米级的精度而言，RTK 技术能够在野外实时获取高精度定位结果。用于数字测图领域，它是一种新的常用方法，极大地提高了外业作业效率。

5.4.1 RTK 用于地形测量的主要技术指标

1. RTK 测量卫星的状态（见表 5－7）

表 5－7　　RTK 测量卫星的状态

观测窗口状态	截止高度角 15°以上的卫星个数	PDOP 值
良好	≥6	<4
可用	<5	≥4 且≤6
不可用	<5	>6

2. 用于地形测量主要技术要求

RTK 地形测量主要技术要求应符合表 5－8 的规定。

表 5－8　　RTK 地形测量主要技术要求

等级	图上点位中误差/mm	高程中误差	与基准站的距离/km	观测次数	起算点等级
图根点	≤±0.1	1/10 等高距	≤7	≥2	平面三级以上、高程等外以上
碎部点	≤±0.3	符合相应比例尺成图要求	≤10	≥1	平面图根、高程图根以上

注 1. 点位中误差指控制点相对于最近基准站的误差。

2. 用网络 RTK 测量可不受流动站到基准站间距离的限制，但宜在网络覆盖的有效服务范围内。

RTK 用于碎部点测量时的技术要求：

(1) RTK 碎部点测量时，地心坐标系与地方坐标系的转换关系的获取方法参照 CH/T 2009—2010，也可以在测区现场通过点校正的方法获取。当测区面积较大，采用分区求解转换参数时，相邻分区应不少于 2 个重合点。

(2) RTK 碎部点高程的获取按照 CH/T 2009—2010 执行。

(3) RTK 碎部点测量平面坐标转换残差不应大于图上±0.1mm。RTK 碎部点测量高程拟合残差不应大于 1/10 基本等高距。

(4) RTK 碎部点测量流动站观测时可采用固定高度对中杆对中、整平，观测历元数应大于 5 个。

(5) 连续采集一组地形碎部点数据超过 50 点，应重新进行初始化，并检核一个重合点。当检核点位坐标较差不大于图上 0.5mm 时，方可继续测量。

5.4.2　RTK 测图工作流程

目前，市场上用于 RTK 测量的仪器厂家有很多，其中，进口的有日本拓普康（TOPCON)、美国天宝（TRIMBLE)、瑞士徕卡（LEICA）等，国产品牌有南方、中海达、华测等，以下将以南方 S86 为例介绍具体的 RTK 野外操作流程。南方灵锐 S86 接收机参数见表 5-9。

表 5-9　　南方灵锐 S86 接收机参数

型号	S86
使用卫星系统	GPS/GLONASS
OEM 板	加拿大　诺瓦泰 OEM V
精度	静态平面精度：±3mm+1ppm 静态高程精度：±5mm+1ppm RTK 平面精度：±1cm+1ppm RTK 高程精度：±2cm+1ppm
支持的差分格式	CMR/RTCM2.X/RTCM3.0
接收电台	内置接收电台
发射电台	内置发射电台
GPRS 模块	内置 GPRS/CDMA 通信模块
外接手机 modern	2009 年 11 月 26 日后出货的可以
基移互换	可以
接收机操作液晶屏幕	有
兼容 CORS 系统	可以
通信	标准 USB 协议，USB2.0、串口（RS-232)，蓝牙

在具体的野外测绘工作中，正式开始 RTK 数据采集工作之前，必须先做好以下准备工作：

(1) 检查和确认。基准站接收机、流动站接收机开关机正常，所有的指示灯都正常工作，电台能正常发射，其面板显示正常，蓝牙连接是否正常。

(2) 充电。确保携带的所有的电池都充满电，包括接收机电池、手簿电池和蓄电池，如果要作业一天，至少携带三块以上的接收机电池。

(3) 检查携带的配件。出外业前确保所需的仪器和电缆均已携带，包括接收机主机、电台发射和接收天线、电源线、数传线、手簿和手簿线等。

(4) 已知点的选取。遵循以下原则：避免已知点的线性分布（主要影响高程）；避免短边控制长边；作业范围最好保证在已知点连成的图形以内或者和图形的边线垂直距离不要超过 2km；如果只要平面坐标选取 2～3 个已知点进行点校正即可，如果既要平面坐标又要高程，选取 3 个或 4 个已知点进行点校正；检查已知点的匹配性即控制点是否是同一等级，匹配性差会直接影响 RTK 测量的精度。

(5) 出外业前，关掉手簿和接收机的电源，带上已知点的坐标。

1. 常规 RTK 野外测量工作流程

作业时，移动站可处于静止状态，也可处于运动状态；可在已知点上先进行初始化后再进入动态作业，也可在动态条件下直接开机，并在动态环境下完成整周模糊值的搜索求解。在整周模糊值固定后，即可进行每个历元的实时处理，只要能保持 4 颗以上卫星相位观测值的跟踪和必要的几何图形，则移动站可根据相对定位的原理，实时解算出流动站的三维坐标及其精度（即基准站和流动站坐标差 ΔX、ΔY、ΔH，加上基准坐标得到的每个点的 WGS-84 坐标，通过坐标转换参数得出流动站每个点的平面坐标 X、Y 和海拔 H）。

下面以南方 S86 RTK（1＋N）及工程之星 RTK 野外测绘软件（专为灵锐一体化 GPS-RTK 测量系统开发的控制采集手簿）为例进行介绍。

(1) 基准站设置。基准站差分格式一般选择 RTCA，基准站可以选择架设在已知点上，也可以选择架设在未知点上。建议主机启动方式设为自动，这样当达到需要条件，基准站会自动向移动站发送差分数据。主机设置在开机时，当出现倒数秒界面时，可以按 F1 或 F2 键进入设置模式，如不改变相关设置，只需开机即可。安置基准站的具体步骤如下：

1) 架好三脚架，放电台天线的三脚架最好放到高一些的位置，两个三脚架之间保持至少 3m 的距离。

2) 固定好基准站接收机，基座大概粗平（任意架站）。

3) 安装好电台发射天线，把电台挂在三脚架上，将蓄电池放在电台的下方。

4) 基准站主机开机，接收机搜完星后自己开始发射。

5) 把电台天线和电台数传线接到电台上后，再接上电台的外接电源，这时电台会自动开机，然后对电台进行配置，首次需要配置，以后均为默认，不用进行配置。根据实际情况分别选择“设置”菜单下的“波特率”“模式”“干扰”“功率设置“频率设置”等参数，用户需要自己设定电台的发射功率和频率，如果作业距离近可以用小功率发射，如果比较远，可选择大一些的功率。当电台的设置都完成后，面板上的红色电台发射信号灯会很有规律的闪烁，闪烁频率和差分数据的发射频率是一致的。

(2) 移动站主机和手簿连接。打开移动站主机和手簿，双击运行工程之星程序（首次运行桌面上可能没有相应的快捷方式，可以到设备中的 flash disk\setup\目录下查找，之后便可以在桌面上直接运行），默认情况下软件会自动进行蓝牙连接，如果弹出提示窗口：“端口打开失败，请重新连接”，这时只需点击设置菜单下的连接仪器，然后用光笔点中输入端口项，文本框中输入 7（数字 7 取决于蓝牙搜索设备后随机分配的端口号，可以在蓝牙管理器中查看到），然后点击连接按钮，就可以轻松连接手簿和主机。连接成功后软件有一个自动搜索过程，搜索完毕后，若是电台模式，软件左上角会显示当前电台通道号，检查通道号是否和基准站通道一致；若不一致，应在设置菜单下电台设置中选择正确通道号，然后点击切换通道，提示切换成功，退出到主界面即可。这时如果基准站已经发射差分数据，且移动站在作业半径内，工程之星软件左上角将显示差分信号（同时还应检查设置菜单下移动站设置中差分数据格式是否和基准站一致为 RTCA，见图 5－52）。如果状态显示无数据，表明蓝牙没有连接（或者是运行了两次工程之星程序），这时应检查蓝牙设置或重新连接。

（3）测站校正。

1）新建工程。一般情况下，新建工程只需输入工程名和中央子午线，转换参数可暂时不理。

2）坐标系建立及投影参数设置。在参数设置向导下，单击“椭球系名称”后面的下拉按钮，选择工程所用的椭球系，然后单击下一步。系统默认的椭球为北京 54 坐标系统，可供选择的椭球系还有国家 80 坐标系、WGS－84、WGS－72 和自定义坐标系，共 5 种。可以根据项目的实际情况来选择。

投影参数设置：在中央子午线后输入当地中央子午线，然后输入其他参数。

3）求转换参数。如果用户已经获得工作区域的参数，可以在设置菜单下的测量参数（见图 5－53）中进行输入即可。

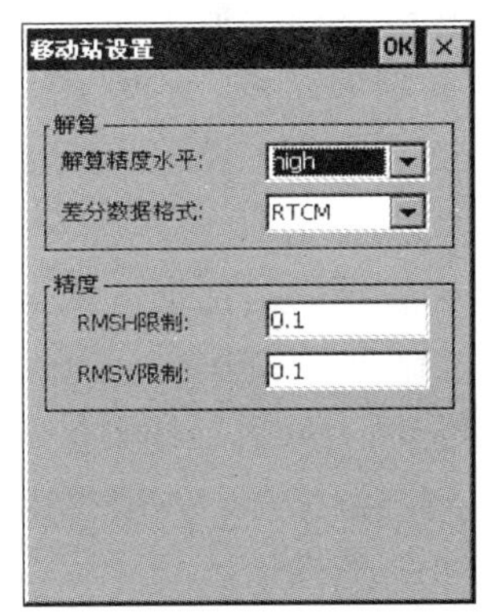

图 5－52 移动站设置对话框

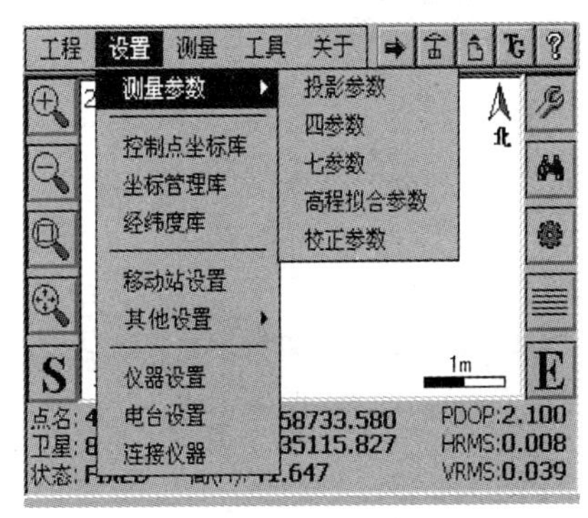

图 5－53 设置测量参数菜单

如果用户没有转换参数，这时就需要用控制点来求，转换参数有四参数和七参数之分，两者只能用其一，四参数是同一个椭球内不同坐标系之间进行转换的参数，而七参数是分别位于两个椭球内的两个坐标系之间的转换参数。

a．四参数计算。四参数计算的控制点原则上至少要用两个或两个以上的点，控制点等级的高低和分布直接决定了四参数的控制范围。经验上，四参数理想的控制范围一般都在 5～7km 以内。工程之星提供的四参数的计算方式有两种，一种是利用“工具/参数计算/计算四参数”来计算；另一种是用“控制点坐标库”计算。下面仅以常用的“控制点坐标库”为例来求解四参数。

利用控制点坐标库的做法大致是：假设用 A、B 两个已知点来求校正参数，那么首先要

有 A、B 两点的 GPS 原始记录坐标和测量施工坐标。A、B 两点的 GPS 原始记录坐标可以是 GPS 移动站在没有任何校正参数起作用的固定解状态下记录的 GPS 原始坐标。其次在操作时，先在控制点坐标库中输入 A 点已知坐标，软件会提示输入 A 点原始坐标，然后输入 B 点已知坐标和 B 点原始坐标，录入完毕并保存后（保存文件为 *.cot 文件），控制点坐标库会自动计算出四参数。

具体操作就是取两个或两个以上控制点，在固定解状态下按手簿的快捷键 A 采点，然后便可以依照图 5-54 所示来求：操作：设置→控制点坐标库，打开后单击“增加”，弹出增加点对话框，输入已知坐标点。

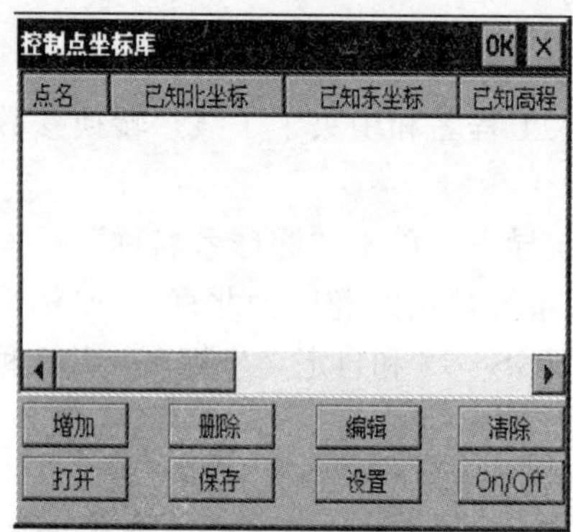

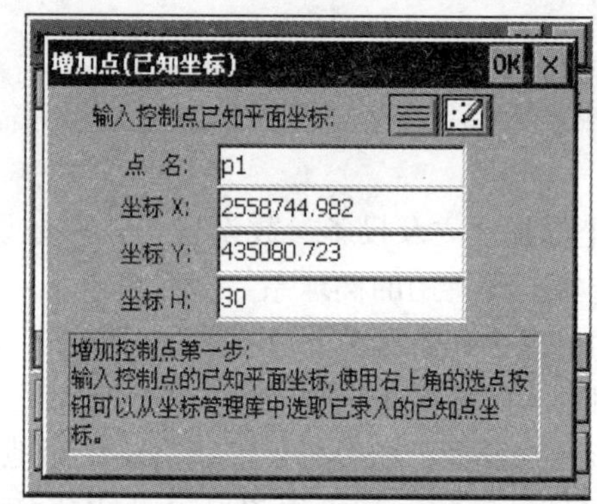

图 5-54 利用控制点坐标库增加控制点已知坐标的功能

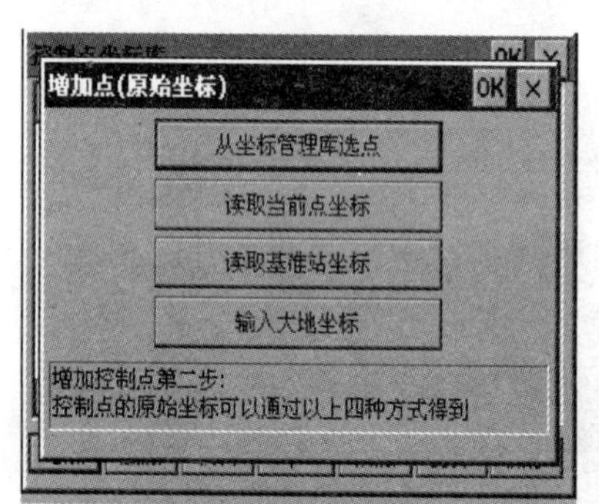

图 5-55 利用控制点坐标库增加控制点原始坐标的功能

软件界面上有具体的操作说明和提示，根据提示输入控制点的已知平面坐标。一般来说，控制点已知平面坐标的录入有三种方式。①通过键盘直接按照提示录入。②通过坐标管理库录入。点击“”，将会弹出坐标管理库对话框，从坐标管理库中选择已经录入的控制点已知坐标。③测量图录入。点击“”，从测量界面上选取已经测量的点后，软件会自动录入该点的测量坐标，一般很少用到该种方法。控制点已知平面坐标输入完毕后，单击右上角的“OK”（点击“×”则退出）进入如图 5-55 所示界面。

单击“从坐标管理库选点”，新建工程坐标管理库中会没有点显示，如图 5-56 所示，这时需要点击导入按钮将所测控制点原始坐标导入到坐标管理库（导入的文件名为工程名.RTK 文件），然后选中和所输入已知点对应的点，按“确定”，之后增加下一个控制点的已知坐标，直到所有点完成匹配。

当所有的控制点都输入后，在图 5-57 所示对话框中向右拖动滚动条查看水平精度和高程精度，检查“水平精度”和“高程精度”是否满足精度要求。

查看确定无误后，单击“保存”，出现如图 5-58 所示界面。在这里选择参数文件的保存路径并输入文件名，完成后单击“确定”。然后点击应用按钮，参数就会自动应用到当前工程中。之后可以在“设置→测量参数→四参数”查看四参数（见图 5-59）。

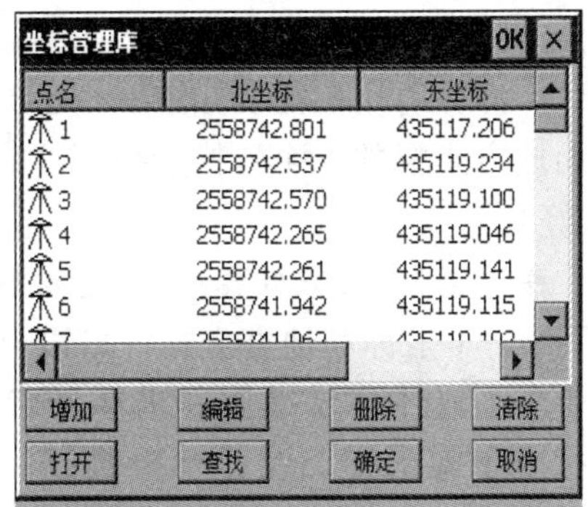

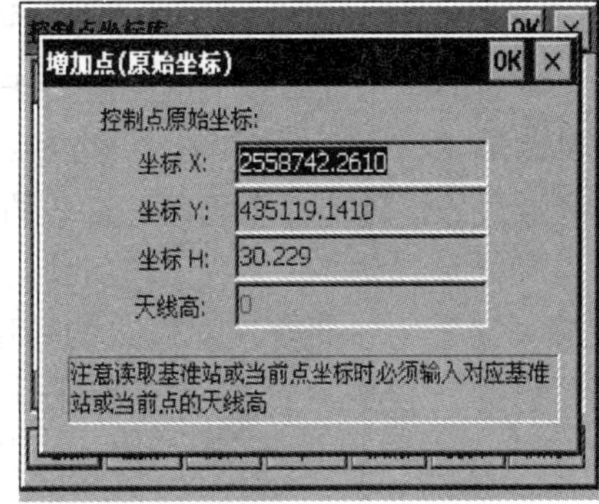

图 5-56 控制点已知坐标与原始坐标匹配

图 5-57 控制点已知坐标与原始坐标匹配

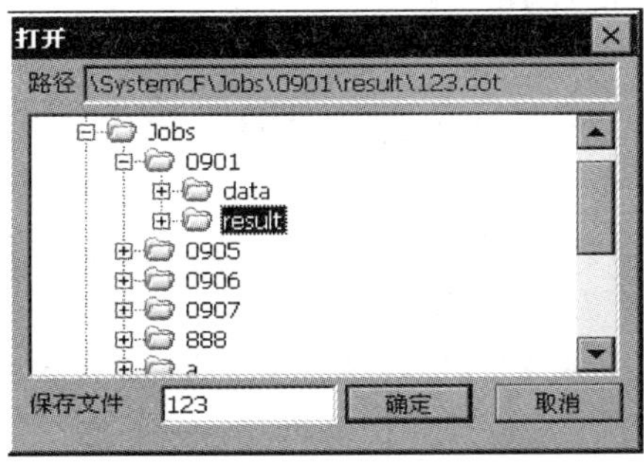

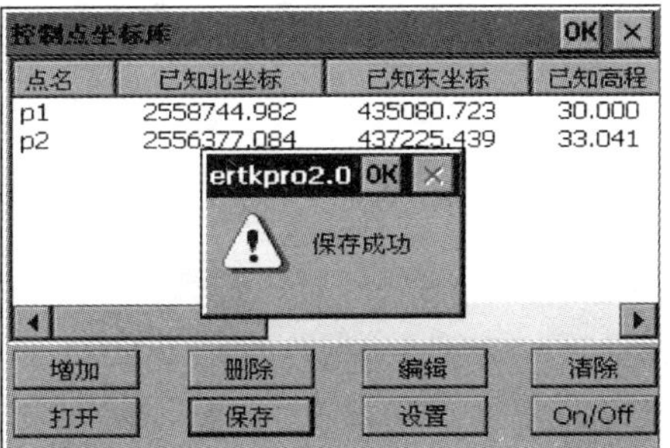

图 5-58 保存坐标数据文件

图 5-59 查看四参数

b. 七参数计算。七参数计算时至少需要三个公共的控制点，且七参数和四参数不能同时使用。七参数的应用范围较大（一般大于 $50km^2$），计算时用户需要知道三个已知点的地方坐标和 WGS-84 坐标，即 WGS-84 坐标转换到地方坐标的七个转换参数（注意：三个点组成的区域最好能覆盖整个测区，这样的效果较好）。

南方工程之星提供了一种七参数的计算方式，在“工具/参数计算/计算七参数”中可以进行求解。如果用户拥有三对以上的控制点 WGS-84 坐标和地方坐标，可以直接输入用软件进行计算。否则，可以去实地采点进行计算，软件具体操作和求解四参数时相似，每一步软件会有操作提示，用户可参考提示按步骤求解，在此不再赘述。参数求好后，便可以开始正常的作业。在作业过程中，可以随时按两下字母 B 键，进行测量点查看。

参数求好后，当基准站重新开机时，需要进行单点校正，点击工具菜单下校正向导，根据基准站架设方式（基准站在已知点和未知点）输入相应坐标进行校正。下面以基准站架设在已知点为例，校正步骤如下：

(a) 在参数浏览里先检查所要使用的转换参数是否正确，然后进入“校正向导”；

(b) 选择“基准站架设在已知点”，点击下一步；

(c) 输入基准站架设点的已知坐标及天线高，并且选择天线高形式，输入完毕后点击[校正]；

(d) 检查无误后，点击确定后校正完毕，即可开始正常数据采集作业。

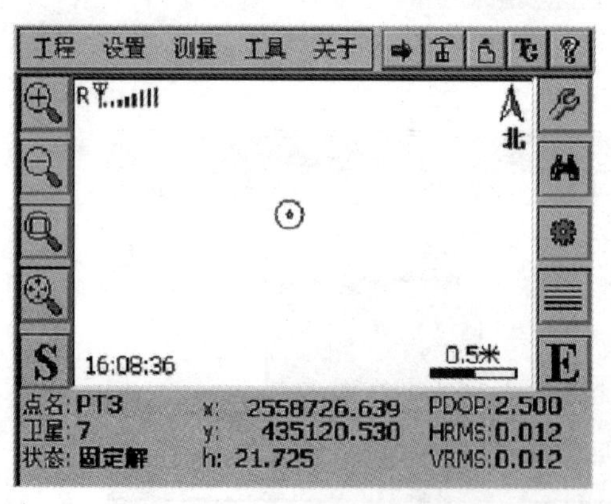

图 5-60 数据采集界面

(4) 数据采集。当校正工作完成后，即可进行数据采集（见图 5-60 界面），选择测量/目标点测量/输入点名、属性、天线高后确定保存。测量点时可以按［A］键，显示测量点信息，输入点名及天线高，按手簿上回车键［Enter］保存。需要注意的是，在数据采集时，只有达到固定解状态时，方可保存数据。

2. 网络 RTK 野外测量工作流程

网络 RTK 技术是通过由基准参考站点组成卫星定位观测值的网络解算，获取覆盖该地区和该时间段的 RTK 改正参数，用于该区域内 RTK 测量用户进行实时 RTK 改正的定位方式。基准站网将观测到的数据通过数据通信链实时传送给数据处理中心，数据处理中心首先对各基准站传输过来的数据进行预处理和质量分析，将整个基准站网数据进行统一解算，实时估计出网内的各种系统误差的改正项（电离层、对流层和轨道误差），建立误差模型，然后向用户实时发送改正数据，用户即可实时获得高精度的定位结果。

目前，网络 RTK 组建的主要技术有天宝 Trimble 的虚拟参考站技术（VRS）、在德国应用比较广泛的空间改正参数（FKP）、徕卡主辅站技术（MAX）、南方网络参考站技术（NRS）。

用户在使用网络 RTK 进行数据采集时只需要对流动站的接收机进行一些参数配置即可，其相应的参数应在 CORS 管理部门申请。下面以南方灵锐 S86 为例介绍其具体设置过程，该仪器完全兼容我国市场上现有的 CORS 系统：

（1）设置 GNSS 接收机为移动站方式，在开机后出现上一次测量模式时按 F2 进入设置工作模式；按液晶屏幕向导操作即可。

（2）设置主机的数据链通信方式为网络连接方式；开机自检完成后，按电源键进入设置数据链设置选择网络连接。

（3）采集手簿通过蓝牙连接上 GNSS 接收机，进入工程之星测量软件，在设置菜单下选择网络连接，进入设置界面，先读取出 GNSS 接收机内部原有的设置参数再进行修改，如连接 CORS 应该设置如下参数：

1）连接方式：GPRS/CDMA，模式：VRS－NTRIP；

2）IP 地址：122.244.128.59；

3）域名（接入点）：HZCMR/HZRTCM23/HZRTCM3；

4）端口：60086；

5）用户账号：（用户名）；

6）密码：（密码）。

确认正确后点击设置。确认网络设置成功后，退出。退回到测量界面。

（4）设置移动站的数据链接收格式。进入工程之星设置下面的移动站设置。“差分数据格式”项选择的格式需要和选择的源列表接入点对应，点【确定】设置完成。

1）差分数据格式：CMR RTCM（2.x）RTCM（3.0）；

2）对应的接入点：VRS_CMR VRS_RTCM1819 VRS_RTCM3。

（5）设置完成，等待移动站获取到概略位置上，把 GGA 位置信息上传到 CORS 服务器。CORS 服务器收到移动站的概略坐标后虚拟出附近一个基准站坐标，获得差分发送给移动站，从而移动站得到固定解。

在具体的数据采集工作中，要学会从以下方面进行常见问题的诊断和处理：

1）网络 RTK 依托无线网络进行数据传输，有时很久收不到差分信息的情况下：

a. 通过设置菜单下的网络连接中的设置，进行网络参数读取，查看参数设置是否正确；

b. 查看设置菜单下的移动站设置，检查差分格式是否正确；

c. 检查手机卡是否欠费；

d. 检查所使用 GPRS 或 CDMA 网络是否覆盖作业区域。

2）如果用户可以收到差分信息，一直处于浮点解，无法达到固定解：

a. 检查作业地区的网络是否稳定，网络延迟是否严重；

b. 检查可用卫星分布及状态是否满足要求；

c. 检查流动站离主参考站的距离是否过远；

d. 检查作业地区周围是否有较大的电磁场干扰源。

如果没有上述问题则重新启动主机重新初始化。如经过以上检查仍然有差分信息但无法固定，应联系 CORS 中心处理。

5.4.3　RTK 外业采点操作注意事项

在使用 RTK 测图作业时，为了让主机能搜索到多数量卫星和高质量卫星，单基准站一般架设在视野比较开阔、周围环境比较空旷、地势比较高的地方；避免架在高压输变电设备附近、无线电通信设备收发天线旁边、树阴下及水边，这些都对GPS信号的接收及无线电信号的发射产生不同程度的影响。除了上述注意事项外，还需要注意以下事项：

(1) RTK作业过程中，有效卫星个数不应少于5个，点位几何图形因子PDOP值应不大于6；每次移动基准站需到已知控制点上进行检测。其目的是确认基准站、流动站的设置和输入无误、检验已知控制点间兼容性，同时对图根控制的精度方便进行评定。

(2) 当施测环境不利于GPS观测时，测量中需要认真观察高程变化，因为当RTK成果精度不够时，对高程的影响可达0.5m以上的偏差。

(3) 在通信条件困难时，也可以采用后处理动态测量模式进行测量。

(4) 如果是RTK用于图根控制，后续测图可使用全站仪认真对RTK所测图根坐标进行检测。

(5) RTK测量流动站不宜在隐蔽地带、成片水域和强电磁波干扰源附近观测。

(6) 观测开始前应对仪器进行初始化，并得到固定解，当长时间不能获得固定解时，宜断开通信链路，再次进行初始化操作。

(7) 作业过程中，如出现卫星信号失锁，应重新初始化，并经重合点测量检测合格后，方能继续作业。

(8) RTK平面控制点测量流动站每次作业开始前或重新架设基准站后，均应进行至少一个同等级或高等级已知点的检核，平面坐标较差不应大于7cm。

(9) 控制点测量流动站观测时应采用三脚架对中、整平，每次观测历元数应不少于20个，采样间隔2～5s，各次测量的平面坐标较差应不大于±4cm。

(10) RTK测量前宜对设备进行基准站与流动站的数据链连通检验、数据采集器与接收机的通信连通检验。

5.5 野外数据编码方法

5.5.1 数据编码

为了便于计算机生成图形文件，进行图形处理，在野外数据采集中不仅测定碎部点的位置（坐标），还必须将地物点的连接关系和地物属性信息记录下来，即按一定规则构成的符号串来表示地物属性和连接关系等信息，这种有一定规则的符号串称为数据编码。数字测图中的数据编码要考虑的问题很多，如要满足计算机成图的需要，要简单、易记，还要便于成果资料的管理与开发。

数据编码中对采集要素点的属性信息用地物要素码（或称地物特征码、地物属性码、地物代码）表示，连接信息则主要用连接关系码（或连接点号、连接序号、连接线型）、面状地物填充码来表示。按照GB/T 14912—2005的规定，野外数据采集编码的总形式为：地形码+信息码。地形码是表示地形图要素的代码，信息码则是表示某一地形要素测点与测点之间的连接关系。

在GB/T 13923—2006和CJJ 100—2004中规定比例尺为1∶500、1∶1000、1∶2000的地形图的地物要素分类代码是6位十进制数字码，分别为按数字顺序排列的大类、中类、小类和子类码。具体代码结构如图5-61所示。

×	×	××	××
大类	中类	小类	子类

图5-61 代码结构

代码的每一位均用0～9表示，对于大类：1为定位基础（含测量控制点和数学基础）；2为水系；3为居民地及设施；4为交通；5为管线；6为境界与政区；7为地貌；8为植被与土质。中类在上述各大类基础上划分出共46类。其中，大类和中类不得重新定义和扩充，小类和子类不得重新定义，但可根据需要进行扩充。

编码设计的好坏会直接影响外业数据采集的难易、效率和质量，而且对后续地形（地籍）资料的交换、管理、使用和建立地理信息资料库都会产生很大的影响。目前．国内开发的测图软件已经有很多，一般都是根据各自的需要、作业习惯、仪器设备、数据处理方法等设计自己的数据编码方案，还没有形成固定的标准。现阶段，可以从结构和输入方法上对数据编码进行区分，主要的编码方法有全要素编码、块结构编码、简编码、二维编码和简拼编码法。

1. 全要素编码方案

全要素编码要求对每个碎部点都进行详细的说明。通常是由若干个十进制数组成，其中每一位数字都按层次分，都具有特定的含义，有的采用五位，有的采用六位、七位、八位，甚至十一位编码。各种编码都有各自的特点，但一般都是用其中三位表示地物编码，其他是将一些不是最基本的、规律的连接及绘图信息都纳入编码。

如某一碎部点的编码为20101503，各位数字的含义如下：

第一位数字表示：地形要素分类（例如：1代表测量控制点；2代表居民地；3代表独立地物……）；

第二、第三位数字表示：地形要素次分类（居民地又分为：01代表一般房屋；02代表简单房屋；03代表特种房屋……）；

第四、第五、第六位数字（015）表示：类序号（测区内同类地物的序号）；

第七、第八位数字（03）表示：特征点序号（同一地物中特征点连接序号）。

这种编码方式的优点是各点编码具有唯一性，计算机易识别与处理，但外业直接编码输入较困难，实际测图工作中很少使用。多数测图系统采用图标菜单自动给出地形符号编码，即选定屏幕菜单绘图图标，就给定了对应的地形符号编码。

2. 块结构编码

块结构编码将整个编码分成几个部分，如点号、地形编码、连接点和连接线型四部分，分别输入。清华山维的EPSW电子平板系统就是采用这种数据编码。

在这几部分中，点号表示测量的先后顺序，用四位数字表示；连接点是记录与碎部点相连接的点号；地形编码是参考图式的分类，用三位整数将地形要素分类编码，每一个地形要素都赋予一个编码，使编码和图式符号一一对应；连接线型是记录碎部点与连接点之间的线型，用一位数字表示。

（1）地形编码。在EPSW电子平板系统中就是用三位数来表示每大类中的地形元素，第一位为类别号，共分为十大类（分别为测量控制点、居民地、工矿企业建筑物和公共设施、独立地物、道路及附属设施、管线及垣栅、水系及附属设施、境界、地貌与土质、植被）；第二、第三位为顺序号，即地物符号在每大类中的序号。例如，编码为105的地物，1为大类，即控制点类；05为图式符号中顺序为5的控制点，即导线点；106为埋石图根点，见表5-10。

表 5-10 **EPSW 中三位地形编码**

编码	名 称	编码	名 称
100	天文点	200	一般房屋
101	三角点	201	一般房屋（混凝土）
102	小三角点	202	一般房屋（砖）
103	土堆上三角点	207	简单房屋
104	土堆上小三角点	209	特殊房屋
105	导线点	…	……
106	埋石图根点		

由于 3 位编码中的第一位代表大类，每一大类中的符号编码不能多于 99 个。通过统计，符号最多的是第 7 类（水系及附属设施），超过 99 个，有 130 多个；符号最少的是第 1 类（控制点），只有 9 个。此外，测图系统中，一些特殊的线、层也需要系统编码；一些制作符号的图元及线型（虚线、点画线……）也需要设编码。因此，在实际测图软件的编码系统中，为了用三位编码概括以上需要，在上述十大分类的基础上做适当的调整，将水系及附属设施的编码分为两段：700～799；850～899。第 1 类（控制点）的编码少，就将植被放在第 1 类编码中，编码为 120～189，而将绘制符号的图元都放在 0 类。这样每个地物符号都对应一个三位地形编码。

对测量人员，使用编码的主要障碍是难记，但对数字测图及其应用来讲，不论用什么方式、方法，地物编码系统是绝对必要的，编码是计算机自动识别地物的唯一途径。为解决这一矛盾，EPSW 系统采用了“无记忆编码”输入法，即将每一个地物编码和它的图式符号及汉字说明都编写在一个图块里，形成一个图式符号编码表（分主次页），使用时，只要用鼠标或光笔选取所要的符号，其编码就自动送入测量记录中，用户无需记忆编码，随时可以查找。实际上对于一些常用的编码，像导线点 105、一般房角点 200 等，多用几次也就记熟了。

(2) 连接信息。连接信息可以分为连接点和连接线型。

当测点是独立地物时，要用地形编码来表明它的属性，如地形编码 218，即知道这个地物为蒙古包，应该用符号来表示。如果测的是一个线状或面状地物，这时需要明确本测点与哪个点相连，以什么线型相连，才能形成一个地物。如图 5-62 所示的建筑物，测点 2 需与 1 点以直线相连，3 点需与 2 点以直线相连，5 点与 4 点、4 点与 3 点则以圆弧相连（圆弧至少需测 3 个点才能绘出），5 点与 1 点以直线相连。有了点位、编码，再加上连接信息，就可以正确绘出建筑物了。

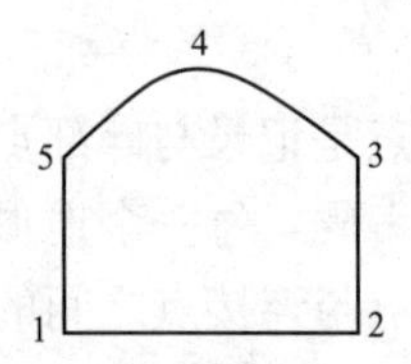

图 5-62 线型相连关系

为了便于计算机的自动识别和输入，在 EPSW 中规定：1 为直线；2 为曲线；3 为圆弧；空为独立点。连接线型只有 4 种，一般是容易区别和记忆的，有时圆弧或曲线不容易分辨，均可以曲线处理，对绘图影响不大。

3. 简编码输入方案

简编码就是在野外作业时仅输入简单的提示性编码，经内业简码识别后，自动转换为程序内部码。下面以 CASS 系统的有码作业模式为例，介绍简编码的输入方案。

CASS系统的野外操作码（也称为简码或简编码）是一个有代表性的简码输入方案，由描述实体属性的野外地物码（类别码）和一些描述连接关系的野外连接码（关系码）组成，对于独立地物，由于其只有一个定位点，因此不存在连接信息，在南方CASS系统中用专门的独立符号码来表示。其野外操作码形式简单、规律性强，无需特别记忆，并能同时采集测点的地物要素和拓扑关系；它也能够适应多人跑尺（镜）、交叉观测不同地物等复杂情况。

（1）野外地物码。野外地物码是按一定的规律设计的，不需要特别记忆。在CASS系统中，有1～3位，第一位是英文字母表示地类，大小写等价，后面是范围为0～99的数字，用以区分同类地物的细化，无意义的0可以省略。

如图5-11所示，代码F0、F1、…、F6分别表示特种房（坚固房）、普通房、一般房屋、……、简易房。F取“房”字的汉语拼音首字母，0～6表示房屋类型由“主”到“次”。另外，K0表示直折线型的陡坎，U0表示曲线型的陡坎；X1表示直折线型内部道路，Q1表示曲线型内部道路。由U、Q的外形很容易想象到曲线。对一些地物需特殊说明的野外操作码后面可以跟参数，如野外操作码不到3位，与参数间应有连接符“—”，如有3位，后面可紧跟参数，参数有控制点的点名、房屋的层数、陡坎的坎高等，如Y0-12.5表示以该点为圆心，半径为12.5m的圆。

表5-11　　类别码符号及含义

类型	符号及含义
坎类（曲）	K（U）+数（0—陡坎，1—加固陡坎，2—斜坡，3—加固斜坡，4—垄，5—陡崖，6—干沟）
线类（曲）	X（Q）+数（0—实线，1—内部道路，2—小路，3—大车路，4—建筑公路，5—地类界，6—乡、镇界，7—县、县级市界，8—地区、地级市界，9—省界线）
垣栅类	W+数（0，1—宽为0.5m的围墙，2—栅栏，3—铁丝网，4—篱笆，5—活树篱笆，6—不依比例围墙，不拟合，7—不依比例围墙，拟合）
铁路类	T+数［0—标准铁路（大比例尺），1—标（小），2—窄轨铁路（大），3—窄（小），4—轻轨铁路（大），5—轻（小），6—缆车道（大），7—缆车道（小），8—架空索道，9—过河电缆］
电力线类	D+数（0—电线塔，1—高压线，2—低压线，3—通信线）
房屋类	F+数（0—坚固房，1—普通房，2—一般房屋，3—建筑中房，4—破坏房，5—棚房，6—简易房）
管线类	G+数［0—架空（大），1—架空（小），2—地面上的，3—地下的，4—有管堤的］
植被土质	拟合边界　B+数（0—旱地，1—水稻，2—菜地，3—天然草地，4—有林地，5—行树，6—狭长灌木林，7—盐碱地，8—沙地，9—花圃）
	不拟合边界　H+数（同上）
圆形物	Y+数（0—半径，1—直径两端点，2—圆周三点）
平行体	P+［X(0～9)，Q(0～9)，K(0～6)，U(0～6)，…］
控制点	C+数（0—图根点，1—埋石图根点，2—导线点，3—小三角点，4—三角点，5—土堆上的三角点，6—土堆上的小三角点，7—天文点，8—水准点，9—界址点）

有些特殊地物的野外操作码不能直接被系统所识别，可以通过编辑系统中野外操作码定义文件JCODE.DEF，以满足自己的需要。

（2）野外连接码。关系码（也称连接关系码），共有4种符号：“+”“—”“A＄”和

“P”配合来描述测点间的连接关系。其中“＋”表示连接线依测点顺序进行；“－”表示连接线依测点相反顺序进行连接，“P”表示绘平行体；“A＄”表示断点识别符，见表5-12。

表5-12 关系码符号及含义

符号	含义	符号	含义
＋	本点与上一点相连，连线依测点顺序进行	p	本点与上一点所在地物平行
－	本点与下一点相连，连线依测点顺序相反方向进行	np	本点与上 n 点所在地物平行
n＋	本点与上 n 点相连，连线依测点顺序进行	＋A＄	断点标识符，本点与上点连
n－	本点与下 n 点相连，连线依测点顺序相反方向进行	－A＄	断点标识符，本点与下点连

（3）独立符号码。对于只有一个定位点的独立地物，用A××表示，如A14表示水井，A70表示路灯等（见表5-13），数据采集时现场对照实地输入野外操作码（见图5-63）。

表5-13 独立符号码及含义

符号类别	编码及符号名称				
水系设施	A00 水文站	A01 停泊场	A02 航行灯塔	A03 航行灯桩	A04 航行灯船
	A05 左航行浮标	A06 右航行浮标	A07 系船浮筒	A08 急流	A09 过江管线标
	A10 信号标	A11 露出的沉船	A12 淹没的沉船	A13 泉	A14 水井
居民地	A16 学校	A17 废气池	A18 卫生所	A19 地上窑洞	A20 电视发射塔
	A21 地下窑洞	A22 窑	A23 蒙古包		
公共设施	A68 加油站	A69 气象站	A70 路灯	A71 照射灯	A72 喷水池
	A73 垃圾台	A74 旗杆	A75 亭	A76 岗亭、岗楼	A77 钟楼、鼓楼、城楼
	A78 水塔	A79 水塔烟囱	A80 环保监测点	A81 粮仓	A82 风车
	A83 水磨房、水车	A84 避雷针	A85 抽水机站	A86 地下建筑物天窗	
……	……				

4. 二维编码方案

现有的规范所规定的地形图要素代码只能满足制图的需要，不能完全满足GIS图形分析的需要。因此，有些测图系统在既有规范规定的地形要素代码的基础上进行了扩充，以反映图形的框架线、轴线、骨架线、标识点（Label点）等。

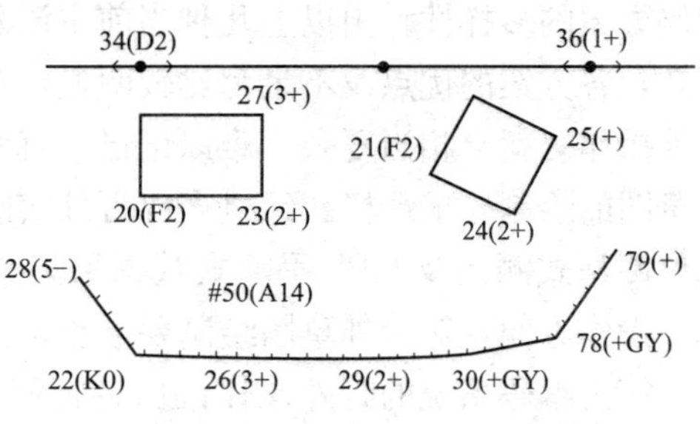

图 5－63　野外实地对照操作码

二维编码（也称主附编码）对地形要素进行了更详细的描述，一般由 6～7 位代码组成。下面以广州开思公司的 SCS 2000G 多用途数字化测绘系统为例，介绍二维编码方案。

SCS 2000G 系统的二维编码由五位主编码和两位附编码组成，主编码前四位为 GB 14804—1993《1∶500　1∶1000　1∶2000 地形图要素分类与代码》规定的地形要素代码，不足四位的用“0”补齐为整形码，主编码的后一位代码为在 GB 14804—1993 的基础上细分类的代码，无细分类时用“0”补齐，附编码为景观、图形数据分类代码。

二维编码具体定义如下：

(1) 中间注有不依比例尺独立符号的依比例尺地物，其独立符号用“主编码＋00”表示，范围边界用“主编码＋01”表示。

(2) 有辅助设施的复杂符号，其特征定位线的编码为“主编码＋00”，辅助设施符号编码为“主编码＋02”。

(3) 有辅助描述符的复杂符号，其特征定位线的编码为“主编码＋00”，辅助描述符编码为“主编码＋03”。

(4) 表示某地物方向的箭头符号（如水流方向），其编码为“相应需表示方向的地物的主编码＋04”。

(5) GIS 作网络分析，表示地物连通性的“双向轴线”（如道路准中心线）的编码为“轴线所描述地物的主编码＋05”；表示地物连通性的“单向轴线”（如单行道的准中心线）的编码为“轴线所描述地物的主编码＋06”。

(6) Label 点（标识点）均以一点在相应多边形区域中标示，其编码为“所描述多边形的主编码＋ 07”；Label 点标示的多边形将自动提取至 Label 层（原多边形不变），其编码与 Label 点一致（其区别为：一个是点符，一个是线或面符）。

(7) 描述非封闭性面状地物的外形特征（骨架线），程序生成该地物的框架线的编码为“描述对象的主编码＋08”。

(8) 这些线状符号本身不能描述其特征线，程序将生成该符号的骨架线，骨架线的编码为“骨架线描述的地物的主编码＋09”，符号本身视为辅助描述符。

(9) 有直接用线型描述的符号（该线即为符号的骨架线），其编码为“主编码＋00”。

(10) 有用点描述的符号（独立地物）编码为“主编码＋00”。

(11) 文字注记的编码为“该文字说明的符号的主编码＋99”。

(12) 框架线、轴线、骨架线、Label 点分别为一个图层管理。

二维编码方案没有包含连接信息，连接信息码由绘图操作顺序反映。二维编码数位多，观测员很难记住这些编码，故 SCS 2000G 测图系统的电子平板采用无码作业。测图时对照实地现场利用屏幕菜单和绘图专用工具或用鼠标提取地物属性编码，绘制图形。

5. 简拼编码法

野外地物信息的复杂性也决定了当前测绘生产单位所使用的全野外数字成图软件中数据

编码方案的多样性。由以上几种当前主流测图软件中所使用的数据编码方案进行对比分析后可知，各方案的优点及不足都比较明显，有的编码偏重地物特征的描述以方便内业制图，但野外操作码就会相当复杂，难以记忆；有的地物编码方法输入简单，操作方便，但是对于野外草图的绘制要求严格。经过多年野外实践和总结，现在很多测绘单位提出了一套适用于全站仪测站式测图及GPS手簿式数据采集的全新数据编码方案—简拼编码法，其编码原理简单、操作方便，对野外草图绘制要求也很低，在实践中极大地提高了测图效率。

简拼编码系统的野外操作码由特征码、类别码、序列号和描述符的全部或者部分组成(见表5-14)。下面将详细介绍各部分代码的意义及具体编码方式：

表5-14　各类地物要素简拼编码结构表

地物符号类型	类别码	序列号	地物简拼编码：描述符及其组合顺序 X P L T Z(Y) H	地物简拼编码：特征码
无向点状独立符号	有			
有向点状、两定位点	有	有	T	
点定位符号　另一点	有	有		
无向线状符　起始点	有	有	(L)　T	
号、面状填充中间点	有	有	(L)	
符号范围线　结束点	有	有	(L)　(H)	(Q、Y)
有　单线　起始点	有	有	(L)　T　Z (Y)	
向　固定　中间点	有	有	(L)	
线　线型　结束点	有	有	(L)　(H)	(Q、Y)
状　主线			同单线固定线型	
符　双平　平	起始点	有　有	P (L)　T　Z (Y)	
号　行线　行	中间点	有　有	P (L)	
符号	结束点	有　有	P (L)	
有辅　主	起始点	有　有	(L)　T　Z (Y)	
助线　线	中间点	有　有	(L)	
符号	结束点	有　有	(L)　(H)	(Q、Y)
辅	起始点	有　有	X (L)　T	
助	中间点	有　有	X (L)	
线	结束点	有　有	X (L)　(H)	(Q、Y)
块状结构类符号		有　有	L	
特殊符号		有　有	L	
多地物共用点		一种地物的数据编码＋另一种地物的数据编码＋……		

(1) 特征码，也称地物特征码。是指用来描述表示地物形体特征的实体的代码。如点状独立体用符号“K”表示，“K”的字面意思是“块”，含义是图块，表示绘该类地物符号时只要在地形图上插入符号库中的相应图块即可快速生成符号；直线体用符号“Z”表示，“Z”的字面意思是“直”，含义是绘制符号的主线是直线线型，一般是可缺省不用；类似的曲线体用符号“Q”表示；圆弧用符号“Y”表示。该特征码将地物从形体特征上区分开来同时对地物符号的绘制方法和采用的线型也清楚的表示出来了。

(2) 类别码，即地物类别码。其编码方法如下：采用 GB/T 20257.1—2007 中的符号名称列的地物符号名称，当一种地物符号名称前有较长描述性的文字时，摘取主要文字重新组成地物符号简略名称。地物符号的简称，即日常惯用的地物符号名称，并拼出地物符号名称中每个汉字的汉语拼音的首字母，即组成地物类别码。例如：土堆上的三角点可以简称为土堆三角点，汉语拼音为：Tu Dui SanJiao Dian，提取每个汉字汉语拼音的首字母后为"TDSJD"，"TDSJD"即为土堆上的三角点的类别码。已加固的陡坎，其类别码是"JGK"等。类别码的长度视地物符号名称而定，经总体统计得出类别码的平均码长为3～4位之间，可谓方便简洁。

(3) 序列号。是指同一种类的地物在该种类地物集合体中的排列序号，采用数值表示。数据采集时一般由1开始从小到大计数，步值为1。由序列号的最大值就可以知道所采集的该类地物的总数。

(4) 描述符。是指对组成地物的碎部点的位置关系和连接关系、有方向地物的方向、平行线体的平行线进行描述的单个字符符号。"T"代表"头"，意思是此点为连线的开头点，即始点；"Z"代表"左"，意思是以此点为始点连线，在线的左边生成附属符号；"Y"代表"右"。"Z"和"Y"用在符号的起始点上。"P"的字面意思是"平"，含义是用相同的平行线绘制符号；"X"代表"下"，意思是生成符号所用的辅助线点；"H"代表"合"，意思是线状符号首尾相连形成闭合，该描述符用在符号的结束点上；"L"代表"连"，意思是地物数据点之间依据数据点点号的从小到大或从大到小的排列规律可以相互连接成线，此描述符只有在线性地物较复杂时使用。多个描述符可以组合使用，如"XT"可表示辅助线的始点。

地物要素的类别确定后，根据八个子类所具有的独特地物要素特征，就可以按照上面所描述的编码规则，对每一类地物要素分别进行具体的编码操作了。

由表5-14可知，各个描述符和特征码的使用具有一定的规则，根据地物的需要而组合使用，最大限度地减少了每个地物点的码长，确保野外输入的方便高效。该种编码简单易记，数据关系明确、清晰，野外输入灵活，极大地减少了野外因查询、输入编码而导致增加的工作量。

图5-64所示为利用简拼编码法数据文件自动生成的地形图样图。图上注记，如"25，XP3XT"，其中25为测点编号，"XP3XT"为该点的简码。此代码对应的含义为："XP"为"斜坡"；"3"为所测同类斜坡序号；后面一位"X"表示"下"，代表辅助线点，"T"表示"头"，代表要素起始点，连在一起表示"辅助线始点"。

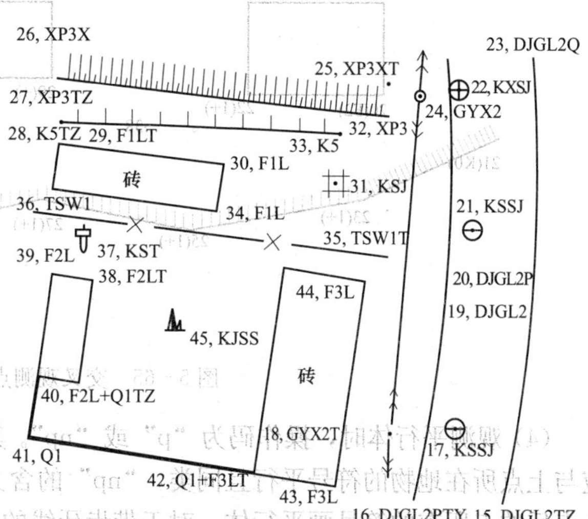

图5-64 利用简拼编码法数据文件自动生成的地形图样图

5.5.2 图形信息码的输入

图形信息码输入是数字测图数据采集的一项重要工作，如果只有碎部点的坐标和高程，计算机处理时无法识别碎部点是哪一种地形要素及碎部点之间的连接关系。因此，要将测量的碎部点生成数字地图，就必须给碎部点记录输入图形信息码。图形信息码输入方式有两种：有码输入方式和无码输入方式。

1. 有码输入方式

有码输入方式就是在野外采集数据过程中直接输入编码，以便自动绘图。不同的测图系统，输入的方式不尽相同。

以南方 CASS 系统的简码输入为例：当地物比较规整时，可以采用“简码法”模式，即在采集数据时，在输入点号的同时，输入野外操作码（简码），连同坐标数据一并存入全站仪的内存中，回到室内后，将数据输入计算机即可自动成图。

2. 无码输入方式

无码输入方式就是在野外采集数据时，不输入编码，而是通过一些快捷键和菜单的操作，或根据现场绘制的草图编制“编码引导文件”，由测图系统自动给出测点的数据编码。

CASS 系统的测记法测图，在当地物比较凌乱时，使用野外操作码也是采用无码输入方式，即数据采集时，现场绘制草图，室内用编码引导文件或用测点点号定位方法进行成图。

5.5.3 编码法野外数据采集

在野外数据采集的工作方式中，“编码法”与“草图法”在野外测量时的不同是：每测一个地物点时，都要在电子手簿或全站仪上输入地物的简编码，简编码一般由一个字母和一或两位数字组成；“编码法”与“草图法”在内业成图时的不同是：带简编码格式的坐标数据文件可以自动成图。其操作码的具体构成规则如下：

(1) 对于地物的第一点，操作码＝地物代码。

(2) 连续观测某一地物时，操作码为“＋”或“－”（见图 5－65）。

(3) 交叉观测不同地物时，操作码为“n＋”或“n－”。其中 n 表示该点应与以上 n 个点前面的点相连（n＝当前点号－连接点号－1，即跳点数）；还可用“＋A＄”或“－A＄”标识断点，表示本点与上点或下点相连。

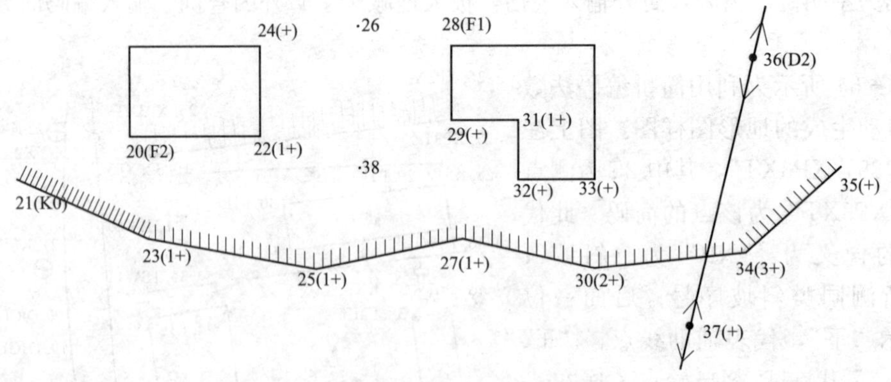

图 5－65 交叉观测点的操作码

(4) 观测平行体时，操作码为“p”或“np”。其中，“p”的含义为通过该点所画的符号应与上点所在地物的符号平行且同类，“np”的含义为通过该点所画的符号应与以上跳过 n 个点后的点所在的符号画平行体，对于带齿牙线的坎类符号，将会自动识别是堤还是沟。若上点或跳过 n 个点后的点所在的符号不为坎类或线类，系统将会自动搜索已测过的坎类或线类符号的点。因而，用于绘平行体的点，可在平行体的一“边”未测完时测对面点，也可在测完后接着测对面的点，还可在加测其他地物点之后测平行体的对面点，如图 5－66 所示。

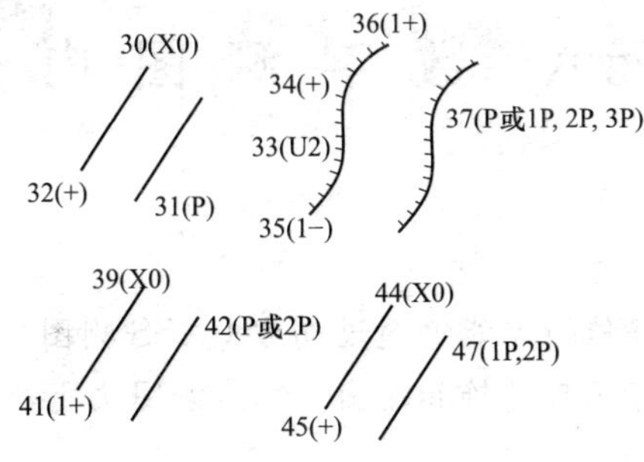

图 5－66 平行体观测点的操作码

（5）若要对同一点赋予两类代码信息，应重测一次或重新生成一个点，分别赋予不同的代码。

习 题

1. 实际生产工作中，常用的图根控制测量方法有哪几种，测站测定时分别有什么要求？
2. 常用的碎部测量方法有哪些？在 CASS 中如何实现其操作？
3. 简述全站仪野外数据采集操作步骤。
4. 各类地物特征点选取时各有什么要求？
5. 简述 RTK 测量系统的构成及常规 RTK 野外测量工作流程。
6. 数据采集时为什么要输入编码？使用简码输入方案，有哪些优缺点？
7. 南方 CASS 测图系统中野外操作码（简码）是如何规定的？

单元六　数字测图内业

学习目标

能够用全站仪进行数据传输，能够通过南方CASS测图软件绘制地形图和地籍图，并且在绘制完成后能够进行正确整饰和输出。熟悉绘图快捷命令和快速绘图技巧，掌握简单线型和符号的绘制方法。

6.1 数据传输

数字测图的数据传输是指将全站仪与GPS接收机内存或电子手簿中的数据传输至计算机的过程。数据传输前，需要将测量仪器与计算机相连接，需要在测量仪器上进行各种设置，使其与计算机相匹配，还需要将测量仪器上的数据格式转换成相应的绘图软件要求的格式。本节以拓普康全站仪数据传输为例进行介绍。

6.1.1 通信参数

1. 波特率

波特率表示数据传输速度的快慢，指每秒钟传输的数据位数，通常用位/秒（b/s）表示。例如，某设备的数据传输速度为480个字符，每个字符包括10位（起始位1位，数据位7位，检验位1位，停止位1位），所以其波特率为4800b/s。常见的波特率有300、600、1200、1800、2400、4800、9600、19 200b/s等，全站仪数据传输的波特率多采用1200b/s以上。

2. 数据位

数据位指单向数据传输的位数，一般为7～8位。

3. 校验位

校验位，又叫做奇偶校验位，它位居于数据位7～8位之后，为一个二进制位，以便在接收单元检核传输的数据是否有误。通常校验位有5种方式：NONE（无检验）、EVEN（偶检验）、ODD（奇检验）、MARK（标记校验）、SPACE（空号校验）。

在全站仪的通信中，一般采用前三种校验方式，占一位，用N、E或O表示（分别代表NONE、ENEN、ODD）。

4. 停止位

停止位是在校验位之后再设置的一位或二位二进制位，用以表示传输字符的结束。有些全站仪还规定了发送与接收端的应答信息。接收端没有发出请求发送的信息，接收端不会接收全站仪发送的数据，这样就能够确保数据传输的正确性和完整性。

6.1.2 坐标数据文件

南方CASS测图软件采用的坐标数据文件，扩展名是“.DAT”，其文件名可由用户自定义，其格式为：

1点点名，1点编码，Y（东）坐标，X（北）坐标，高程
2点点名，2点编码，Y（东）坐标，X（北）坐标，高程
……
N点点名，N点编码，Y（东）坐标，X（北）坐标，高程

这里应注意X、Y、Z坐标的排列顺序，以及“,”分隔符的使用。DAT文件可以用记事本打开和编辑。需要说明的是，上述数据文件中的编码可以没有，但是文件中的编码位置仍要保留，一般用两个“,”号隔开，“,”必须是在英文半角状态输入才有效。

另外，还可利用Word与Excel等Office软件对原始测量数据文件进行编辑和处理。如在Word中利用“表格”下拉菜单中的“文本和表格相互转换”的命令将DAT文件转换为表格，以方便进行整行或整列的编辑处理。不论是在使用测图软件的展点功能，还是在生成等高线前对不能代表地面高程的碎部点进行剔除，都会很频繁地使用到此类技巧。

6.1.3 数据通信

使用数据线将全站仪和计算机连接起来，开启拓普康全站仪电源，并运行计算机中的南方CASS测图软件。

在全站仪MENU主菜单中调用“存储管理”子菜单下“数据通信”选项，点击“通信参数”将出现如表6-1所示的各类参数，设置好与计算机通信软件相一致的通信参数、选择要发送的测量数据类型、选择要发送的数据文件后等待按键发送（见图6-1）。

表6-1 通信参数

项目	可选参数	内容
F1：协议	[ACK/NAK]，[无]	设置联络方式 [认可/否认]有联络或[单向]无联络传送方式
F2：波特率	1200，2400，4800 9400，19 200，38 400	设置传送速度 1200，2400，4800，9600，19 200，38 400波特率
F3：字符/校验	[7/偶校验][7/奇校验][8/无校验]	设置数据位与奇偶校验位[7/位/偶校]，[7位/奇校验]，[8位/无校验]
F4：停止位	1，2	设置停止位1位或2位

全站仪设置完成后，还需要在CASS测图软件中设置通信参数，在“数据”下拉菜单中选取“读取全站仪数据”，将弹出全站仪内存数据转换对话框，如图6-2所示。

在此对话框中选择仪器、设置通信口、波特率、检验、数据位、停止位、超时、临时通信文件、CASS坐标文件后，点击“转换”（先在全站仪上回车发送数据），即可将全站仪上的坐标数据文件传输到计算机中。

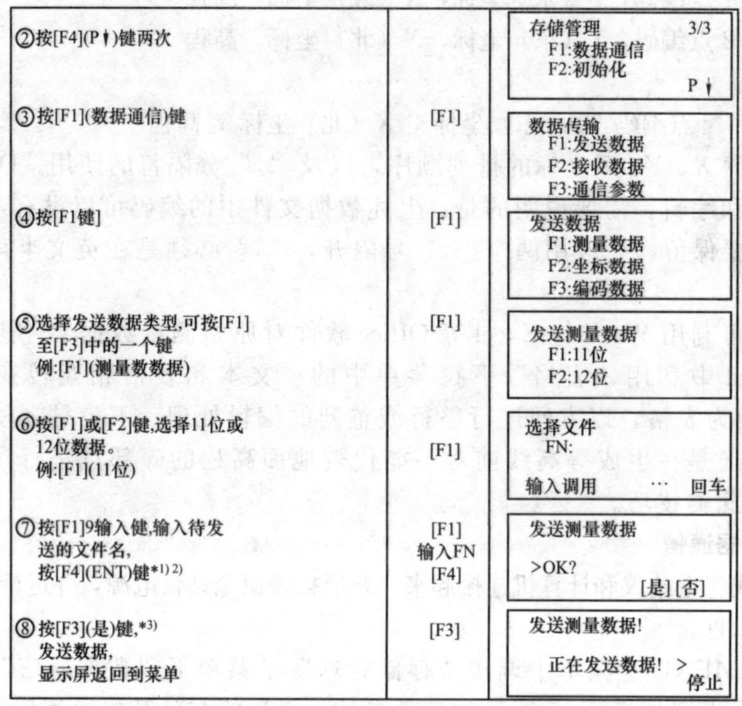

操作过程	操作	显示
②按[F4](P↓)键两次		存储管理 3/3 F1:数据通信 F2:初始化 P↓
③按[F1](数据通信)键	[F1]	数据传输 F1:发送数据 F2:接收数据 F3:通信参数
④按[F1键]	[F1]	发送数据 F1:测量数据 F2:坐标数据 F3:编码数据
⑤选择发送数据类型,可按[F1]至[F3]中的一个键 例:[F1](测量数数据)	[F1]	发送测量数据 F1:11位 F2:12位
⑥按[F1]或[F2]键,选择11位或12位数据。 例:[F1](11位)	[F1]	选择文件 FN: 输入调用 … 回车
⑦按[F1]9输入键,输入待发送的文件名, 按[F4](ENT)键*1) 2)	[F1] 输入FN [F4]	发送测量数据 >OK? [是] [否]
⑧按[F3](是)键,*3) 发送数据, 显示屏返回到菜单	[F3]	发送测量数据! 正在发送数据! > 停止

图 6-1　全站仪发送测量数据流程图

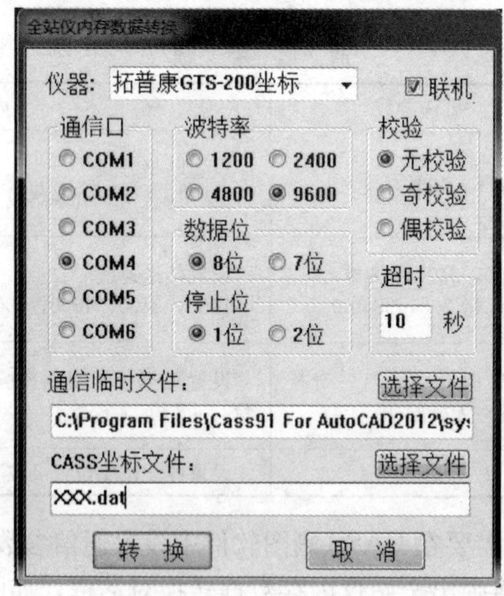

图 6-2　软件通信参数

6.2　数字测图软件平台

数字测图软件众多，国内使用的许多软件基本是基于CAD平台二次开发的软件，许多软件界面比较类似，基本功能相似，用得比较多的还是南方测绘公司出品的CASS地形地籍成图软件和清华山维测图软件。

6.2.1　南方 CASS 测图软件

CASS 地形地籍成图软件是基于 Auto CAD 平台技术的数字化测绘数据采集系统，广泛应用于地形成图、地籍成图、工程测量应用三大领域，且全面面向 GIS，彻底打通数字化成图系统与 GIS 接口，使用骨架线实时编辑、简码用户化、GIS 无缝接口等先进技术。CASS 测图软件现已经成为我国用户量大、升级快的主流成图系统之一。其主要功能：

(1) 绘制数字化地形图。

(2) 绘制数字化地籍图。

(3) 基本几何要素的查询、土方量的计算、断面图的绘制、公路曲线设计、面积应用，以及如何进行图数转换等工程应用。

6.2.2　清华山维测图软件

清华山维测图软件是北京清华山维新技术开发有限公司开发的软件，早在 1994 年，该公司与清华大学合作，首创了“电子平板”测图新概念，开发了数字测绘软件 EPSW。清华山维 EPS 系列软件多种多样，其中的 EPSW 全息测绘系统是面向地形、地籍、房产、管网、道路、航道、林业等多行业的数据测绘与管理系统。系统功能如下：

(1) 采集模式。全站仪记录，内业展绘；掌上机测图，内业编辑；电子平板作业，内外业一体化成图。

(2) 存储内容。包括图形、图像、属性和模板等。

(3) 处理功能。包括编辑、标注、拓扑和自动化符号等。

(4) 显示功能。包括分层、分类和分比例显示、平滑、缩放和漫游等。

(5) 出图功能。地形、数字高程模型、土方计算图表和纵横断面图等。

(6) 出表功能。统计表、坐标表及用户可自定义报表。

(7) 输入输出功能。交换格式包括 DXF、MDB、EXF、COR/NOT 等。

6.3　数字地形图绘制

外业采集的坐标和编码数据通过数据传输到计算机后即可进行地物及地貌符号的绘制工作。内业绘图是一个细致繁杂，需要耐心的工作。具体步骤有绘图准备、展点、绘图、等高线生成、地图整饰与成图输出等。

6.3.1　绘图准备

绘图准备的任务是设置好绘图工作环境，CASS 程序在打开后就已经加载预置好全部的图层、线型和文字等通用环境，用户在使用时还需要根据绘图类别和自身的绘图喜好进行适当调整。绘图准备工作包括设置好绘图环境、定显示区和选择定位模式等。

1. 设置绘图环境

绘图前需要设置好绘图环境，包括 CAD 选项面板设置、CASS 绘图参数设置、快捷键设定和绘图单位设置等。

(1) 设置 CAD 选项面板。命令行输入“OPTIONS”或从“文件”下拉菜单中选择“Auto CAD 系统配置”，将弹出如图 6-3 所示的对话框，在显示、打开和保存、系统、用户系统配置、绘图、选择集等选项中设置好适合自身的绘图参数或选项，如调整好自己习惯的背景颜色、命令行字体大小和颜色、自动保存时间、右键敲击模式、插入单位、捕捉与靶框大小和设置、夹点选项和选择集模式等。

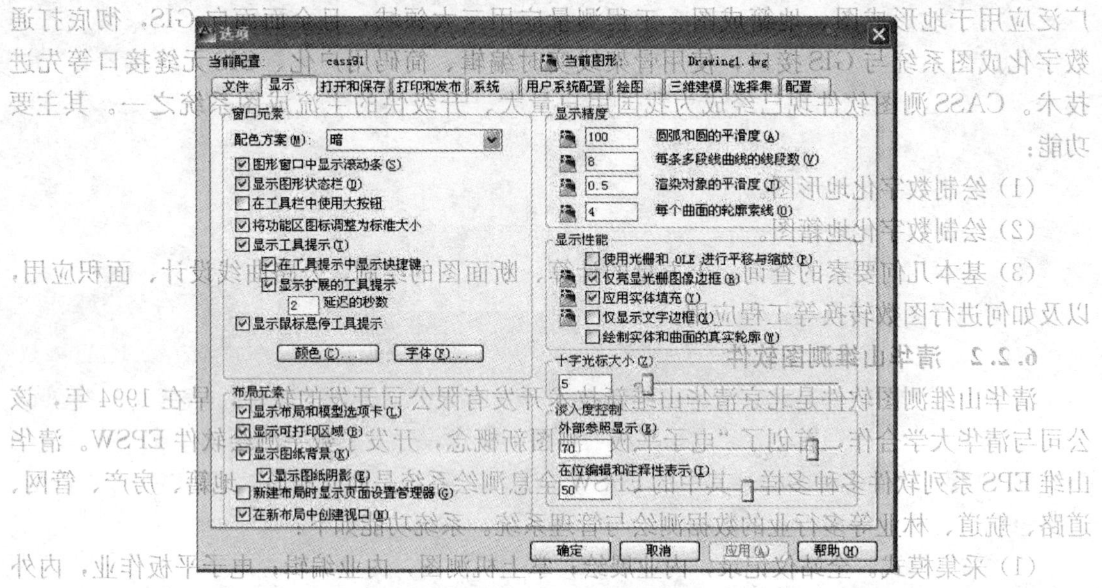

图 6-3　OPTIONS 选项面板

(2) 设置 CASS 绘图参数。从“文件”下拉菜单中选择“CASS 参数配置”，在弹出的“CASS 9.1 综合设置”对话框（见图 6-4）中，根据需绘制的图形类别设置好相应的参数。

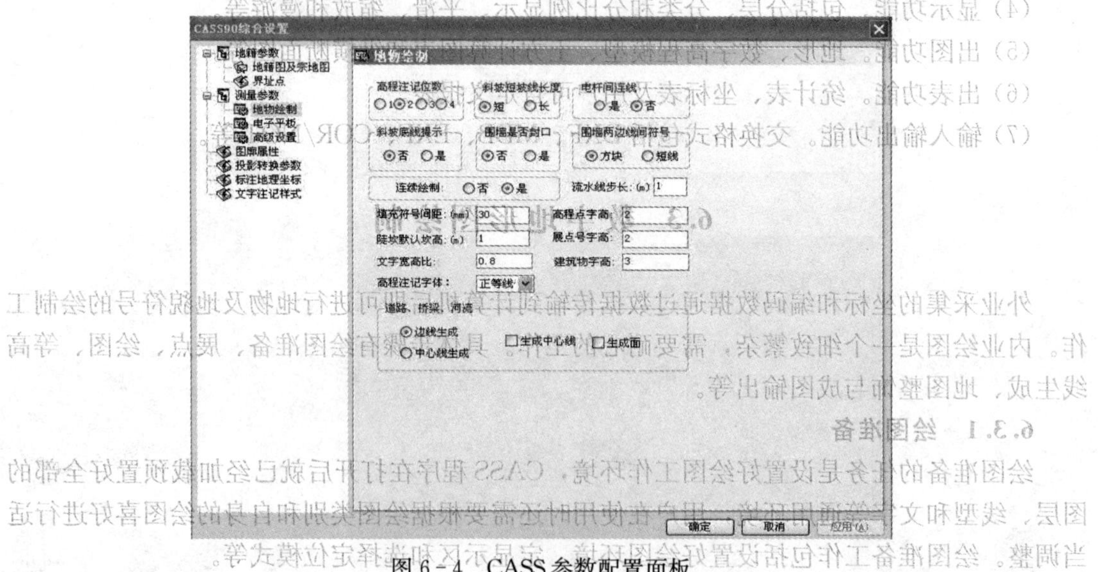

图 6-4　CASS 参数配置面板

(3) 快捷键设定。绘图开始前，也可以自定义自己习惯的快捷命令。CASS 中调用方法是从“文件”下拉菜单中选择“CASS 快捷键配置”即弹出如图 6-5 的“快捷命令设置”对话框。在该对话框中可随意更新、添加或删除快捷键，并保存到软件安装 SYSTEM 文件夹下的 PNG 配置文件中。

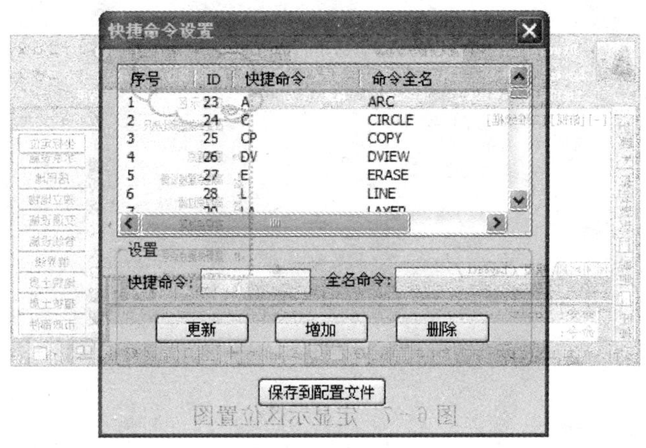

图 6-5　快捷命令设置

(4) 设置图形单位。可使用“units”命令对图形单位进行设置，如图 6-6 所示。

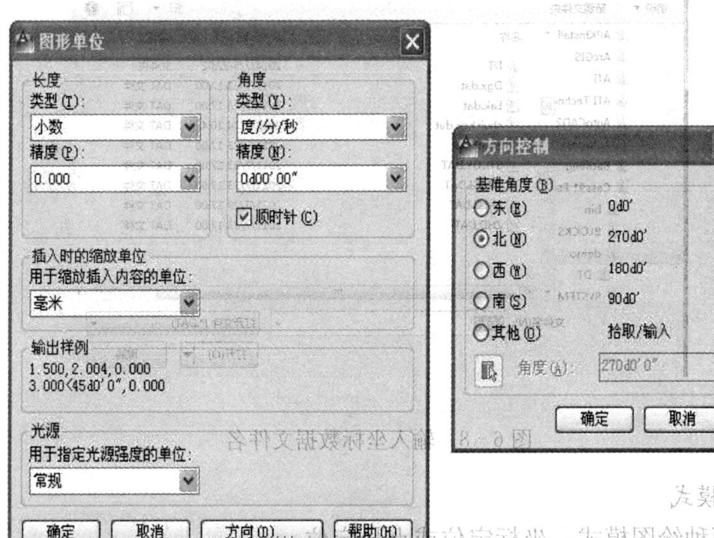

图 6-6　图形单位设置

2. **定显示区**

定显示区就是通过坐标数据文件中的最大、最小坐标定出屏幕窗口的显示范围。相当于CAD的 limits 命令。

进入 CASS9.1 主界面，单击“绘图处理”项，即出现如图 6-7 所示的下拉菜单。然后移至“定显示区”项，使之以高亮显示，按左键，即出现一个对话窗，如图 6-8 所示。这时，选择 CASS 软件安装路径下的 DEMO 文件夹中的 STUDY.DAT，再移动鼠标至“打开(O)”处，按左键。这时，命令区显示：

最小坐标 (m)：X=31 056.221，Y=53 097.691；

最大坐标 (m)：X=31 237.455，Y=53 286.090。

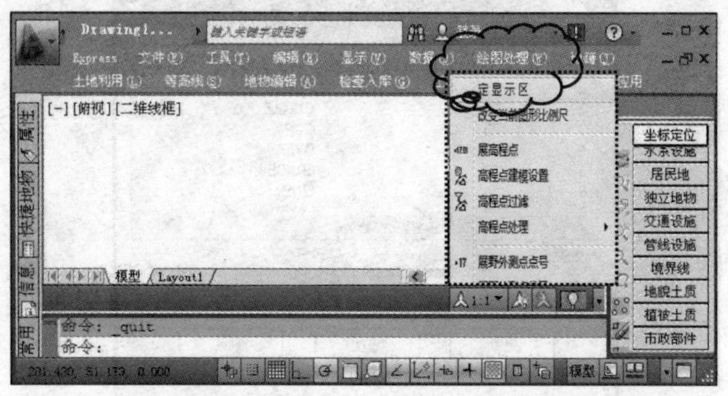

图 6-7 定显示区位置图

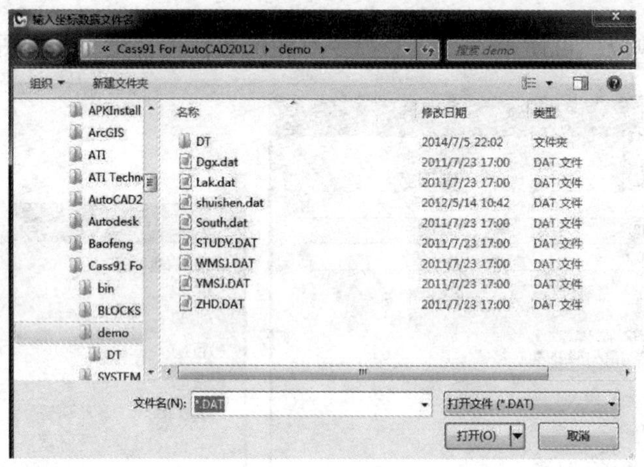

图 6-8 输入坐标数据文件名

3. 选择定位模式

CASS 提供两种绘图模式：坐标定位或点号定位。

(1) 坐标定位。打开 CASS 软件即进入坐标定位模式，展点后需要打开节点捕捉模式，根据捕捉光标提示，使用鼠标点击相应的坐标点位绘图。捕捉模式一般选择节点和端点捕捉即可（见图 6-9），因为如果捕捉模式勾选过多，将可能相互干扰进而捕捉错误，影响定位精度。捕捉模式使用灵活，在绘图中可随时根据需要调整。

捕捉模式的选择可以右击命令行下方的状态栏中的▣按钮，在弹出的工具栏中点选，也可以选择“设置”子选项，在弹出的草图设置对话框中设置。

(2) 点号定位。移动鼠标至屏幕右侧菜单区之“坐标定位”项（见图 6-10），按左键，即出现图 6-11 所示的对话框。输入点号坐标数据文件名 C:\CASS9.1\DEMO\STUDY.DAT（具体 STUDY.DAT 根据安装 CASS 位置而定）后，命令区提示：读点完成！共读入 106 个点。

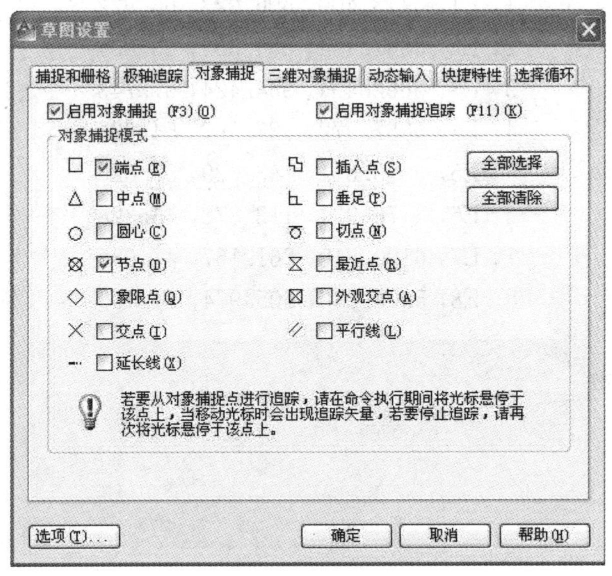

图 6-9　捕捉设置

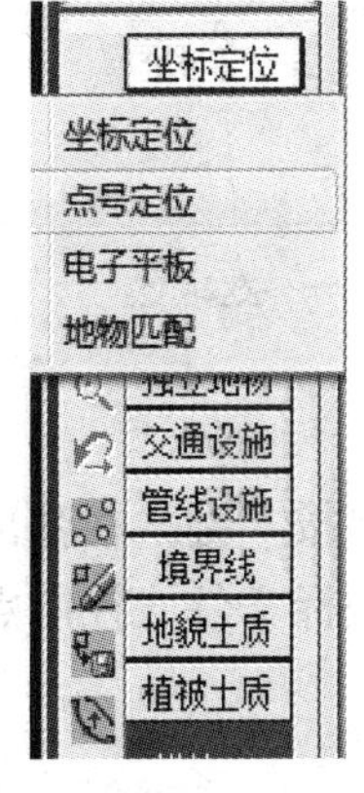

图 6-10　点号定位位置

图 6-11　选择点号对应的坐标点数据文件名

点号定位模式需要手工在命令行中输入点号，计算机自动连线。输入需注意点号不能输错，点号的位数越少越有利于输入，多位数点号的输入无疑会增加错误几率并对绘图速度有一定的影响。

6.3.2　展点

CASS测图软件提供了多种展点功能，如展高程点、展野外测点点号和代码、展野外测点点位和展控制点等。一般习惯在绘制地物前先将各级控制点展绘出来，以作为后续绘图定位参照，这样可以及时发现采集坐标有无错误。

1. 展控制点

展绘出各等级控制点前，应先编辑好控制点的坐标文件。控制点文件格式如下：

点号，控制点等级名称和编号，东方向坐标，北方向坐标，高程。

例如：某地区GPS控制点坐标文件如下所示，其对应GPS控制网图见图 6-12。

1，E1，5413.400，606.023，63.922

2，E2，5681.464，584.334，63.054

3，E3，5662.404，354.424，67.743

4，E4，5882.972，327.567，54.625

5，E5，5863.611，143.629，57.026

6，E6，6176.934，113.872，46.328

7，E7，6190.610，261.167，47.688

8，E8，5904.230，605.974，64.400

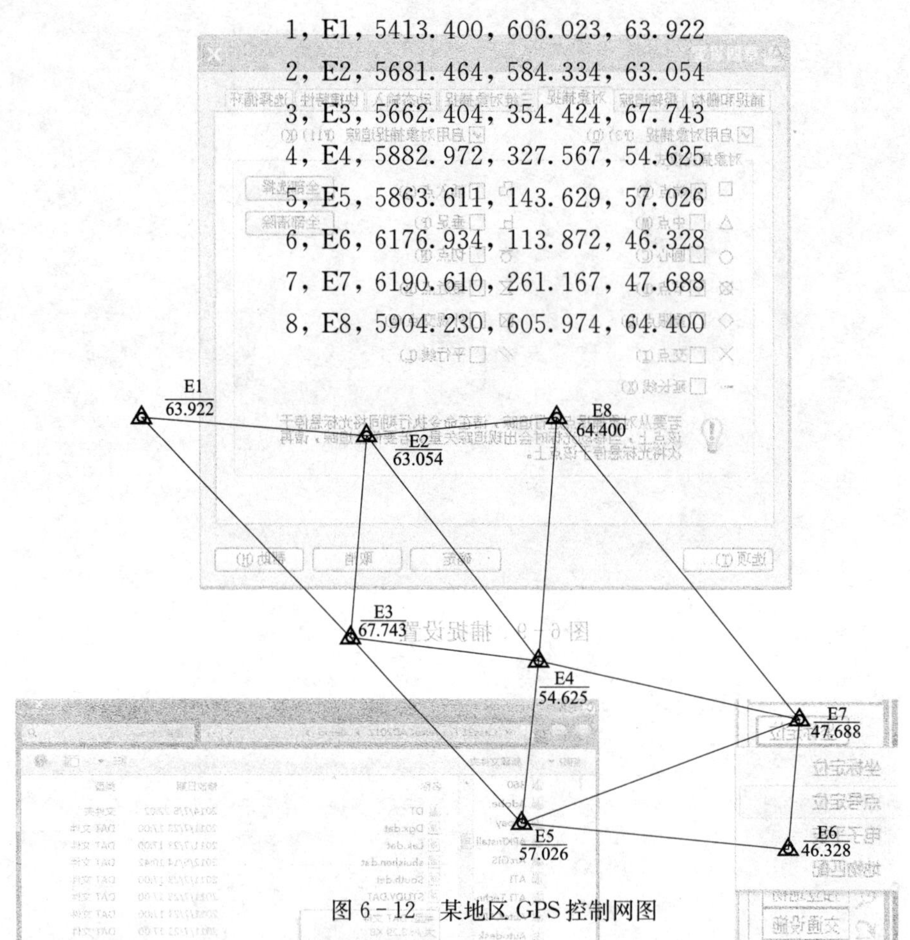

图 6-12　某地区 GPS 控制网图

展绘控制点方法：移动鼠标至屏幕的顶部菜单“绘图处理”项按左键，在弹出下拉菜单中选择“展控制点”项，在弹出的对话框中，选择对应的控制点坐标文件、控制点类型后点击“确定”即可，见图 6-13。

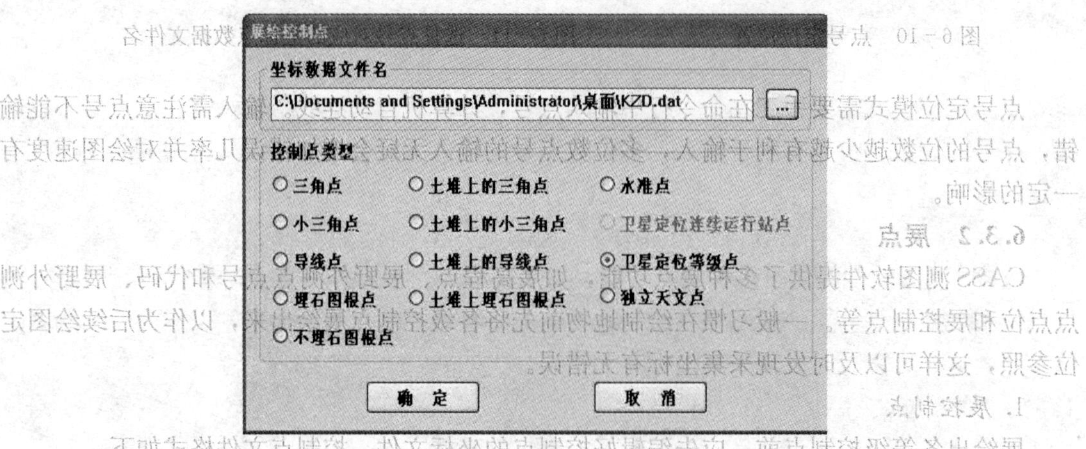

图 6-13　控制点展绘对话框

2. 展野外测点点号

先移动鼠标至屏幕的顶部菜单“绘图处理”项按左键，这时系统弹出一个下拉菜单。再移动鼠标选择“绘图处理”下的“展野外测点点号”项（见图 6－14），在坐标数据文件选择框中选择安装盘下 CASS 测图软件文件夹下的 DEMO 文件夹中 STUDY. DAT 文件。

图 6－14 右侧云形图案所圈即为“展野外测点点号”项，左侧为展出点号和点位所在图层“ZDH”，中间图区即为 STUDY. DAT 文件展点后的图形。

图 6－14　展野外测点点号

3. 展野外测点代码

例如，某小组作业时，采用编码如图 6－15（a）所示。在绘图中需要将编码标识展出，可选择 CASS“绘图处理”下拉菜单中的“展野外测点代码”选项，展出的图如图 6－15（b）所示。

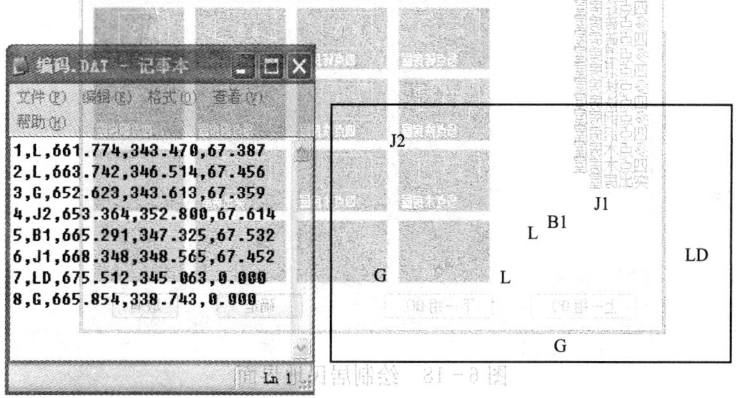

图 6－15　带编码的坐标文件和展点图

4. 展高程点

选择 CASS 测图软件“绘图处理”下拉菜单中的“展高程点”选项，弹出如图 6－16 所示的对话框，选择对应文件后，根据命令行提示操作即可。

高程展点前，一般需要编辑原始坐标采点文件，如剔除掉一些与高程无关的地物点坐标。展出高程点后，可根据需要对高程点进行个别编辑处理，如图 6－17 所示。

图 6-16 坐标选择对话框

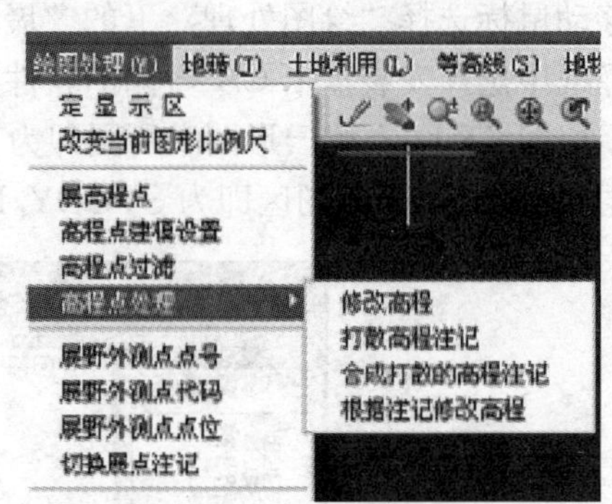

图 6-17 高程处理选项

6.3.3 绘制地形图

1. 绘制居民地

参照 CASS 安装软件自带的 STUDY.DAT 坐标数据文件，使用 CASS 软件绘制一栋多点房屋。点击 CASS 软件右侧地物绘制菜单中的“居民地”选项，弹出居民地界面，选择房屋类型后点击“确定”，依命令行提示进行操作。

选择右侧屏幕菜单的“居民地/一般房屋”选项，弹出如图 6-18 所示的界面。

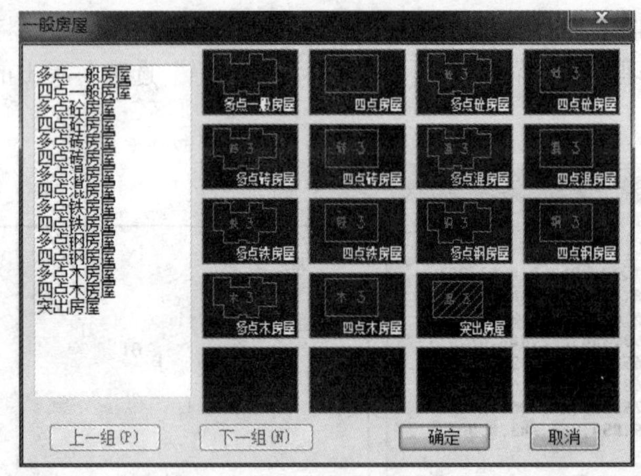

图 6-18 绘制居民地界面

先用鼠标左键选择“多点砼房屋”，再点击“OK”按钮。

命令区提示：

第一点：点 P/<点号>输入 49，回车。

指定点：点 P/<点号>输入 50，回车。

闭合 *C*/隔一闭合 *G*/隔一点 *J*/微导线 *A*/曲线 *Q*/边长交会 *B*/回退 *U*/点 *P*/<点号>输入 51，回车。

闭合 *C*/隔一闭合 *G*/隔一点 *J*/微导线 *A*/曲线 *Q*/边长交会 *B*/回退 *U*/点 *P*/<点号>输

入 J，回车。

点 P/<点号>输入 52，回车。

闭合 C/隔一闭合 G/隔一点 J/微导线 A/曲线 Q/边长交会 B/回退 U/点 P/<点号>输入 53，回车。

闭合 C/隔一闭合 G/隔一点 J/微导线 A/曲线 Q/边长交会 B/回退 U/点 P/<点号>输入 C，回车。

绘好的居民地图形见图 6-19。

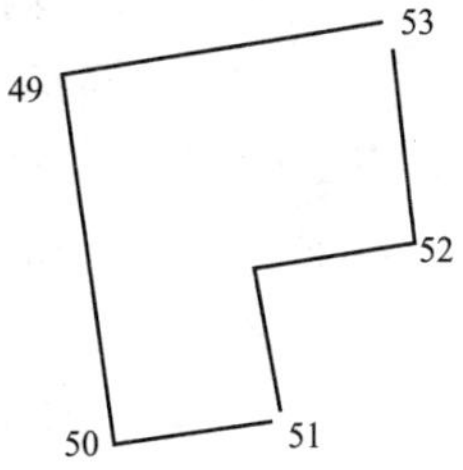

再绘制一幅 2 层的多点砼房，使用点号 60、61、62、63、64、65。

Command：dd

输入地物编码：<141111>141111

第一点：点 P/<点号>输入 60，回车。

指定点：点 P/<点号>输入 61，回车。

闭合 C/隔一闭合 G/隔一点 J/微导线 A/曲线 Q/边长交会 B/回退 U/点 P/<点号>输入 62，回车。

闭合 C/隔一闭合 G/隔一点 J/微导线 A/曲线 Q/边长交会 B/回退 U/点 P/<点号>输入 a，回车。

图 6-19　绘制一般房屋示意

微导线 - 键盘输入角度（K）/<指定方向点（只确定平行和垂直方向）>用鼠标左键在 62 点上侧一定距离处点击一下。随后命令行提示：

距离<m>：输入 4.5，回车。

闭合 C/隔一闭合 G/隔一点 J/微导线 A/曲线 Q/边长交会 B/回退 U/点 P/<点号>输入 63，回车。

闭合 C/隔一闭合 G/隔一点 J/微导线 A/曲线 Q/边长交会 B/回退 U/点 P/<点号>输入 j，回车。

点 P/<点号>输入 64，回车。

闭合 C/隔一闭合 G/隔一点 J/微导线 A/曲线 Q/边长交会 B/回退 U/点 P/<点号>输入 65，回车。

闭合 C/隔一闭合 G/隔一点 J/微导线 A/曲线 Q/边长交会 B/回退 U/点 P/<点号>输入 C，回车。

输入层数：<1>输入 2，回车。

说明："微导线"功能由用户输入当前点至下一点的左角（°）和距离（m），输入后软件将计算出该点并连线。要求输入角度时若输入"K"，则可直接输入左向转角，若直接用鼠标点击，只可确定垂直和平行方向。此功能特别适合知道角度和距离但看不到点的位置的情况，如房角点被树或路灯等障碍物遮挡时。

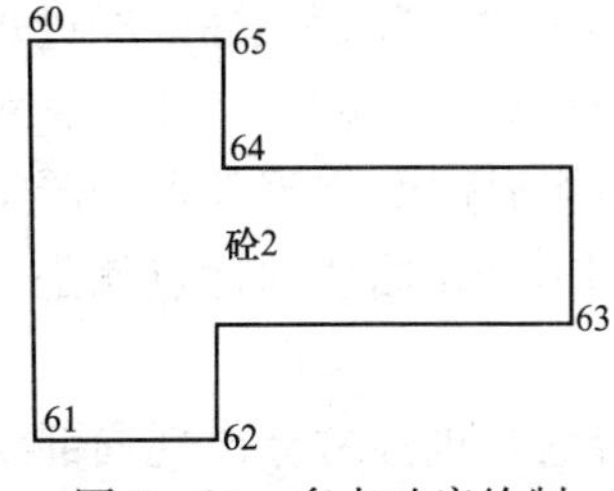

图 6-20　多点砼房绘制

绘好的房子如图 6-20 所示。

类似的步骤用 3、39、16 三点完成 2 层砖结构的四点房绘制；用 76、77、78 绘制四点棚房；用 68、67、66 绘制不拟合的依比例围墙。

有方向的线状符号绘制方法：①依比例围墙和不依比例围墙绘制以图上宽度大于或小于0.5mm为参照条件，黑块符号一般向里绘，墙上有电网者加注“电”字；②栅栏、栏杆的绘制，符号上的短线一般向里绘制。

2. 绘制交通设施

点击CASS软件中“交通设施”选项，弹出交通设施界面，选择交通类型后（见图6－21），再点击“确定”，依命令行提示进行操作。

命令区提示：绘图比例尺1∶输入500，回车。

点 P/<点号>输入　92，回车。

点 P/<点号>输入　45，回车。

点 P/<点号>输入　46，回车。

点 P/<点号>输入　13，回车。

点 P/<点号>输入　47，回车。

点 P/<点号>输入　48，回车。

点 P/<点号>回车 拟合线<N>？输入　Y，回车。【说明：输入 Y，将该边拟合成光滑曲线；输入 N（缺省为 N），则不拟合该线。】

1. 边点式/2. 边宽式<1>：回车（默认1）【说明：选1（缺省为1），将要求输入公路对边上的一个测点；选2，要求输入公路宽度，点击对面一点】。

点 P/<点号>输入19，回车。这时平行高速公路就做好了（见图6－22）。

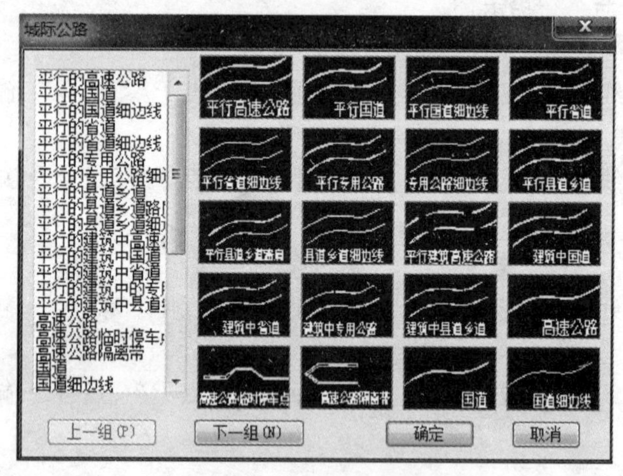

图6－21　绘制交通设施界面

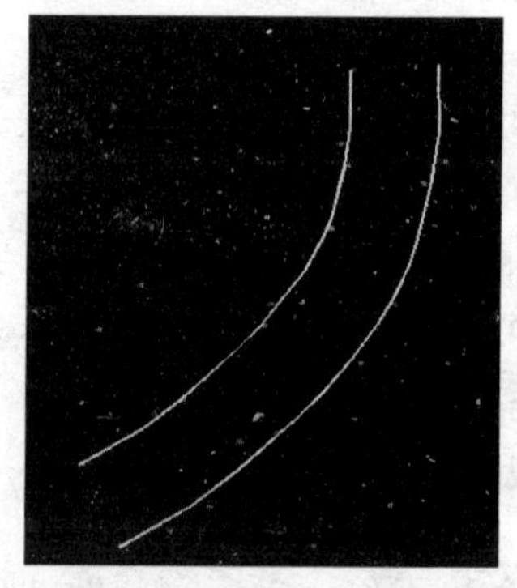

图6－22　绘制平行高速公路示意

在CAD平台的测图软件中绘制曲线地物时，可用PEDIT命令下的Fit curve子命令，应注意尽量不用Spline curve（样条曲线）子命令。因为Fit（拟合）命令将保证曲线经过每一个顶点，而Spline命令将产生更平滑的曲线，曲线并不一定通过顶点（见图6－23）。对道路、河流、坎子等地物曲线使用Spline拟合后，曲线大部分不能通过所测碎部点，严重时会造成较大的偏离，所以绘制曲线时一般不用Spline拟合。而使用Fit曲线的优点就是使其生成的曲线通过控制点，平面位置精度更高。

但是当使用Fit命令对道路、河流、坎子等地物曲线进行拟合后，也经常会出现局部线段变形大、与实地不符的情况。这时可用PEDIT命令人工增加控制点数量来进行修改。

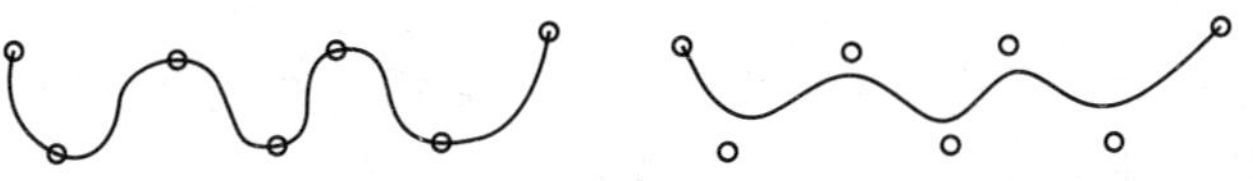

图 6-23 Fit curve（左）与 Spline curve（右）的区别

同样在“交通设施”菜单中，用 86、87、88、89、90、91 绘制拟合的小路；用 103、104、105、106 绘制拟合的不依比例乡村路。

3. 其余地物地貌绘制

类似以上操作，分别利用右侧屏幕菜单绘制其他地物，完成“控制点”“独立地物”“水系”“管线”“植被”“地貌土质”等地物的绘制。具体步骤如下：

(1) 在“控制点”菜单中，用 1、2、4 分别生成埋石图根点，绘制中在提问点名、等级、时分别输入 D121、D123、D135。

(2) 在“独立地物”菜单中，用 69、70、71、72、97、98 分别绘制路灯；用 73、74 绘制宣传橱窗；用 59 绘制不依比例肥气池。

(3) 在“水系设施”菜单中，用 79 绘制水井。

(4) 在“管线设施”菜单中，用 75、83、84、85 绘制地面上输电线。

(5) 在“植被土质”菜单中，用 99、100、101、102 分别绘制果树独立树；用 58、80、81、82 绘制菜地（第 82 号点之后仍要求输入点号时直接回车），要求边界不拟合，并且保留边界。

一般填充符号在成图上排列成行距 10mm（同一行中相邻符号列间距为 20mm）的阵列，相邻行的符号错位排列，城市人工绿地的填充密度加倍，见图 6-24。大面积植被填充密度可放宽 2～3 倍表示，也可将区域主要植被不填充，只用文字注记标出。

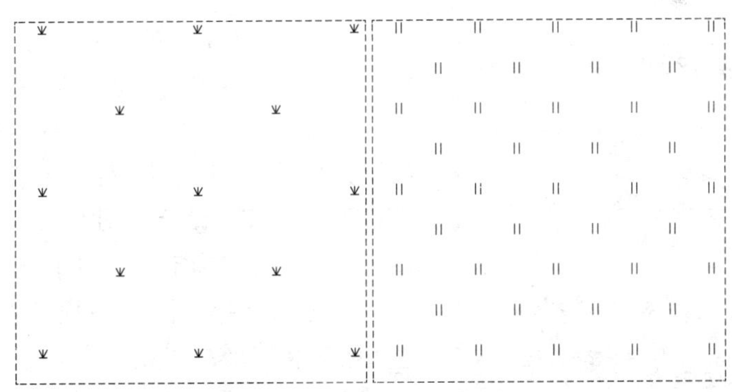

图 6-24 植被整列式填充

(6) 在“地貌土质”菜单中，用 54、55、56、57 绘制拟合的坎高为 1m 的陡坎；用 93、94、95、96 绘制不拟合的坎高为 1m 的加固陡坎。

最后选取“编辑”菜单下“删除”二级菜单下的“删除实体所在图层”，鼠标符号变成了一个小方框，用左键点取任何一个点号的数字注记，所展点的注记（所在图层为 ZDH）将被删除。

需要注意的是：地形图中的一些井盖、消防栓、雨水箅子等点状地物要使用软件右侧屏幕菜单中管线附属里面的符号绘制，不能用市政部件里的符号绘制。

4. 等高线绘制

等高线的生成是建立在外业采集高程特征点数据文件基础上的。为了节省时间，外业采点一般习惯于将地物与地貌特征点的数据采集同步进行，混合在同一个DAT文件中。内业等高线生成时，必须先对原始测量文件进行编辑，剔除无关的地物特征点数据，然后才可以进行等高线生成。否则，生成的等高线将会存在失真现象。在CASS软件中生成等高线时，需先创建TIN（不规则三角网）。

（1）建立数字地面模型（构建三角网）。用鼠标点击“等高线”菜单下的“建立DTM”（数字地面模型）。DTM作为新兴的一种数字产品，与传统的矢量数据相辅相成，各领风骚，在空间分析和决策方面发挥越来越大的作用。借助计算机和各种测图软件，DTM数据可以用于建立各种各样的模型解决一些实际问题，主要应用有：按用户设定的等高距生成等高线图、透视图、坡度图、断面图、渲染图、与数字正射影像DOM复合生成景观图，或者计算特定物体对象的体积、表面覆盖面积等，还可用于空间复合、可达性分析、表面分析、扩散分析等方面。

1）移动鼠标至屏幕顶部菜单“等高线”项，按左键，出现如图6-25所示的下拉菜单。

图6-25 “等高线”的下拉菜单

2）移动鼠标至“建立DTM”项，该处以高亮度（深蓝）显示，按左键，出现如图6-26所示的对话窗。

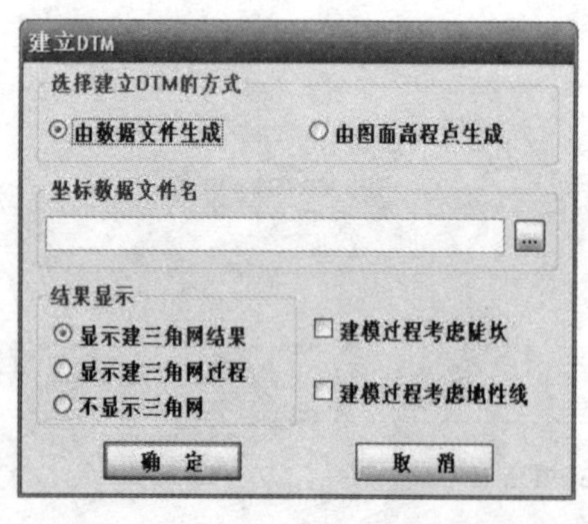

图6-26 选择建模高程数据文件

选择建立DTM的方式，分为两种方式：由数据文件生成和由图面高程点生成。

a. 如果选择“由数据文件生成”，则在“坐标数据文件名”中选择对应路径下的目标文件STUDY.DAT，设置好图6-26中的“结果显示”选项后，点击“确定”即可生成三角网；

b. 如果选择由图面高程点生成，则应先“定显示区”和“展高程点”。

“定显示区”选择“绘图处理”菜单下的“定显示区”子项即可完成。定显示区作用是根据输入坐标数据文件的数据大小定义屏幕显示区域的大小，以保证所有点可见。

“展高程点”操作如前所述，展点时选择“绘图处理”菜单下的“展高程点”子项。在高程展点对话框中要求输入文件名时在对应路径下选择“打开”STUDY.DAT文件，命令区将提示：注记高程点的距离（m）：根据规范要求输入高程点注记距离（即注记高程点的密度），回车默认为注记全部高程点的高程。这时，所有高程点和控制点的高程均自动展绘到图上。然后，选择屏幕顶部“等高线”下拉菜单中的“建立DTM”项，在建立的DTM对话框中才可使用“由图面高程点生成”选项，并勾选“显示建三角网结果”“显示建三角网过程”或“不显示三角网”，以及是否“考虑陡坎和地性线”，点击“确定”后：

命令行提示：

请选择：(1) 选取高程点的范围 (2) 直接选取高程点或控制点<1>2；

在绘图区选择参加建立 DTM 的高程点后回车即可生成如图 6-27 所示的三角网。

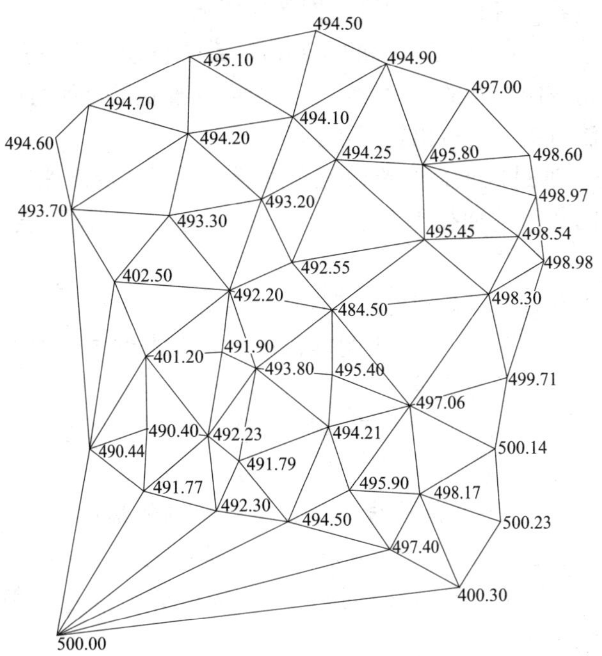

图 6-27　STUDY. DAT 文件生成的三角网

(2) 修改三角网。一般情况下，由于地形条件的限制，在外业采集的碎部点很难一次性生成理想的等高线，如楼顶上控制点。另外，还因现实地貌的多样性和复杂性，自动构成的数字地面模型与实际地貌不太一致，这时可以通过“修改三角网”来修改这些局部不合理的地方。CASS 软件提供了一些对生成三角网进行局部修订的编辑工具，用户须认真研究 DTM 的原理并熟悉三角网的组成规则，还要与实际地形相结合，才能正确运用。

1) 删除三角形。如果在某局部内没有等高线通过，则可将其局部内相关的三角形删除。删除三角形的操作方法是：先将要删除三角形的地方局部放大，再选择“等高线”下拉菜单的“删除三角形”项，命令区提示选择对象：这时便可选择要删除的三角形，如果误删，可用“U”命令将误删的三角形恢复。

2) 过滤三角形。可根据用户需要输入符合三角形中最小角的度数或三角形中最大边长最多大于最小边长的倍数等条件的三角形。在建立三角网后，如果出现点无法绘制等高线，可过滤掉部分形状特殊的三角形。另外，如果生成的等高线不光滑，也可以用此功能将不符合要求的三角形过滤掉再生成等高线。

3) 增加三角形。如果要增加三角形，可选择“等高线”菜单中的“增加三角形”项，依照屏幕的提示在要增加三角形的地方用鼠标点取，如果点取的地方没有高程点，系统会提示输入高程。

4）三角形内插点。选择此命令后，可根据提示输入要插入的点：在三角形中指定点(可输入坐标或用鼠标直接点取)，提示高程（m）=时，输入此点高程。通过此功能可将此点与相邻的三角形顶点相连构成三角形，同时原三角形会自动被删除。

5）删三角形顶点。用此功能可将所有由该点生成的三角形删除。因为一个点会与周围很多点构成三角形，如果手工删除三角形，不仅工作量较大而且容易出错。这个功能常用在发现某一点坐标错误时，要将它从三角网中剔除的情况。

6）重组三角形。指定两相邻三角形的公共边，系统自动将两三角形删除，并将两三角形的另两点连接起来构成两个新的三角形，这样做可以改变不合理的三角形连接。如果因两三角形的形状特殊无法重组，会有出错提示。

7）修改结果存盘。通过以上命令修改三角网后，选择“等高线”菜单中的“修改结果存盘”项，把修改后的数字地面模型存盘。这样，绘制的等高线不会内插到修改前的三角形内。

★注意：修改三角网后一定要进行此步操作，否则修改无效！

当命令区显示“存盘结束!”时，表明操作成功。在本例中不对 STUDY. DAT 文件生成的三角网进行修改直接生成等高线。

(3) 绘制等高线。用鼠标点击“等高线”菜单下的“绘制等高线”，弹出对话框，如图 6-28所示。

选择不拟合时绘制的等高线是折线，是分析三角网的最原始的图形；选择张力样条拟合时，比折线美观也比较忠于实际地形高程；选择三次样条生成的等高线最光滑、外观最好，但会有少许失真。第四种选择，失真程度会更大，一般大比例地形图不建议使用。

选择 0.5m 的等高距，三次样条拟合确定后完成等高线的绘制，如图 6-29 所示。

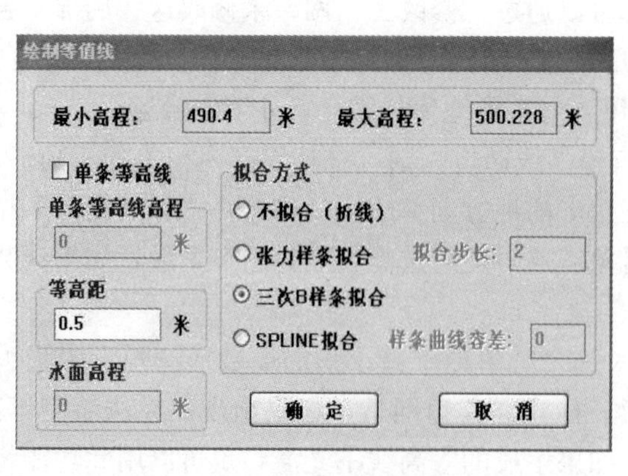

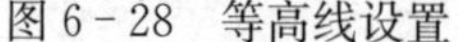
图 6-28 等高线设置

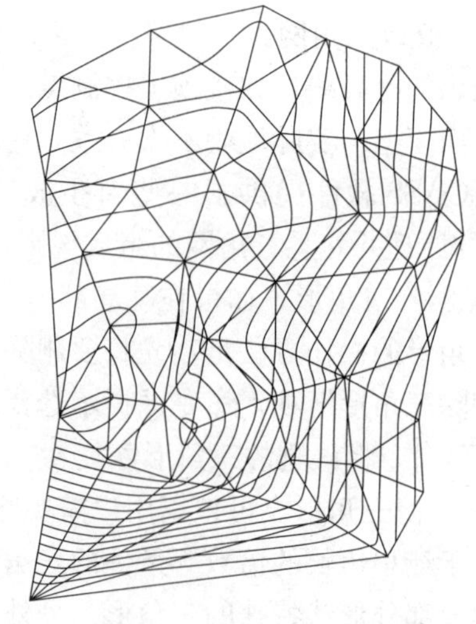
图 6-29 等高线生成

(4) 删三角网。生成等高线后就不再需要三角网了，对等高线还将需要进行剪切、注记等处理，这时三角网比较碍事，需要删除，三角网删除后如图 6-30 所示。

图 6-30　删除三角网后等高线

(5) 修剪等高线。修剪等高线应按照图式和相关制图规定的要求操作：在等高线比较密的等倾斜地段，当两计曲线间的空白小于 2mm 时，首曲线可省略不表示。单色图上等高线遇到各类注记、独立地物、植被符号时，应间断 0.2mm。大面积的盐田、基塘区，视具体情况可不绘等高线。等高线遇到房屋、双线道路、双线河渠、水库、湖、塘、冲沟、陡崖、路堤、路堑等符号时，绘至符号边线。

CASS 软件提供了使用等高线修剪功能。其子菜单如图 6-31 所示。需使用修剪命令切断 4 点房屋和 6 点房屋两处居民地和道路中间的等高线，并将注记处的等高线消隐或修剪。

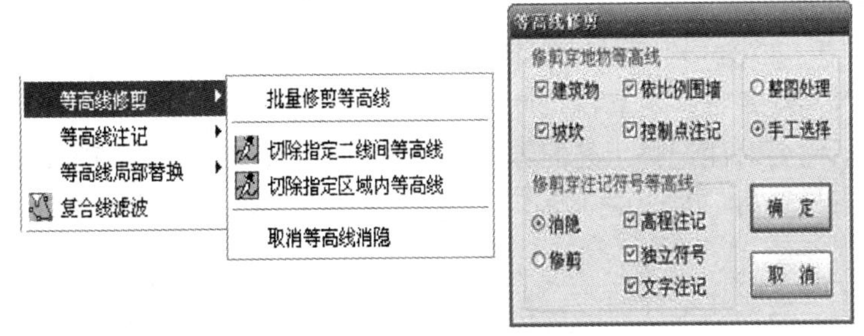

图 6-31　等高线修剪

修剪等高线可以单独使用“切除指定区域内等高线”和“切除指定二线间等高线”，也可以使用批量修剪命令，计算机将自动检索区域并切除查询到的所有需处理的部分。

(6) 等高线注记。等高线注记包括高程注记和示坡线等信息。高程注记字头通常由地势低处指向高处；示坡线是指示斜坡降落方向的短线（通常由高向低），与等高线垂直相交，应在谷地、鞍部、山头、图廓边及斜坡方向不易判读的地方和凹地的最高、最低一条等高线上绘出。

1) 单个高程注记。在指定点给某条等高线注记高程的操作菜单见图 6-32“单个高程注记”，命令区将提示：“选择需注记的等高（深）线:”，指定要注记的等高线后屏幕提示：

“依法线方向指定相邻一条等高（深）线:”，画线后即可在方向处加入高程注记。

★注意：等高线应含有高程信息，如果没有，应该用“批量修改复合线高”加入复合线高。

2）沿直线方向为等高线作高程注记。使用 LINE 命令沿等高线平缓处由地势低处向高处绘制直线，如图 6－32 所示，功能：在选定直线与等高线相交处注记高程（直线必须是 line 命令画出的）。

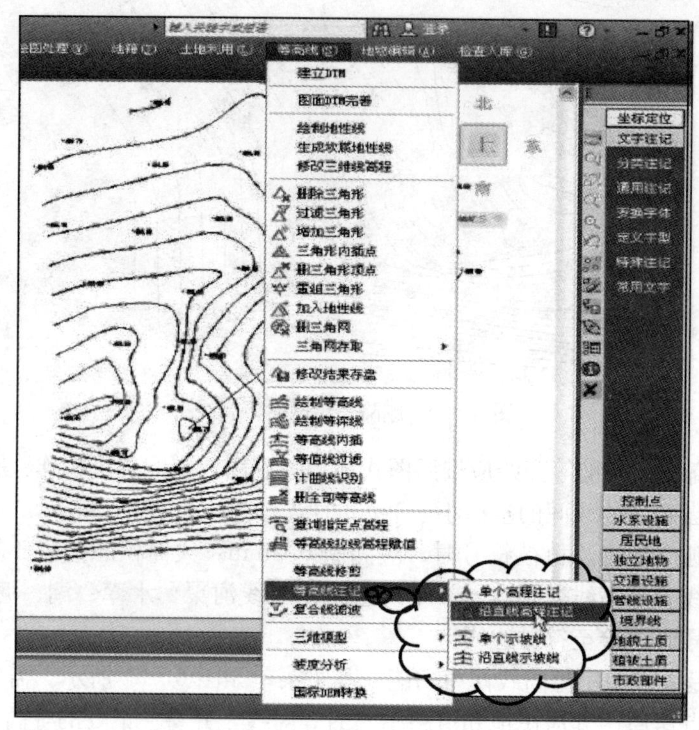

图 6－32　添加高程注记

3）单个示坡线。CASS 软件中“单个示坡线”功能调用见图 6－32：给指定等高线加注示坡线，特别在等高线稀疏区，其执行此菜单后操作见命令区提示。

等高线加入后需要对注记叠压处的等高线进行处理，如图 6－33 所示，调用“等高线修剪”对话框并进行设置后，对图中 497.5、492.5 等文字实体进行选择处理，处理后的等高线见图 6－34。

等高线的注记一般只注记计曲线，在 CASS 软件中，可以使用等高线的菜单命令轻松地完成这步工作。等高线注记注在平缓处，字头朝向高处。注记的字头一般应指向山顶或高地，但应该注意不能有字头指向图纸的下方的情况出现。高程点的注记一般选在明显地物点和地形点上，并按照不同比例尺地形图测绘要求、依据地形类别，以及地物点和地形点的多少对全图进行处理，使注记点更加合理。等高线的注记应分布适当，便于迅速判读出等高线的高程值，一般图上每 100cm² 面积内应有 1～3 个注记。

地形图在绘制完成后，需要对整幅图的注记文字进行整饰和处理：说明和注记类的字体大小参照图式标准以 2.5～3.0 为宜，字向一般要求正向注记，字头朝北。雁形或弯曲字列可参照图 6－35 按从左向右和从上向下排列。整图要求字体大小统一、字向合理，图形美观一致。

最终的成果图见图 6－36。

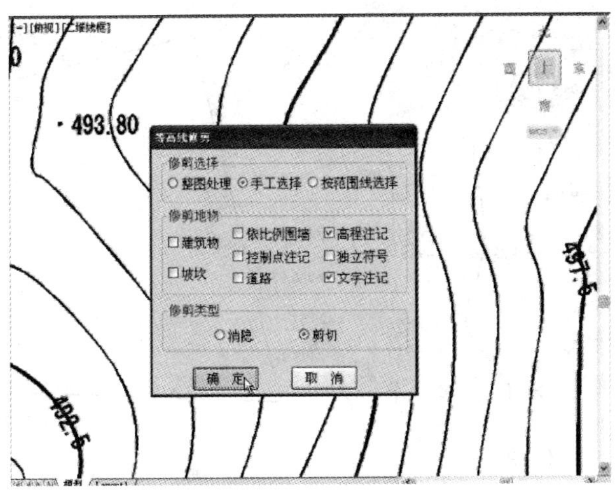

图 6-33 对等高线区域注记进行处理

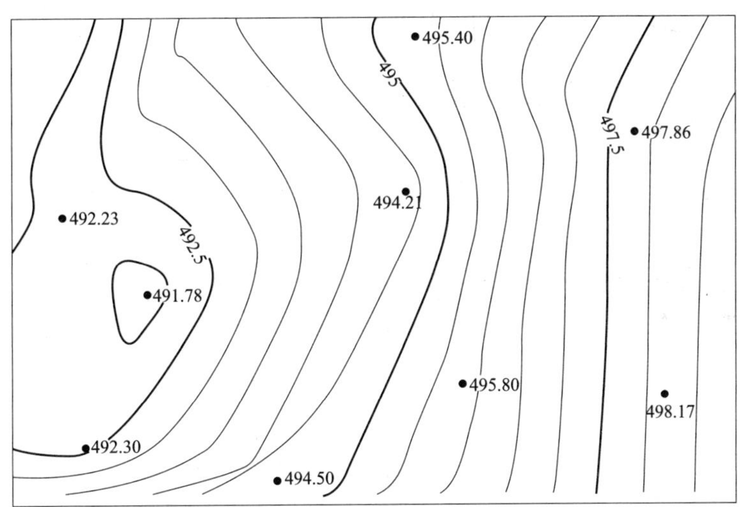

图 6-34 处理后的等高线

图 6-35 雁形字列走向排列

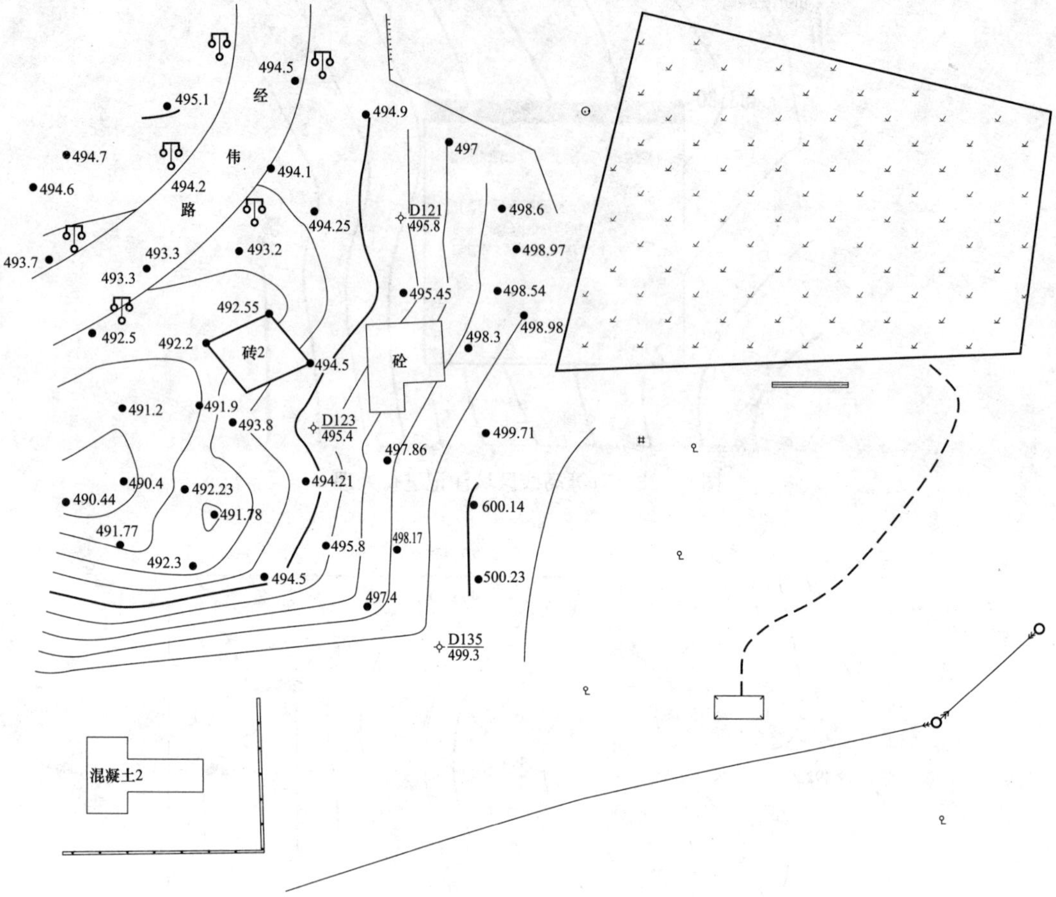

图 6 - 36 STUDY. DAT 文件的成果图

6.4 数字地籍图的绘制

6.4.1 绘制地籍图

1. 生成平面图

地籍部分的核心是带有宗地属性的权属线，生成权属线有两种方法：

(1) 可以直接在屏幕上用坐标定点绘制；

(2) 通过事前生成权属信息数据文件的方法来绘制权属线。

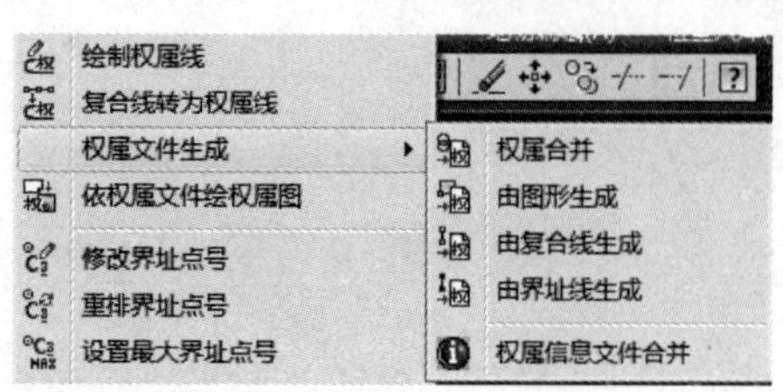

图 6 - 37 权属生成的四种方法

平面图的生成用简码法来完成。

2. 生成权属信息数据文件

权属信息文件可以通过文本方式编辑得到该文件后，再使用“地籍 \ 依权属文件绘权属图”命令（见图 6 - 37）绘出权属信息图。权属合并需要用到两个文件：权属引导文件和界址点数据文件。

权属引导文件的格式：

宗地号，权利人，土地类别，界址点号，……，界址点号，E（一宗地结束）

宗地号，权利人，土地类别，界址点号，……，界址点号，E（一宗地结束）

E（文件结束）

说明：

（1）每一宗地信息占一行，以 E 为一宗地的结束符，E 要求大写；

（2）编宗地号方法：街道号（地籍区号）＋街坊号（地籍子区）＋宗地号（地块号），街道号和街坊号位数可在“参数设置”内设置；

（3）权利人按实际调查结果输入；

（4）土地类别按规范要求输入；

（5）权属引导文件的结束符为 E，E 要求大写。

权属引导文件示例如图 6－38 所示。

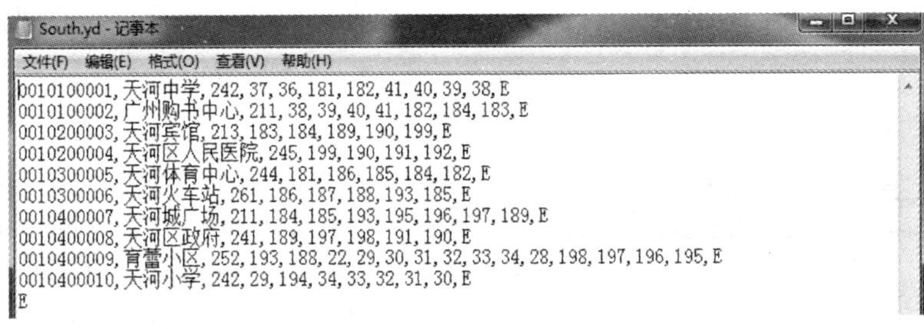


```
0010100001,天河中学,242,37,36,181,182,41,40,39,38,E
0010100002,广州购书中心,211,38,39,40,41,182,184,183,E
0010200003,天河宾馆,213,183,184,189,190,199,E
0010200004,天河区人民医院,245,199,190,191,192,E
0010300005,天河体育中心,244,181,186,185,184,182,E
0010300006,天河火车站,261,186,187,188,193,185,E
0010400007,天河城广场,211,184,185,193,195,196,197,189,E
0010400008,天河区政府,241,189,197,198,191,190,E
0010400009,育蕾小区,252,193,188,22,29,30,31,32,33,34,28,198,197,196,195,E
0010400010,天河小学,242,29,194,34,33,32,31,30,E
E
```

图 6－38 权属引导文件格式

如果需要编辑权属文件，可用鼠标点取菜单中“编辑＼编辑文本文件”命令，参考图 6－36的文件格式和内容编辑好权属引导文件，存盘返回 CASS 屏幕。

选择“地籍＼权属文件生成＼权属合并”项，系统弹出对话框，提示输入权属引导文件名，如图 6－39 所示。

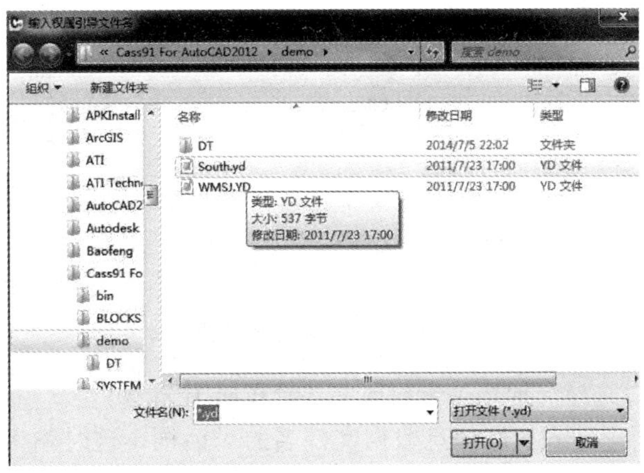

图 6－39 输入权属引导文件

选择上一步生成的权属引导文件，点击“打开”按钮。

系统弹出对话框，提示“输入坐标点（界址点）数据文件名”，类似上步，选择文件，点“打开”按钮。

系统弹出对话框，提示“输入地籍权属信息数据文件名”，在这里要直接输入要保存地籍信息的权属文件名。

当指令提示区显示“权属合并完毕!”时，表示权属信息数据文件 SOUTHDJ. QS 已自动生成。这时按 F2 键可以看到权属合并的过程。

3. 绘权属地籍图

生成平面图后，可以用手工绘制权属线的方法绘制权属地籍图，也可通过权属信息文件来自动绘制。

(1) 手工绘制。使用“地籍”子菜单下“绘制权属线”功能生成，并选择不注记，可以手工绘出权属线，这种方法最直观，权属线出来后系统立即弹出对话框，要求输入属性，点“确定”按钮后系统将宗地号、权利人、地类编号等信息加到权属线里，如图 6-40 所示。

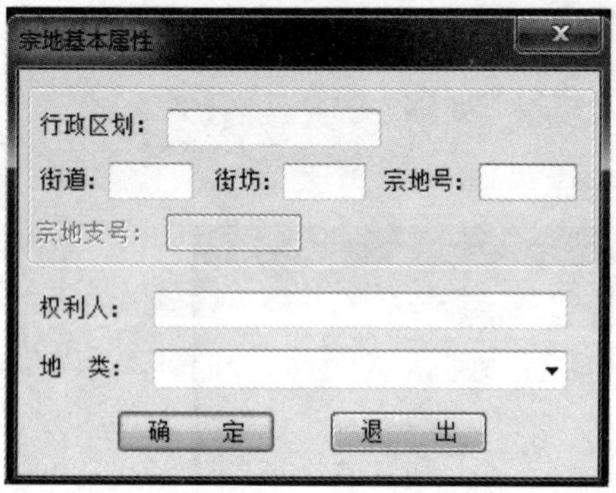

图 6-40　加入权属线属性

(2) 通过权属信息数据文件绘制。首先可以利用“文件 \ CASS 参数设置 \ 地籍参数”功能对成图参数进行设置。

根据实际情况选择适合的注记方式，绘权属线时要做哪些权属注记。如要将宗地号、地类、界址点间距离、权利人等全部注记，则在这些选项前的方格中打上勾，如图 6-41 所示。

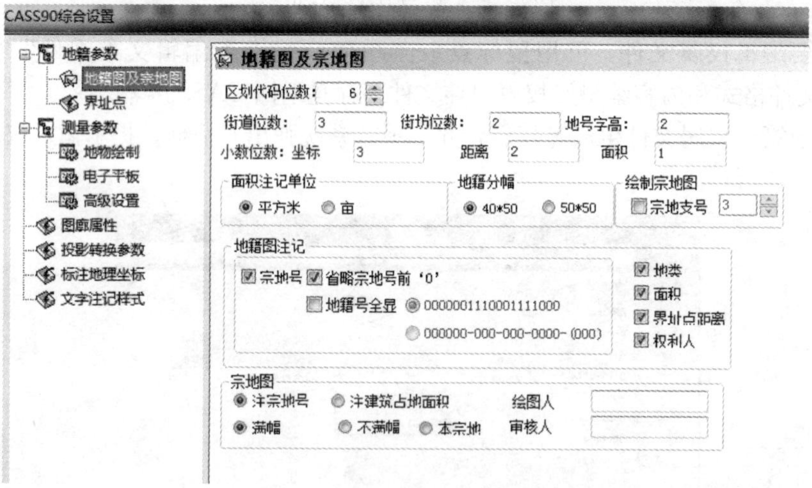

图 6-41　地籍参数设置

参数设置完成后，选择“地籍 \ 依权属文件绘权属图”。

CASS 界面弹出要求输入权属信息数据文件名的对话框，这时输入权属信息数据文件，命令区提示：

输入范围（宗地号、街坊号或街道号）＜全部＞：根据绘图需要，输入要绘制地籍图的范围，默认值为全部。

说明：可通过输入“街道号×××”，或输入“街道号×××街坊号××”，或输入“街道号×××街坊号××宗地号×××××”，输入绘图范围后程序即自动绘出指定范围的权属图。例如：输入 0010100001 只绘出该宗地的权属图，输入 00102 将绘出街道号为 001、街坊号为 02 的所有宗地权属图，输入 001 将绘出街道号为 001 的所有宗地权属图。

最后得到如图 6－42 所示的图形，存盘为 C:\CASS9.1\DEMO\SOUTHDJ.DWG。

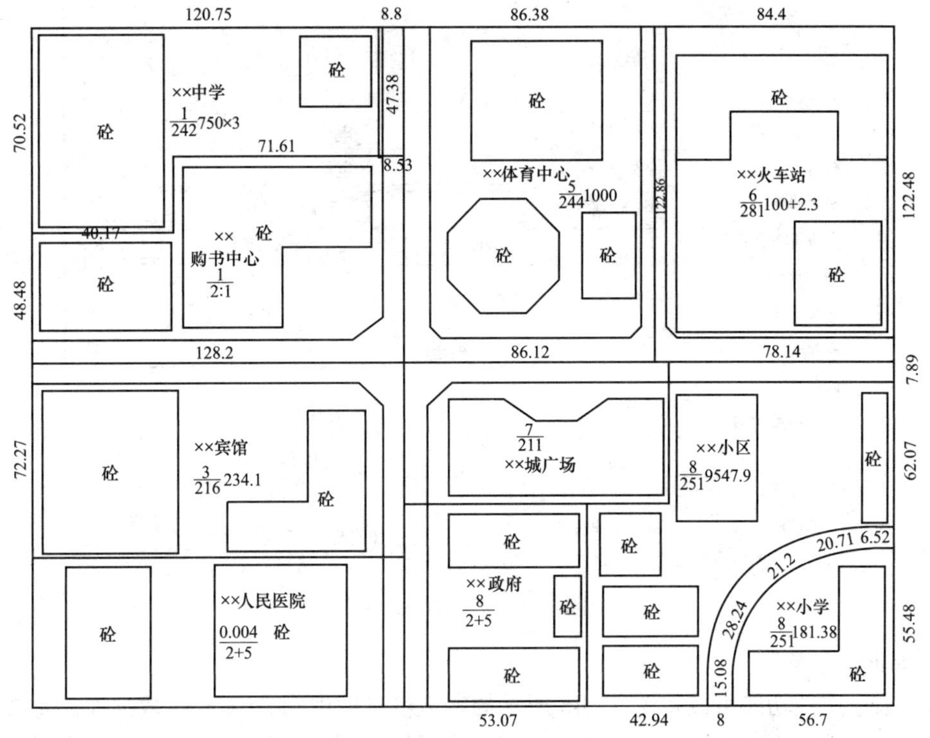

图 6－42　地籍权属图（单位：mm）

6.4.2　宗地属性处理

1. 宗地合并

宗地合并每次将两宗地合为一宗。选取“地籍成图”菜单下“宗地合并”功能。屏幕提示：

选择第一宗地：点取第一宗地的权属线；

选择另一宗地：点取第二宗地的权属线。

完成后发现，两宗地的公共边被删除。宗地属性为第一宗地的属性。

2. 宗地分割

宗地分割每次将一宗地分割为两宗地。执行此项工作前必须先将分割线用复合线画出来。选取“地籍成图”菜单下“宗地分割”功能。屏幕提示：

选择要分割的宗地：选择要分割宗地的权属线；

选择分割线：选择用复合线画出的分割线。

回车后原来的宗地自动分为两宗，但此时属性与原宗地相同，需要进一步修改其属性。

3. 修改宗地属性

选取“地籍”菜单下“修改宗地属性”功能。屏幕提示：

选择宗地：用鼠标点取宗地权属线或注记均可。点中后系统出弹出如图 6－43 所示的对话框。

这个对话框是宗地的全部属性，一目了然。

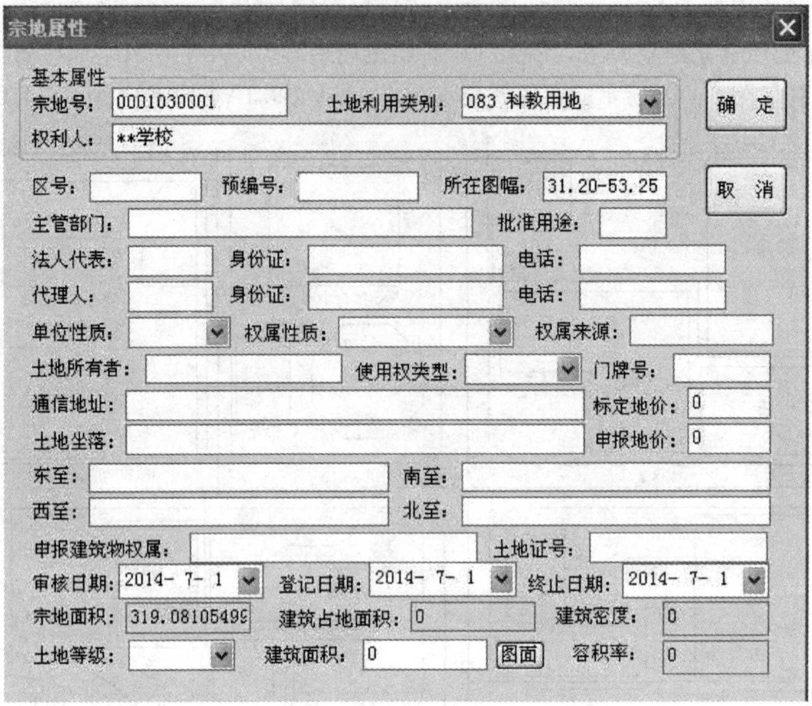

宗地属性

基本属性
宗地号：0001030001　土地利用类别：083 科教用地　确　定
权利人：**学校
区号：　预编号：　所在图幅：31.20-53.25　取　消
主管部门：　批准用途：
法人代表：　身份证：　电话：
代理人：　身份证：　电话：
单位性质：　权属性质：　权属来源：
土地所有者：　使用权类型：　门牌号：
通信地址：　标定地价：0
土地坐落：　申报地价：0
东至：　南至：
西至：　北至：
申报建筑物权属：　土地证号：
审核日期：2014- 7- 1　登记日期：2014- 7- 1　终止日期：2014- 7- 1
宗地面积：319.08105499　建筑占地面积：0　建筑密度：0
土地等级：　建筑面积：0　图面　容积率：0

图 6-43　宗地属性对话框

4. 输出宗地属性

输出宗地属性功能可以将图 6-43 所示的宗地信息输出到 ACCESS 数据库。选取“地籍成图”菜单下“输出宗地属性”功能，屏幕弹出对话框，提示输入 ACCESS 数据库文件名，输入文件名。选择要输出的宗地：选取要输出的到 ACCESS 数据库的宗地。选完后回车，系统将宗地属性写入给定的 ACCESS 数据库文件名。用户可自行将此文件用微软的 ACCESS 打开。

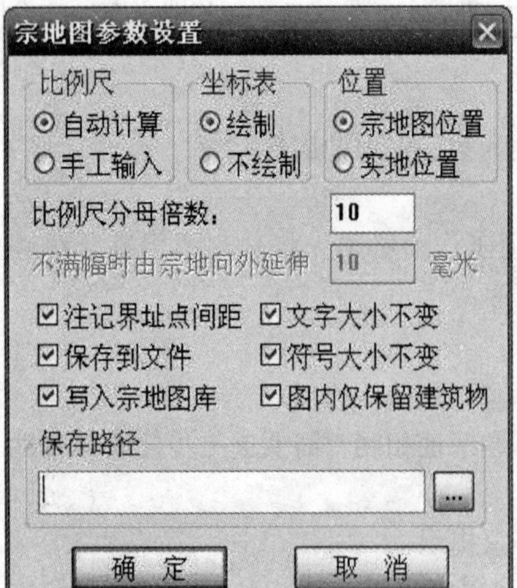

宗地图参数设置

比例尺：⊙自动计算　○手工输入
坐标表：⊙绘制　○不绘制
位置：⊙宗地图位置　○实地位置
比例尺分母倍数：10
不满幅时由宗地向外延伸 10 毫米
☑注记界址点间距　☑文字大小不变
☑保存到文件　☑符号大小不变
☑写入宗地图库　☑图内仅保留建筑物
保存路径
确　定　取　消

图 6-44　宗地图参数设置

6.4.3　绘制宗地图

在完成上节操作绘制地籍图以后，便可制作宗地图了。具体有单块宗地和批量处理两种方法，两种都是基于带属性的权属线。

1. 单块宗地

该方法可用鼠标画出切割范围。打开图形 C:\CASS9.1\DEMO\SOUTHDJ.DWG。选择“绘图处理\宗地图框（可缩放图）\A4 竖\单块宗地”。弹出如图 6-44 所示的对话框，根据需要选择宗地图的各种参数后点击“确定”，屏幕提示：

用鼠标器指定宗地图范围——第一角：用鼠标指定要处理宗地的左下方。

另一角：用鼠标指定要处理宗地的右上方。

用鼠标器指定宗地图框的定位点：屏幕上任

意指定一点。

一幅完整的宗地图就画好了，如图 6-45 所示。

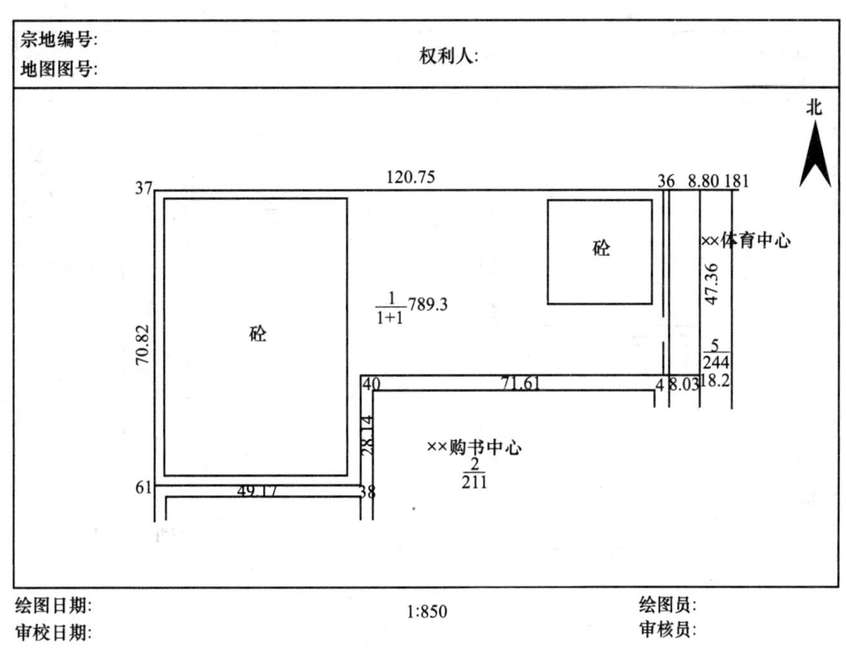

图 6-45 单块宗地图（单位：mm²）

2. 批量处理

该方法可批量绘出多宗宗地图。打开 SOUTHDJ. DWG 图形，选择“绘图处理 \ 宗地图框 \ A4 竖 \ 批量处理”。命令区提示：

用鼠标器指定宗地图框的定位点：指定任一位置。

请选择宗地图比例尺：(1) 自动确定 (2) 手工输入 <1>直接回车默认选 1。

是否将宗地图保存到文件？(1) 否 (2) 是 <1>回车默认选 1。

选择对象：用鼠标选择若干条权属线后回车结束，也可开窗全选。

若干幅宗地图画好了，部分图如图 6-46 所示，如果要将宗地图保存到文件，则在所设目录中生成若干个以宗地号命名的宗地图形文件，而且可以选择按实地坐标保存。

6.4.4 绘制地籍表格

1. 界址点坐标表

选择“绘图处理 \ 绘制地籍表格 \ 界址点坐标表”命令，命令区提示：

请指定表格左上角点：用鼠标点取屏幕空白处一点。

请选择定点方法：(1) 选取封闭复合线 (2) 逐点定位 <1>回车默认选 1。

选择复合线：用鼠标选取图形上一代表权属线的封闭复合线。

界址点坐标表见表 6-2。

2. 以街坊为单位界址点坐标表

选择“绘图处理 \ 绘制地籍表格 \ 以街坊为单位界址点坐标表”命令，则命令区提示：

(1) 手工选择界址点 (2) 指定街坊边界 <1>回车默认选 1。

选择对象：鼠标拉框选择界址点。

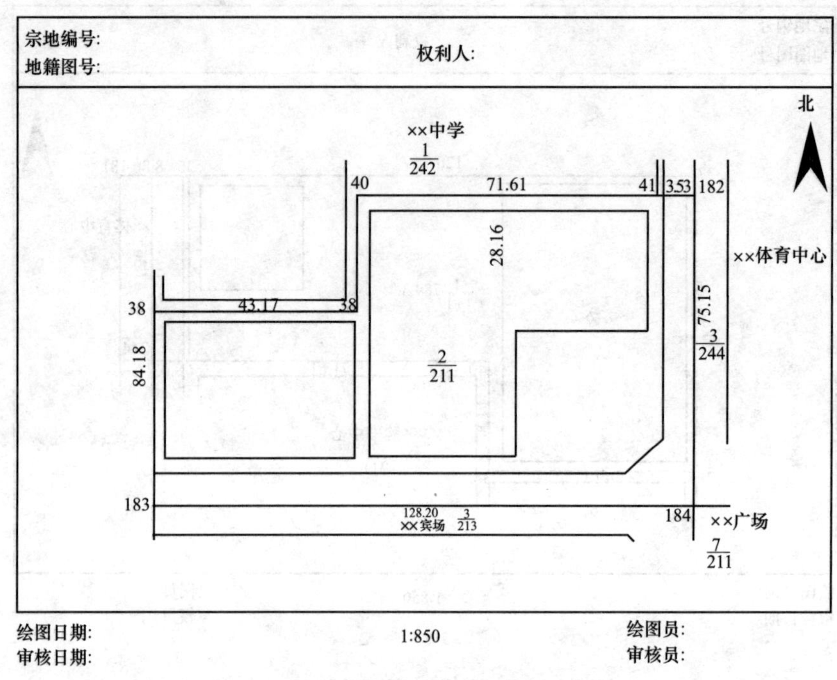

图 6－46 批量作宗地图（单位：mm）

请指定表格左上角点：屏幕上指定生成坐标表位置。

输入每页行数：(20) 默认为 20 行/页。

以街坊为单位界址点坐标表见表 6－3。

表 6－2 界址点坐标表

点号	X	Y	边长
J1	30 299.747	40 179.014	
			86.38
J2	30 299.860	40 265.398	
			122.89
J3	30 176.975	40 265.402	
			86.17
J4	30 177.260	40 179.228	
			75.13
J5	30 252.386	40 178.947	
			47.36
J1	30 299.747	40 179.014	
S=10594.4m² 合 15.8916 亩			

3. *以街道为单位宗地面积汇总表*

选择“绘图处理＼绘制地籍表格＼以街道为单位宗地面积汇总表”项，弹出对话框要求输入权属信息数据文件名，输入 C:\CASS9.1＼DEMO＼SOUTHDJ.QS，命令区提示：

输入街道号：输入001，将该街道所有宗地全部列出。

输入面积汇总表左上角坐标：用鼠标点取要插入表格的左上角点。出现如表6-4所示的表格。

表6-3　以街坊为单位界址点坐标表

序号	点名	X坐标	Y坐标
21	J187	30299.874	40349.797
22	J188	30177.383	40349.756
23	J189	30125.671	40178.789
24	J190	30105.434	40178.789
25	J191	30049.854	40179.074
26	J192	30053.188	40050.074
27	J193	30177.215	40270.317
28	J194	30052.219	40349.630
29	J195	30168.152	40270.296
30	J196	30125.669	40270.296
31	J197	30125.669	40242.080
32	J198	30052.219	40242.103
33	J199	30105.453	40050.144

表6-4　以街道为单位宗地面积汇总表

_____市_____区___01___街道

项目 地籍号	地类名称（有二级类的列二级类）	地类代号	面积（m^2）	备注
010100001	教育	44	7509.28	
010100002	商业服务业	11	8299.25	
010200003	旅游业	12	9284.08	
010200004	医卫	45	6946.25	
010300005	文、体、娱	41	10594.39	
010300006	铁路	61	10342.86	
010400007	商业服务业	11	4696.56	
010400008	机关、宣传	42	4716.92	
010400009	住宅用地	50	9547.89	
010400010	教育	44	2613.77	

6.5　地图整饰与成图输出

6.5.1　改变图形比例尺

如果需要改变图形将鼠标移至菜单“绘图处理”→“改变当前图形比例尺”项，命令区提示：当前比例尺为1∶500

输入新比例尺<1∶500>1∶输入要求转换的比例尺，例如输入1000（见图6-47）。这时屏幕显示的STUDY.DWG图就转变为1∶1000的比例尺，各种地物包括注记、填充符号都已按1：1000的图式要求进行转变。

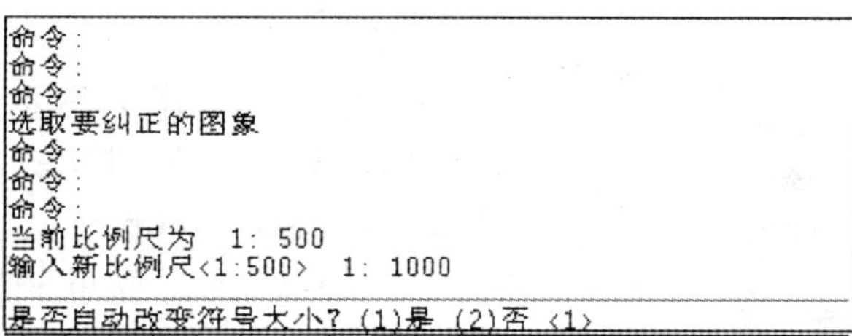

图6-47　比例尺改变示意图

6.5.2 图形要素完整性的检查

参照草图绘制各种地形图符号时，应注意将点、线、面、文字等图形元素按专题性质分类分层，一类地物分属一个独立的图层，不允许有混层交叉现象。这样，既利于分类编辑和出图，也方便与 GIS 系统中的专题相对应，扩大成果用途。

每个图层中的地物必须完整，若仅将地物轮廓用直线简单连接起来，而没有用多段线的编辑命令进行处理整合，将会大大影响出图的质量和数字产品的使用。

图上内容取舍要合理，主要地物（房屋、道路等）、次要地物（路灯、植被、高程点等）是否有漏测现象；地形图符号和注记是否正确，字体大小和方向是否合适；点状物重合与地物边界线重合处理是否正确；高程点密度是否适中；栅栏陡坎斜坡等是否存在反向的情况等都需要逐一检查。

6.5.3 图形分幅与图幅整饰

1. 图形分幅

图形分幅前，首先应了解图形数据文件中的最小坐标和最大坐标。同时应注意 CASS9.1 信息栏显示的坐标，前面的为 Y 坐标（东方向），后面的为 X 坐标（北方向）。

执行【绘图处理】→【批量分幅】命令，命令行提示：

请选择图幅尺寸：(1) 50×50 (2) 50×40 ＜1＞（按要求选择或直接回车默认选 1）。

请输入分幅图目录名：（输入分幅图存放的目录名，回车）。

输入测区一角：（在图形左下角点击左键）。

输入测区另一角：（在图形右上角点击左键）。

这样在所设目录下就产生了各个分幅图，自动以各个分幅图的左下角的东坐标和北坐标结合起来命名，如“31.00～55.00”“31.00～55.50”等。如果要求输入分幅图目录名时直接回车，则各个分幅图自动保存在安装了 CASS9.1 的驱动器的根目录下。

2. 图幅整饰

先把图形分幅时所保存的图形打开，并执行【文件】→【加入 CASS 环境】命令。然后执行【绘图处理】→【标准图幅】命令，打开如图 6-48 所示的对话框。

输入图幅的名字、邻近图名等信息后，在左下角坐标的“东”“北”栏内输入相应坐标，或者在图面上拾取。在“删除图框外实体”前打勾则可删除图框外实体，按实际要求选择。最后用鼠标单击【确定】按钮即可得到加上标准图框的分幅地形图。

图 6-48 图幅范围选取

CASS9.1 的图框样板以 DWG 图形的方式存储在安装盘 CASS9.1 目录下的 blocks 子目录中。常见的图框有以下几种：

AC45TK.DWG 50cm×40cm 标准图框

AC50TK.DWG 50cm×50cm 标准图框

ACTKF1.DWG 任意图幅的接图表

ACTKF2. DWG 任意图幅的测量信息

GDDJTK2. DWG 宗地图框（A4 竖）

ACDJTKB. DWG 首页界址点成果表图框

ACDJTKB1. DWG 次页界址点成果表图框

ACJIE. DWG 以街道为单位宗地面积汇总表

ACCHENG. DWG 城镇土地分类面积统计表

在使用时，通过绘图界面的下拉菜单或选项命令直接插入调用即可。

插入一幅标准图幅 50cm×50cm 的图框后的地形图如图 6－49 所示。

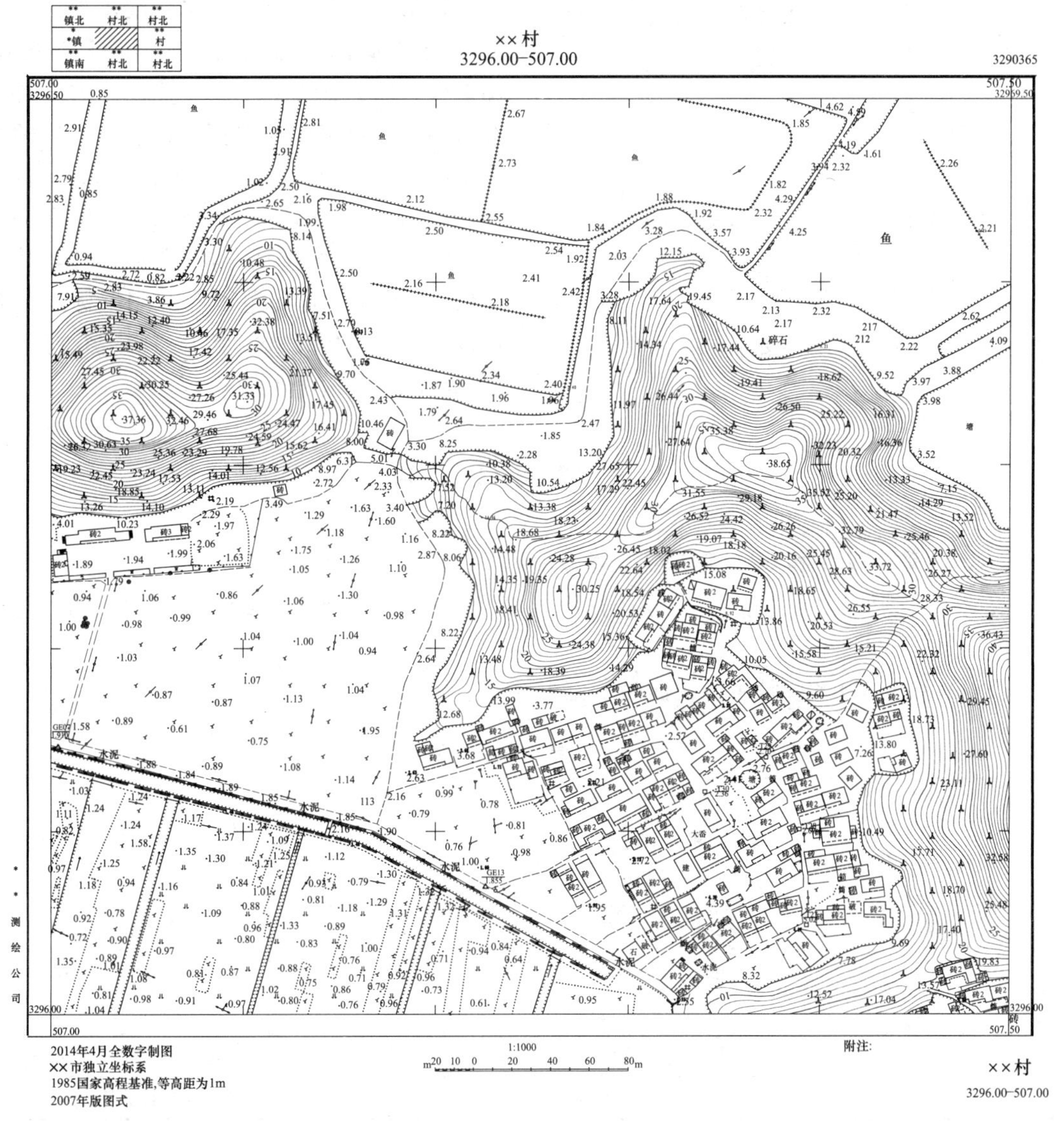

图 6－49 插入标准图框

图廓外的单位名称、日期、图式和坐标系、高程系等可以在加框前定制，即在“CASS参数配置/CASS9.1综合设置\图廓属性”对话框中依实际情况填写，定制符合实际的统一的图框，也可以直接打开图框文件，利用【工具】菜单【文字】子项的【写文字】、【编辑文字】等功能，依实际情况编辑修改图框图形中的文字，不改名存盘，即可得到满足需要的图框；也可以根据测区状况采用任意分幅，图名、测图比例尺、内图廓线及其四角的坐标注记、图号、外图廓线、坐标系统、高程系统、等高距、图式版本、测图单位和测图时间等不宜缺失（接图表、密级、直线比例尺、附注及其作业员信息等内容可以选择性注记）。

6.5.4 绘图输出

地形图绘制完成后，可用绘图仪、打印机等设备输出。执行【文件】→【绘图输出】→【打印】命令，打开“打印”对话框，在对话框中可完成相关打印设置，一幅标准图幅图纸至少应选择A1尺寸的纸张。“打印比例”为1∶500，选择1mm＝0.5单位；1∶1000的地形图选择“1”图形单位，并选择居中打印，“打印范围”可用鼠标选定窗口范围。预览后无误，点击“确定”打印出图。绘图打印流程见图6－50。

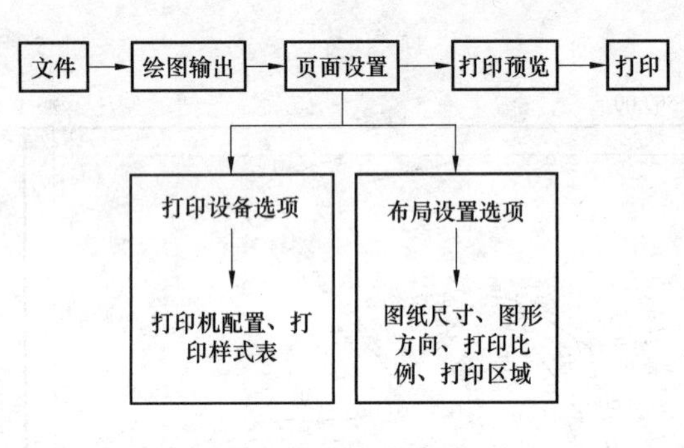

图6－50 绘图打印流程

6.6 绘图自定义

6.6.1 CASS9.1和CAD常用快捷命令

快捷命令的使用可以大大提高绘图速度，以下是使用CASS软件绘图需要熟记的一些常用命令：

（1）Auto CAD系统常用的快捷命令见表6－5。

表6－5 CAD常用快捷命令

快捷命令	含义	快捷命令	含义
A	画弧（ARC）	LT	设置线型（LINETYPE）
C	画圆（CIRCLE）	M	移动（MOVE）
CP	拷贝（COPY）	P	屏幕移动（PAN）
E	删除（ERASE）	Z	屏幕缩放（ZOOM）
L	画直线（LINE）	R	屏幕重画（REDRAW）
PL	画复合线（PLINE）	PE	复合线编辑（PEDIT）
LA	设置图层（LAYER）	Cal	计算器

（2）CASS9.1系统常用的快捷命令见表6－6。

表 6-6　CASS 常用快捷命令

快捷命令	含义	快捷命令	含义
DD	通用绘图命令	Q	直角纠正
V	查看实体属性	J	复合线连接
S	加入实体属性	Y	复合线上加点
F	图形复制	WW	批量改变复合线宽
RR	符号重新生成	O	批量修改复合线高
H	线型换向	N	批量拟合复合线
KK	查询坎高	I	绘制道路
X	多功能复合线	D	绘制电力线
B	自由连接	G	绘制高程点
AA	给实体加地物名	XP	绘制自然斜坡
W	绘制围墙	K	绘制陡坎
FF	绘制多点房屋	T	注记文字
SS	绘制四点房屋		

还可以自行编辑和设置自己的快捷命令，通过定制 ACAD. PGP 文件，用户就可以定义 Auto CAD 命令的缩写，而不需要输入较长的命令名。例如，在绘图中会经常使用 Find 用于查找、替换、选择或显示指定的文字；Dist 用于计算两点之间的距离和 DDEDIT 批量编辑文字命令等，都可以自行设置快捷命令。

用户可用文本编辑器对 ACAD. PGP 文件进行编辑（见图 6-51），熟悉或修改这些命令别名可大大提高绘图效率。ACAD. PGP 文件可在 Auto CAD 和 CASS 相应的安装目录中搜寻。

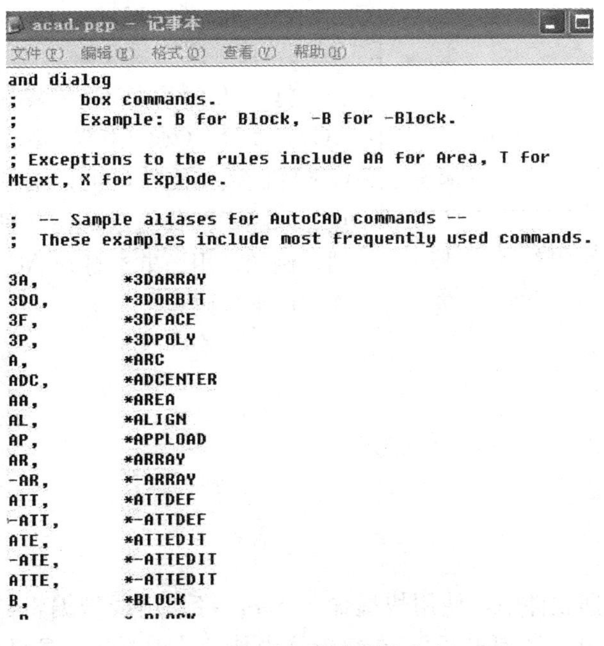


```
and dialog
;       box commands.
;       Example: B for Block, -B for -Block.
;
; Exceptions to the rules include AA for Area, T for
Mtext, X for Explode.

;  -- Sample aliases for AutoCAD commands --
;  These examples include most frequently used commands.

3A,         *3DARRAY
3DO,        *3DORBIT
3F,         *3DFACE
3P,         *3DPOLY
A,          *ARC
ADC,        *ADCENTER
AA,         *AREA
AL,         *ALIGN
AP,         *APPLOAD
AR,         *ARRAY
-AR,        *-ARRAY
ATT,        *ATTDEF
-ATT,       *-ATTDEF
ATE,        *ATTEDIT
-ATE,       *-ATTEDIT
ATTE,       *-ATTEDIT
B,          *BLOCK
```

图 6-51　编辑修改快捷命令

6.6.2 图层自定义

每天采点数据文件在图上展点可以单独存放在一个图层中，这样更便于检查和拼接，见图 6-52。

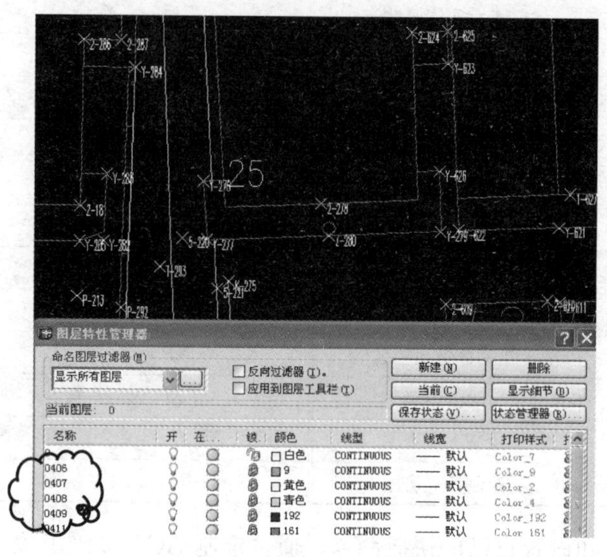

图 6-52 展点图层自定义

6.6.3 编码与点号展点处理

外业采点时，自己设定一些常用地物代码，会大大提高绘图速度，例如：D—电力线；G—高程点；L—道路边界特征点；W—围墙；B—植被。

展点时，可以点号和编码同时展出，可如图 6-53 所示将注记大小属性适当修改，以方便绘图。

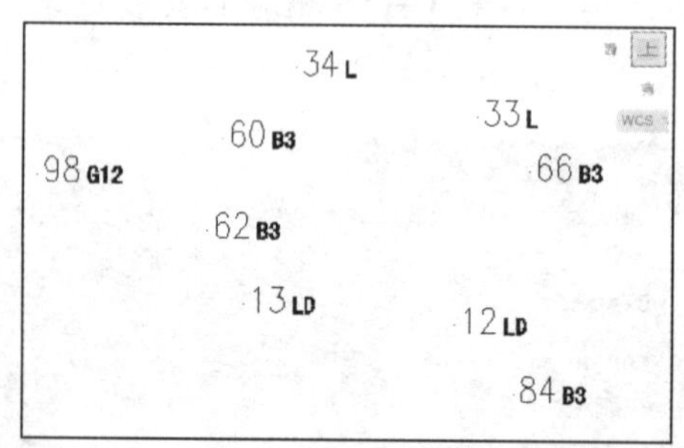

图 6-53 点号与编码展点处理

6.6.4 线型设计

1. 简单线型设计

打开 CASS 软件安装路径 SYSTEM 下的 ACAD.LIN（通用线型）或 ACADISO.LIN（ISO 线型）文件，可以看到线型设置由线段、点、间隔三部分组成，在文件中可以自行添加线型。例如，用记事本打开 ACAD.LIN 后，在后面添加以下代码：

[实例 6-1]

```
内部道路
*nbl,内部道路— — —
A,1,- 1
*dj,地类界- - - -
A,0.2,-0.8
```

添加保存后，返回软件中，使用快捷命令 LT，将弹出线型编辑器（或打开“对象特性”工具栏，也将弹出线型编辑器）。在编辑器中加载修改后的 ACAD.LIN 线型文件，选取加载后的该线型即可使用。

2. 复杂线型［包含“文本（字符）”］

［实例 6-2］

```
*HOT_WATER_SUPPLY,——HW——HW——HW——HW——HW——
A,.5,-.2,["HW",STANDARD,S=.1,R=0.0,X=-0.1,Y=-.05],-.2
```

实例中的具体符号说明：

（1）文字。要在线型中使用的字符，如“HW”。

（2）文字样式名称。要使用的文字样式的名称，如“STANDARD”。如果未指定文字样式，Auto CAD 将使用当前定义的样式。

（3）比例。S=值。要用于文字样式的缩放比例与线型的比例相关。文字样式的高度需乘以缩放比例。如果高度为 0，则 S=值的值本身用作高度。

（4）旋转。R=值或 A=值。R=指定相对于直线的相对或相切旋转。A=指定文字相对于原点的绝对旋转，即所有文字不论其相对于直线的位置如何，都将进行相同的旋转。可以在值后附加 d 表示度（度为默认值），附加 r 表示弧度，或者附加 g 表示百分度。如果省略旋转，则相对旋转为 0。旋转是围绕基线和实际大写高度之间的中点进行的。

（5）xoffset。X=值。文字在线型的 X 轴方向上沿直线的移动。如果省略 xoffset 或者将其设置为 0，则文字将没有偏移，并且会变得复杂。使用该字段控制文字与前面提笔或落笔笔画间的距离。该值不能按照 S=值定义的缩放比例进行缩放，但是它可以根据线型进行缩放。

（6）yoffset。Y=值。文字在线型的 Y 轴方向垂直于该直线的移动。如果省略 yoffset 或者将其设置为 0，则文字将没有偏移，并且会变得复杂。使用此字段控制文字相对于直线的垂直对齐。该值不能按照 S=值定义的缩放比例进行缩放，但是它可以根据线型进行缩放。

［实例 6-3］

```
*污水管道
A,4,-1,["污",STANDARD,Y=-0.5],-2.4
```

3. 复杂线型［包含“形”图案］

线型说明中的形对象描述符的语法如下所示：

［shapename，shxfilename］or［shapename，shxfilename，transform］

其中，transform 是可选的，可以是下列等式的任意序列（每个等式前都带有逗号）：

R=＃＃　相对旋转

A=＃＃　绝对旋转

S=＃＃　比例

X=＃＃　X 偏移

Y=＃＃　Y 偏移

在此语法中，＃＃ 表示带符号的十进制数（1、−17、0.01 等），旋转单位为度，其他选项的单位都是线型比例的图形单位。上述 transform 字母，使用时后面必须跟上等号和数值。

[实例 6-4]

```
*CON1LINE,——[CON1]——[CON1]——[CON1]
A,1.0,-0.25,[CON1,ep.shx],-1.0
```

以上线型定义了名为 CON1LINE 的线型，此线型由直线段、空移和嵌入的形 CON1 的重复图案构成。其中，CON1 来自 ep.shx 文件（注意：必须将 ep.shx 文件放在支持路径中才能使以下样例正常运行）。

较完整的语法：

```
[shapename,shapefilename,scale,rotate,xoffset,yoffset]
```

语法中字段的定义如下所示：

(1) shapename。要绘制的形的名称，必须包含此字段。如果省略，则线型定义失败。如果指定的形文件中没有 shapename，则继续绘制线型，但不包括嵌入的形。

(2) shapefilename。编译后的形定义文件（SHX）的名称。如果省略，则线型定义失败。如果 shapefilename 未指定路径，则从库路径中搜索此文件。如果 shapefilename 包括完整的路径，但在该位置未找到该文件，则截去前缀，并从库路径中搜索此文件。如果未找到，则继续绘制线型，但不包括嵌入的形。

(3) Scale（比例）。S=值。形的比例用作缩放比例，与形内部定义的比例相乘。如果形内部定义的比例是 0，则 S=值单独用作比例。

(4) rotate（旋转）。R=值或 A=值。R=指定相对于直线的相对或切向旋转。A=指定形相对于原点的绝对旋转。所有的形都作相同的旋转，而跟其与直线的相对位置无关。可以在值后附加 d 表示度（如果省略，度为默认值），附加 r 表示弧度，或者附加 g 表示百分度。如果省略旋转，则相对旋转为 0。

(5) xoffset。X=值。形相对于线型定义顶点末端在 X 轴方向上所作的移动。如果省略 xoffset 或者将其设置为 0，则形不作偏移。如果要得到用形构成的连续直线，请使用此字段。该值不会按照 S=定义的缩放比例进行缩放。

(6) yoffset。Y=值。形相对于线型定义顶点末端在 Y 轴方向上所作的移动。如果省略 yoffset 或者将其设置为 0，则形不作偏移。该值不会按照 S=定义的缩放比例进行缩放。

如上所述，总共有六个字段可用于将形定义为线型的一部分。前两个是必需的，位置固定；后四个是可选的，次序可变。以下两个样例展示了形定义字段中的不同条目。

[实例 6-5]

[CAP,ep.shx,S=2,R=10,X=0.5]上述代码对形文件 ep.shx 中定义的形 CAP 进行变换。在变换生效之前，将该形放大两倍，沿逆时针方向切向旋转 10°，并沿 X 方向平移 0.5 个图形单位。

[实例 6-6]

```
[DIP8,pd.shx,X=0.5,Y=1,R=0,S=1]
```

上述代码对形文件 pd.shx 中定义的形 DIP8 进行变换。在变换生效之前，将该形沿 X 方向平移 0.5 个图形单位，沿 Y 方向上移一个图形单位，不作旋转，并且保持与原形大小相等。

4. 自定义形文件

(1) 形文件概述。形是一种对象，其用法与块相似。使用形时，首先要用 LOAD 命令加载包含所需形定义的编译后的形文件，然后用 SHAPE 命令将形从该文件插入图形中。将形加入图形时，可进行缩放和旋转。

与形相比，块更容易使用，且用途更加广泛。但对 Auto CAD 而言，形占用空间较小，绘制速度较快。当用户必须重复插入一个简单图形且速度非常重要时，用户定义的形将非常有用。

Auto CAD 字体和形文件（SHX）从形定义文件（SHP）编译而成。形定义文件可用文本编辑器或能将文件存为 ASCⅡ格式的字处理器创建或编辑。

用户在扩展名为.shp 的特殊格式的文本文件中输入形的说明，然后编译该 ASCⅡ文件。编译形定义文件（SHP）生成编译后的形文件（SHX）。

编译后的文件与形定义文件同名，但其文件类型为 SHX。如果形定义文件定义了字体，可用 STYLE 命令定义文字样式，然后用文字位置命令（TEXT 或 MTEXT）将字符放入图形。如果形定义文件定义了形，可用 LOAD 命令将该形文件加载到图形中，然后用 SHAPE 命令将单个的形放入图形（与 INSERT 命令的概念相似）。

（2）创建形定义文件。每个形或字符的形说明语法都不考虑形说明的最后用法（用作形或字体）。如果形定义文件被用作字体文件，则文件中的第一个条目必须描述字体本身，而不是该文件中的形；如果第一个条目描述一个形，则该文件被用作形文件。

形定义文件的每一行最多可包含 128 个字符。超过此长度的行不能编译。每个形说明都有一个标题行（格式如下），以及一行或多行定义字节。这些定义字节之间以逗号分隔，最后以 0 结束。语法：

```
 *shapenumber,defbytes,shapename
specbyte1,specbyte2,specbyte3,...,0
```

下面描述形说明的各个字段：

1）shapenumber 形编号。文件中唯一的一个 1～258（对于 Unicode 字体，最多为 32768）之间的数字，带前缀星号（*）。对于非 Unicode 字体文件，用 256、257 和 258 分别作为符号标识符 Degree _ Sign、Plus _ Or _ Minus _ Sign 和 Diameter _ Symbol 的形编号。对 Unicode 字体，这些字形以 U+00B0、U+00B1 和 U+2205 作为形编号，并且是“Latin Extended-A”子集的一部分。

字体（包含每个字符的形定义的文件）的编号要与每个字符的 ASCⅡ 码对应；其他形可指定任意数字。

2）defbytes 形数据字节数。用于描述形的数据字节（specbytes）的数目，包括末尾的零。每个形最多可有 2000 个字节。

3）shapename 形名称。形的名称必须大写，以便于区分。包含小写字符的名称被忽略，并且通常用作字体形定义的标签。

4）specbyte 形定义字节。每个定义字节都是一个代码，或者定义矢量长度和方向，或者是特殊代码的对应值之一。在形定义文件中，定义字节可以用十进制或十六进制值表示。与许多形定义文件一样，本节样例中同时使用了十进制和十六进制定义字节值。

如果形定义字节的第一个字符为 0（零），则后面的两个字符解释为十六进制值。

简单的形定义字节在一个定义字节（一个 specbyte 字段）中包含矢量长度和方向的编

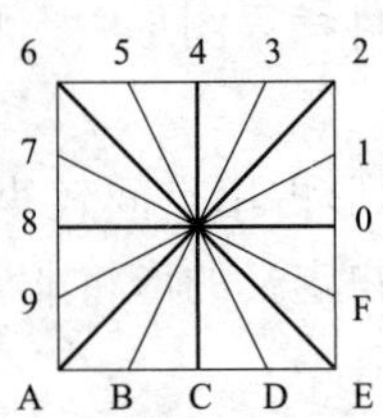

图 6-54 方向代码图

码。每个矢量的长度和方向代码是一个三字符的字符串。第一个字符必须为 0，用以指示 Auto CAD 将后面的两个字符解释为十六进制值。第二个字符指定矢量的长度。有效的十六进制值的范围是从 1（1 个单位长度）到 F（15 个单位长度）。第三个字符指定矢量的方向。图 6-54 展示了方向代码。

图 6-54 中的所有矢量都按同样的长度定义绘制。对角矢量长度延长，以匹配最接近的正交矢量的 X 或 Y 位移。这与 Auto CAD 中的捕捉栅格操作相似。

［实例 6-7］ 构造名为 DBOX 的形，指定形的编号为 230。

```
* 230,6,DBOX
014,010,01C,018,012,0
```

上述定义字节序列定义了一个单位长度、一个单位宽度的方框，以及从左下角到右上角的对角线。将文件保存为 dbox. shp 后，使用 COMPILE 命令生成 dbox. shx 文件。使用 LOAD 命令加载包含此定义的形文件，然后按照如下方式使用 SHAPE 命令：

命令：shape

输入形名称（或?）：dbox

指定插入点：1.5，1.5

指定高度<当前值>：1

指定旋转角度<当前值>：0

结果形如图 6-55 所示。

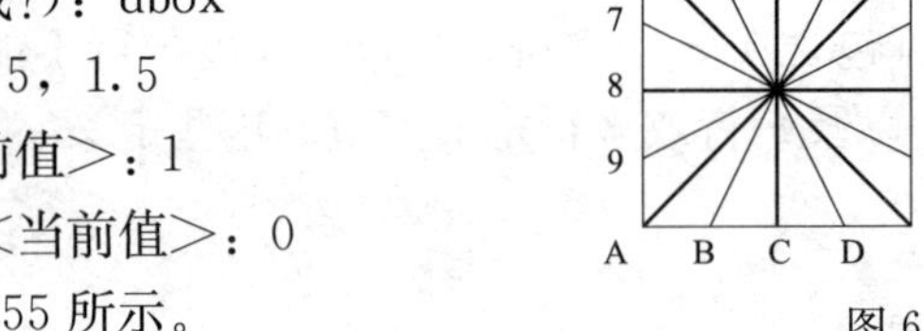
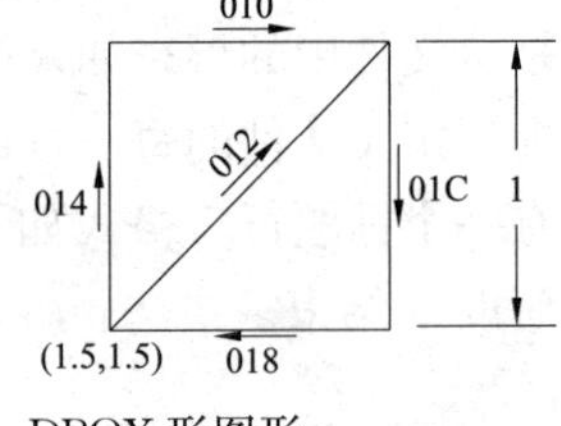

图 6-55 DBOX 形图形

［实例 6-8］ 调用带有形的线型。

```
* DBOX,——[DBOX]——[DBOX]——[DBOX]
A,1.0,-0.25,[DBOX,DBOX.shx,S=0.3,X=0.25,Y=-0.05],-1.0
```

调用后如图 6-56 所示。

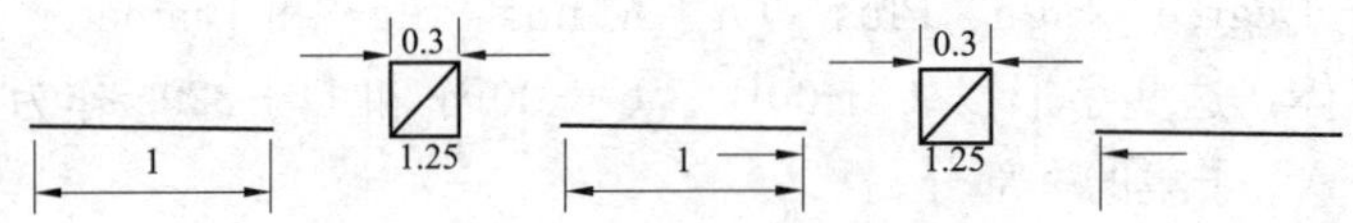

图 6-56 带有 DBOX 形图形的线型

6.6.5 计算机自动绘图

1. 使用简码识图功能

CASS9.1“绘图处理”下拉菜单中有“简码识图”选项，对于一些连接信息单一、数量较多的点状地物，可以使用有码作业，或根据草图编辑其 DAT 坐标数据文件，在其编码一列输入 CASS 预置的地物野外操作码即可使用该功能（见图 6-57）。

图 6-57 编辑 DAT 文件编码

野外操作码由描述实体属性的野外地物码和一些描述连接关系的野外连接码组成。CASS9.1

专门有一个野外操作码定义文件 JCODE.DEF（见图 6-58），该文件是用来描述野外操作码与 CASS9.1 内部编码的对应关系的，用户可编辑此文件使之符合自己的要求，文件格式为：

```
野外操作码,CASS9.1 编码
……
END
```

对图 6-57 的 DAT 文件使用简码识别功能后，计算机将自动绘制出路灯的符号，见图 6-59。

野外操作码的定义有以下规则：

(1) 野外操作码有 1～3 位，第一位是英文字母，大小写等价，后面是范围为 0～99 的数字，无意义的 0 可以省略，例如，A 和 A00 等价、F1 和 F01 等价。

(2) 野外操作码后面可跟参数，如野外操作码不到 3 位，与参数间应有连接符“—”，如有 3 位，后面可紧跟参数，参数有下面几种：控制点的点名、房屋的层数、陡坎的坎高等。

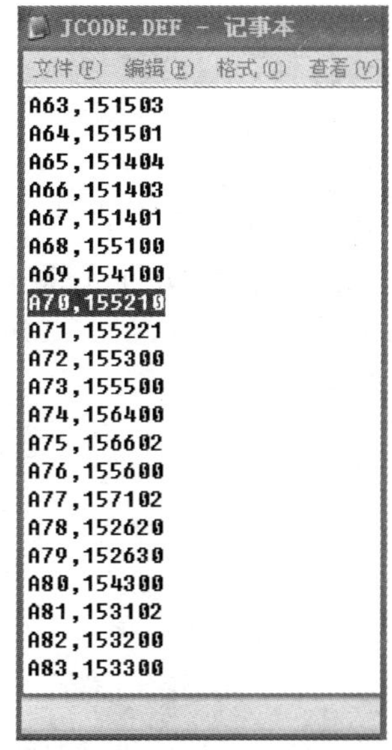
JCODE.DEF - 记事本
文件(F) 编辑(E) 格式(O) 查看(V)
A63,151503
A64,151501
A65,151404
A66,151403
A67,151401
A68,155100
A69,154100
A70,155210
A71,155221
A72,155300
A73,155500
A74,156400
A75,156602
A76,155600
A77,157102
A78,152620
A79,152630
A80,154300
A81,153102
A82,153200
A83,153300

图 6-58 JCODE.DEF 文件

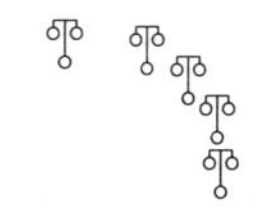

图 6-59 计算机自动绘图

(3) 野外操作码第一个字母不能是“P”，该字母只代表平行信息。

(4) Y0、Y1、Y2 三个野外操作码固定表示圆，以便和老版本兼容。

(5) 可旋转独立地物要测两个点以便确定旋转角。

(6) 野外操作码如以“U”“Q”“B”开头，将被认为是拟合的，所以如果某地物有的拟合，有的不拟合，就需要两种野外操作码。

(7) 房屋类和填充类地物将自动被认为是闭合的。

(8) 房屋类和符号定义文件第 14 类别地物如只测三个点，系统会自动给出第四个点。

(9) 对于查不到 CASS 编码的地物及没有测够点数的地物，如只测一个点，自动绘图时不做处理，如测两点以上按线性地物处理。

CASS9.1 系统预先定义了一个 JCODE.DEF 文件，用户可以编辑 JCODE.DEF 文件以满足自己的需要，但要注意不能重复。

2. 编码引导文件

编码引导文件扩展名为“. Yd”，是用户根据“草图”编辑生成的，文件的每一行描绘一个地物，数据格式为（如 WMSJ. YD 所示）：

```
Code,N1,N2,……,Nn,E
```

其中：Code 为该地物的地物代码；Nn 为构成该地物的第 n 点的点号。值得注意的是：N1、N2、…、Nn 的排列顺序应与实际顺序一致。每行描述一地物，行尾的字母 E 为地物结束标志。

最后一行只有一个字母 E，为文件结束标志。

显然，引导文件是对无码坐标数据文件的补充，两者结合即可完备地描述地图上的各个地物。

例如，某采点数据编码引导文件如下：

```
W2,165,7,6,5,4,166
F0,164,162,85
U2,38,37,36,35,39,40
F0,133,167,132,152,168,153,77,169,76,136,135,134,133
U3,170,95,96,171
F1,68,66,114
Q4,172,52,53,54,55,56,57,58,59,60,61,62,63,64,151,106,173
Q5,107,150,149,148,147,146,145,144,143,142,141,140,174,175,176,177
Q0,130,129,127,97,98,99
Q2,49,50,51,90,91,86,84,83,82,81,72,119,118,117,116,110
F5,109,102,105
F2,18,14,2
A19,1
…….
A38,120
A88,122
A25,137
```

其坐标数据如下：

```
1,,53318.52,31360.04,25.047
2,,53299.21,31266.97,21.3352
3,,53236.25,31268.6,20.0949
……
197,,71.744,46.168,1.000
198,,57.656,46.405,0.000
199,,74.446,77.114,0.000
```

两者结合，即可实现计算机自动绘图，需注意线状和面状地物的连接关系一定要完整准确，否则容易出错。

6.6.6 数字地图的容量压缩

在测绘复杂地区的绘图过程中，经常会出现图层混杂、建块乱，以及加载的测图软件预定义图层没有全部使用等情况，导致文件体积较“臃肿”。这时，可以采取一定方法进行压缩处理。

可用 PURGE 命令使用选项 ALL 将图形中没有使用过的块、图层、线型等全部删除，达到减小文件的目的。连续多次使用 PURGE 命令后，文件将会适当变小；也可用 WBLOCK 命令以块的方式产生新的图形文件，把新生成的图形文件作为传送或存档用。

6.6.7　分区测图的拼接问题

在基于 CAD 平台的测图软件中，当需要拼接的两幅图基于同一坐标系统时，可直接使用 Auto CAD 命令中的 Wblock 与 Insert 命令进行拼接，拼接时需要注意图形块的基点坐标设置。当坐标系统不一致时，需在两图中保证至少有 2 个共同的控制点，并选取其中一个公共点作为插入或移动的基点，配合旋转命令进行拼接处理。

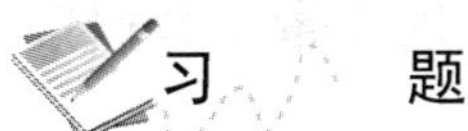

习　题

1. 用全站仪与计算机进行数据传输时要设置哪些参数？
2. 用 CASS 绘制平面图，主要有哪几种方法？
3. 在 CASS 的内业展点时，有哪些展点方式？
4. 等高线的绘制步骤如何？
5. 怎样进行图形整饰？
6. 如果在野外测图时，该区必备的控制点资料忘记携带，测图使用的为控制点 A 和 B 的假定坐标（0，0）/(1000，500)。回到室内后，查得 A、B 两点的实际坐标为（3 800 000，510 000)/(3 801 000，510 500)，请问如何将假定的坐标系统矫正过来？

单元七　地图扫描矢量化

学习目标

了解地图扫描矢量化，能够掌握地图矢量化的工作流程，最后要掌握用南方 CASS 软件进行矢量化的过程。

7.1　扫描矢量化数据采集

随着信息化时代的到来，大量的纸质资料需要转变成电子数据以利于方便快捷的分发、查询、处理及安全可靠的存储。当前计算机辅助设计（CAD）技术的应用已相当普遍，如今生成的绝大部分图纸都是首先由 CAD 软件生成电子文件后再被打印输出或直接以电子文件形式被保存和使用的。但是，CAD 技术从成熟到普及不过是近几年的事情，如今绝大部分图纸资料仍是以纸为载体存放的。这些图纸对任何一个单位来说都是一笔财富，如何将它们有效地转变成电子数据是急需解决的一个问题。

数字地形图目前除通过数字测图的方式外，另外一种主要的方式就是进行扫描矢量化。地图扫描屏幕矢量化，是先将图纸通过扫描仪录入计算机，生成按一定分辨率并按行和列规则划分的栅格数据，其栅格数据的文件格式有 JPEG、TIF、BMP、PCX、GIF、TGA 等，然后应用扫描矢量化软件，采用人机交互与自动化跟踪相结合的方法来完成地形图的矢量化。因其工作都是在屏幕上完成的，故又称为地形图扫描屏幕矢量化。矢量化方法有两种：一种是用鼠标对栅格图像逐一描绘，得到一个以 .dwg 为后缀的图形文件，该方法的工作量与手扶跟踪数字化相当；当需要数字化的图纸比较多时，最好使用专用的扫描矢量化软件结合人工干预对栅格图像进行矢量化。目前的扫描矢量化软件都有自动识别和自动跟踪功能，能大大地提高矢量化作业效率，是地图数字化成图的主要方法，见图 7-1。

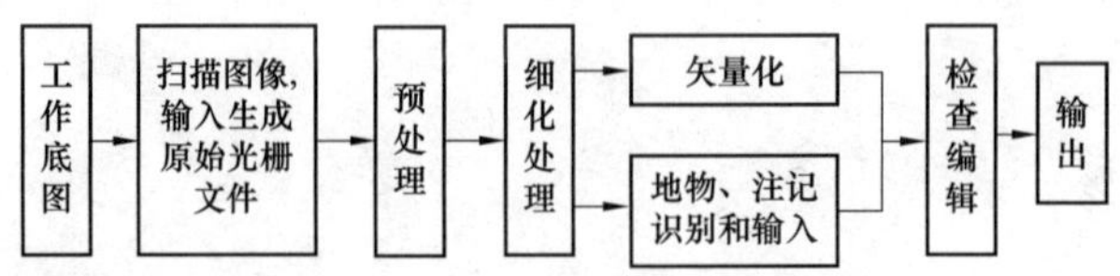

图 7-1　扫描矢量化的作业流程

7.1.1　原始光栅文件的预处理

地形图扫描后，由于原图纸的各种误差和扫描本身的原因，扫描提供的是有误差甚至有错误的栅格结构。因此，扫描地形图工作底图得到的原始栅格文件必须进行多项处理后才能完成矢量化。对原始光栅文件的预处理实际上是对原始栅格文件进行修正，经修正最后得到正式栅格文件，以格式 TIF、PCX、BMP 存储。

7.1.2　正式栅格文件的细化处理

细化处理过程是在正式栅格数据中寻找扫描图像线条的中心线的过程，衡量细化量的指标有细化处理所需内存容量、处理精度、细化畸变、处理速度等。细化处理是要保证图像中的线段连通性，但由于原图和扫描的原因，在图像上总会存在一些毛刺和断点，因此要进行必要的毛刺剔除和人工绝断，细化的结果应为原样条的中心线。

7.1.3　地图矢量化

矢量化是在细化处理的基础上，将栅格图像转换为矢量图像。在栅格矢量化的过程中，大部分线段的矢量化过程可实现自动跟踪，而对一些如重叠、交叉、文字符号、注记等较复杂的线段，全自动矢量跟踪较为困难，此时应采用人机交互与自动化跟踪相结合的方法进行矢量化。

7.2　矢量化制图软件

目前的扫描矢量化软件都有自动识别和自动跟踪功能，能大大提高矢量化效率。此类软件有 CASS、CASSCAN、R2V、SuperMap 等。

7.2.1　南方 CASS 软件

南方 CASS 软件具有图像处理功能，利用它的"光栅图像"命令，可以对图像进行图像插入、编辑、纠正等操作，在利用屏幕侧边栏菜单进行图像数字化，需要提出的是南方 CASS 软件并不是专门的地形图扫描数字化软件，没有自动矢量化功能，因此也不能对光栅图形的线划进行细化处理，但相比手扶数字化仪，其效率和精度相对较高，也是一种快捷方便的人机交互矢量化软件。

7.2.2　南方 CASSCAN 软件

CASSCAN 是南方测绘仪器公司开发的专业扫描矢量化软件。此软件基于 Auto CAD 平台，结合 CASS 成图软件方便灵活对地形地物处理的特点，对拥有 CASS 软件的用户而言，因为已经熟悉了 Auto CAD 和 CASS 的操作，故极易上手。CASSCAN 的地物编码系统与 CASS 完全相同，CASSCAN 生成数字化成果可直接用于 CASS，并且还提供了与其他同类软件进行数据交换的大量接口。

7.2.3　SuperMap 软件

SuperMap 软件是北京超图有限公司开发的软件，其中的 SuperMap Deskpro 是一款专业桌面 GIS 软件，包含了 SuperMap GIS 桌面产品的所有功能模块，提供了地图编辑、属性数据管理、分析与辅助决策相关事务，以及输出地图、打印报表、三维建模等方面的功能。SuperMap Deskpro 作为一个全面分析管理的工具，应用于土地管理、房地产、农林业、电力、电信、邮政、交通、城市管网、资源管理、环境分析、旅游、水利、航空和军事等所有需要地图处理和管理行业。SuperMap 中的矢量化过程如图 7-2 所示。

7.2.4　R2V

R2V 是一款高级光栅图矢量化软件系统，该软件系统将强有力的智能自动数字化技术与方便易用的菜单驱动图形用户界面有机地结合到 Windows 环境中，为用户提供了全面的自动化光栅图像到矢量图形的转换，它可以处理多种格式的光栅（扫描图像），是一个可以用扫描光栅图像为背景的矢量编辑工具。由于该软件的良好的适应性和高精确度，其非常适

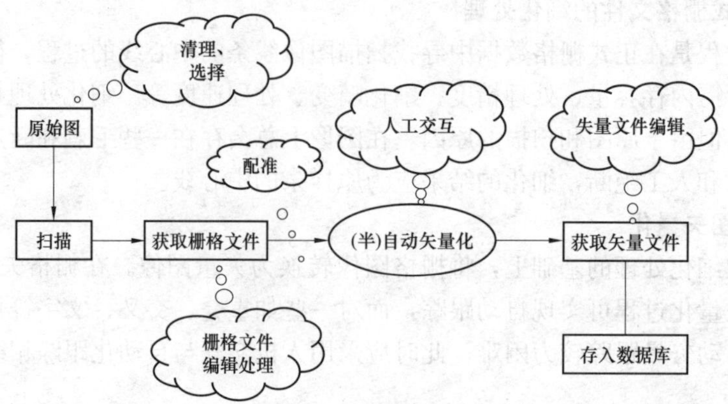

图 7-2　栅格矢量化流程图

合于 GIS、地形图、CAD 及科学计算等应用。

7.3　南方 CASS 软件矢量化应用

用南方 CASS 软件进行矢量化的具体步骤如下：

(1) 插入矢量图框。如图 7-3 所示，用鼠标选取“地物绘制（R）/标准图幅(50X40cm)”菜单项，在弹出的“图幅整饰”对话框中输入相应的图框信息和图框左下角坐标，点击“确认”按钮，此时，在工作窗口中将会出现一个有完整信息的矢量图窗口。

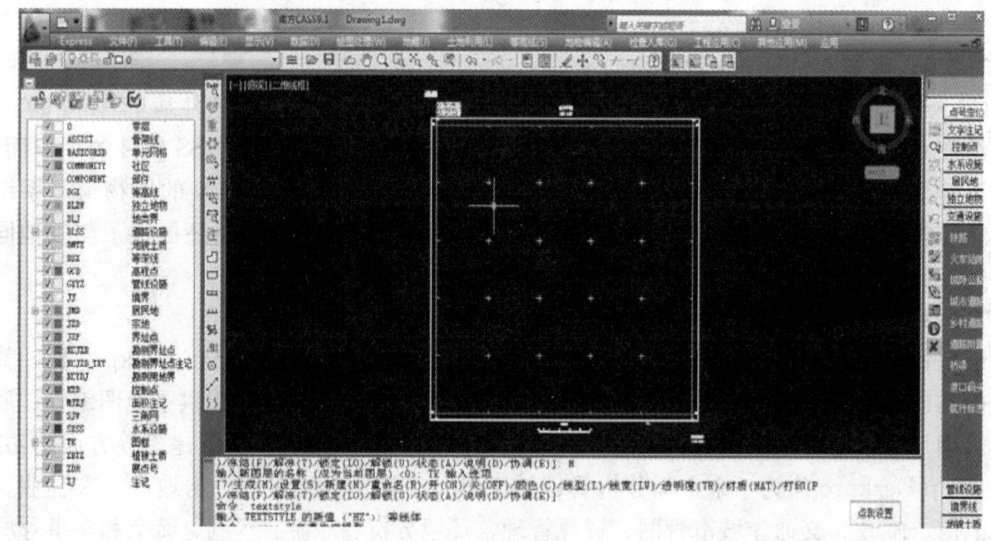

图 7-3　插入的矢量图框

(2) 插入光栅图。接下来通过“工具”菜单下的“光栅图像→插入图像”项插入一幅扫描好的栅格图，如图 7-4 所示；这时会弹出图像管理对话框，如图 7-5 所示；选择“附着(A)…”按钮，弹出选择图像文件对话框，如图 7-6 所示；选择要矢量化的光栅图，点击“打开（O)”按钮，进入图形管理对话框，如图 7-7 所示；选择好图形后，点击“确定”即可。命令行将提示：

Specify insertion point <0，0>：

输入图像的插入点坐标或直接在屏幕上点取，系统默认为（0，0）

Base image size：Width：1.000000，Height：0.828415，Millimeters

命令行显示图像的大小，直接回车

Specify scale factor <1>：

图形缩放比例，直接回车

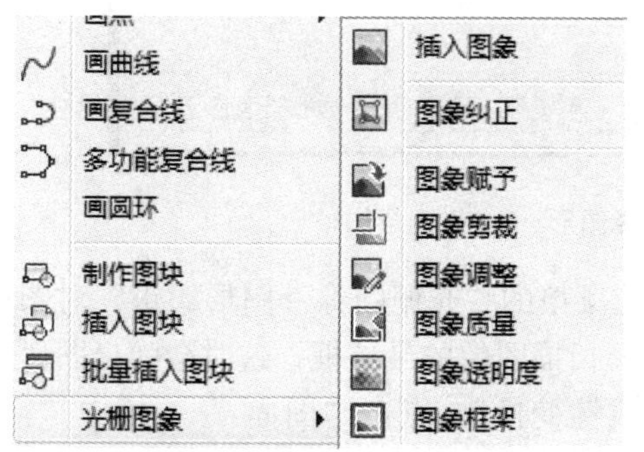

图 7－4　插入一幅栅格图

图 7－5　图形管理对话框

图 7－6　选择图形文件

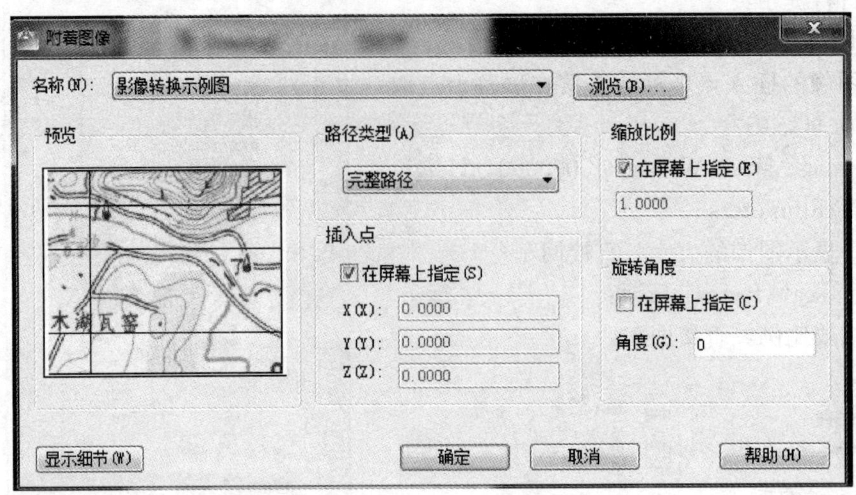

图 7-7 选择图形

(3) 图像纠正。插入图形后，用“工具”下拉菜单的“光栅图像→图形纠正”对图像进行纠正，命令区提示：选择要纠正的图像时，选择扫描图像的最外框，这时会弹出图形纠正对话框，如图 7-8 所示。选择五点纠正方法“线性变换”，点击“图面：”一栏中“拾取”按钮，回到光栅图，局部放大后选择角点或已知点，此时自动返回纠正对话框，在“实际：”一栏中点击“拾取”，再次返回光栅图，选取控制点图上实际位置，返回图像纠正对话框后，点击“添加”，添加此坐标，如图 7-9 所示。完成一个控制点的输入后，依次拾取输入各点，最后进行纠正。纠正之前可以查看误差大小，如图 7-10 所示。

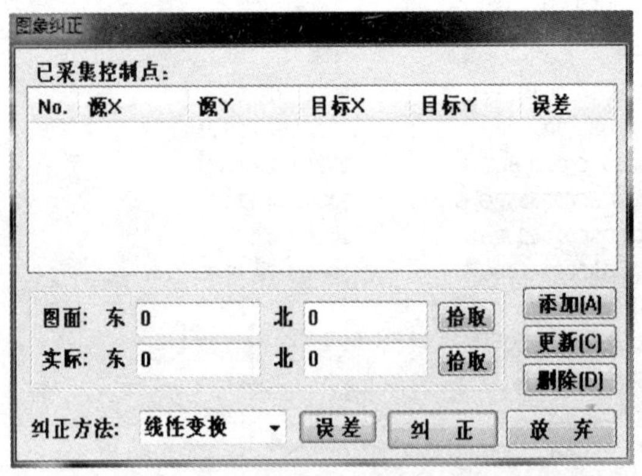

图 7-8 图形纠正

经过几次纠正后，栅格图像应该能达到数字化所需的精度。值得注意的是，纠正过程中将会对栅格图像进行重写，覆盖原图，自动保存为纠正后的图形，所以在纠正之前需备份原图。

(4) 图像质量校正。在“工具→光栅图像”中，还可以对图像进行图像赋予、图形剪切、图像调整、图像质量、图像透明度、图像框架的操作。用户可以根据具体要求，对图像进行调整。

图 7－9　选点纠正

图 7－10　误差消息框

（5）图像矢量化。图像纠正完毕后，利用右侧的测绘专用交互绘图屏幕菜单，可以进行图形的矢量化工作。进入该菜单的交互编辑功能前先选定定点方式，根据需要利用右侧屏幕菜单中的图式符号，进行矢量化工作。

7.4　SuperMap 矢量化应用

7.4.1　创建数据源，新建投影，导入光栅图

用 SuperMap（见图 7－11）矢量化应该先创建一个数据源，名称按一般习惯将它命名为原纸图的图幅号，矢量化得到的数据也将放在该数据源中（见图 7－12）。然后将光栅图导入到该数据源中（见图 7－13 和图 7－14），导入后结果界面如图 7－15 所示。注意，创建该数据源时，一定要将其坐标系设置为与原纸图一样的坐标系（新建投影部分可参照坐标系设置）。

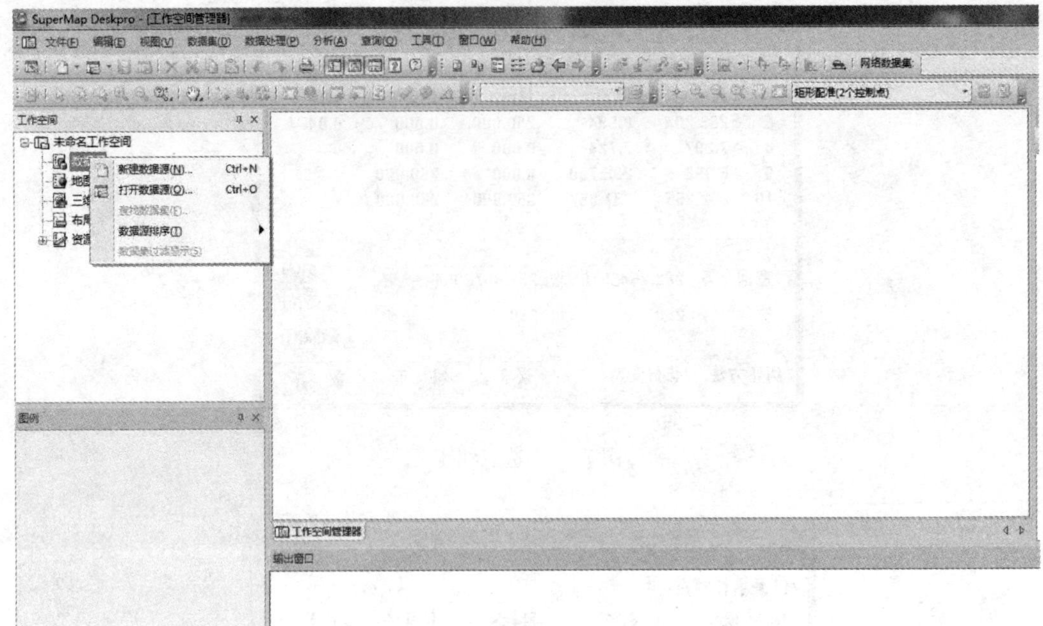

图 7－11　创建数据源位置

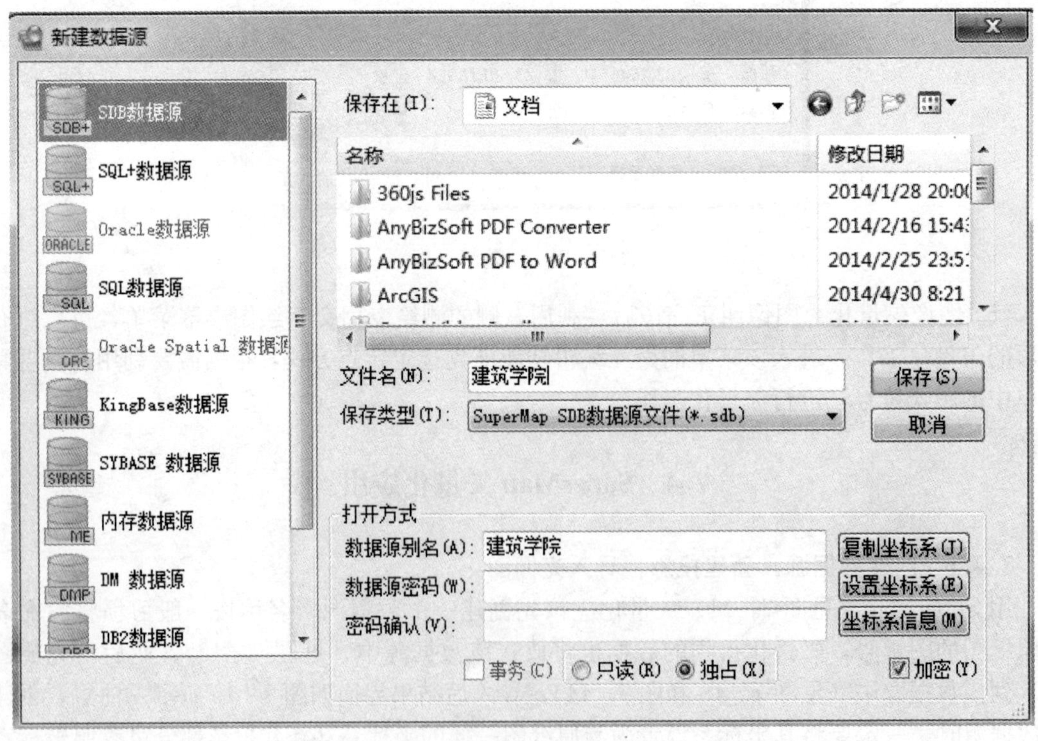

图 7－12　创建数据源

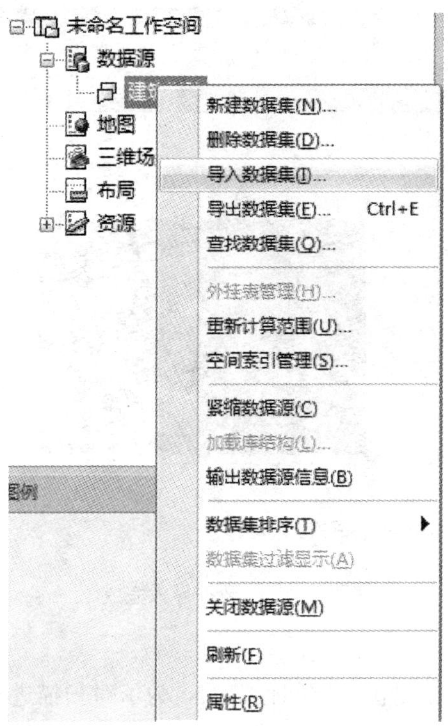

图 7-13　导入数据集位置

图 7-14　数据导入

图 7-15 数据导入完成

7.4.2 栅格配准

此时导入进来的栅格数据是没有空间位置的，为了对扫描进来的栅格数据赋予实际地物空间的位置，需要对其进行配准，对栅格图进行坐标和投影的校正，以使其坐标准确。同时配准也可以纠正扫描时由于各种因素引起的图形变形。

选择菜单“数据处理→配准→新建配准窗口……”在弹出的对话框中选择配准图层和参考图层，然后在配准图层和参考图层上分别选取相应的控制点进行配准（见图 7-16）。

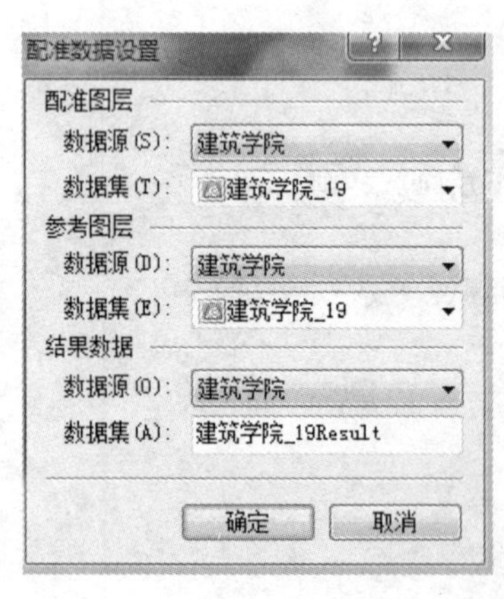

图 7-16 配准数据设置

如果没有参考图层，也可在配准图层上选取控制点，根据已知的地图坐标进行配准。选择菜单“工具→配准→新建配准图层……”弹出对话框，参考图层应该是空白(见图 7-17)，因为现在没有这个图的矢量数据，点击“确定”进入配准界面。在配准图的左上角刺一个点，然后在底部配准数据窗口中双击第一栏（若是第二个点则双击第二栏，以此类推），弹出一个“控制点输入对话框”，在参考点编辑框中输入原图的矢量坐标（这个就在原纸图中），按“确定”即定下第一个点，随后其他三个角点可进行同样操作。最后可根据栅格图像的不同选择使用线性配准的方法来进行配准，并计算出点坐标误差结论（见图 7-18)。而对于没有参考图层，而且四个点只有经纬度坐标的栅格图，建议在配准之前，用转换坐标点菜单（选择菜单“工具→投影变换→转换坐标点”）将纸图的四个角点的地理坐标转换为投影坐标，然后进行以上的配准。配准后得到的结果数据集将作为屏幕矢量化的底图。

另外，如果地图比较大，需要分成几幅扫描，可以将几幅栅格图导入已创建的数据源之后，将它们进行栅格数据镶嵌的操作（菜单“地图→栅格数据镶嵌……”），使它们合并成原来一幅图后再进行配准。

图 7－17　配准刺点

序号	源点X	源点Y	目标点X	目标点Y	X误差	Y误差	中误差
1	2067.925679	17699.735617	603000.000000	44800.000000	1.704854	0.824485	1.893753
2	22084.199592	17715.320318	603500.000000	44800.000000	1.704854	0.824485	1.893754
3	22086.316167	1722.723270	603500.000000	44400.000000	1.704850	0.824485	1.893750
4	2076.861662	1710.436509	603000.000000	44400.000000	1.704850	0.824485	1.893750

图 7－18　点误差计算

7.4.3　建立数据集、修改表结构

遵循归类分层管理的原则，按照先前已制作好的编码表，分别对原纸图上的各种地理要素新建不同的数据集（菜单“数据集→新建数据集……”，见图 7－19）。然后在图 7－20 所示“属性”对话框（工作空间管理器窗口中，在数据集名称上单击鼠标右键弹出快捷菜单，然后选择“属性”）的矢量表结构页里新建修改字段，设置字段名称、字段类型、字段长度及其他各种相关参数。

7.4.4　屏幕跟踪矢量化过程

把建好的数据集拖入图像中，选择相应的要素开始手工跟踪矢量化地图。用鼠标跟踪栅格图像（见图 7－21），在其背景上绘制地图的各要素。例如，对于等高线，它所表现的是线型，将已建好的一个名为“等高线”的线数据集添加到已经打开栅格图像的地图窗口中，并将其设置为“可编辑图层”，就可以使用栅格矢量半自动跟踪功能（见图 7－22）和自动跟踪功能（见图 7－23），在栅格图像上进行矢量化跟踪，而对于其他地理要素的操作都与等高线的操作相似。

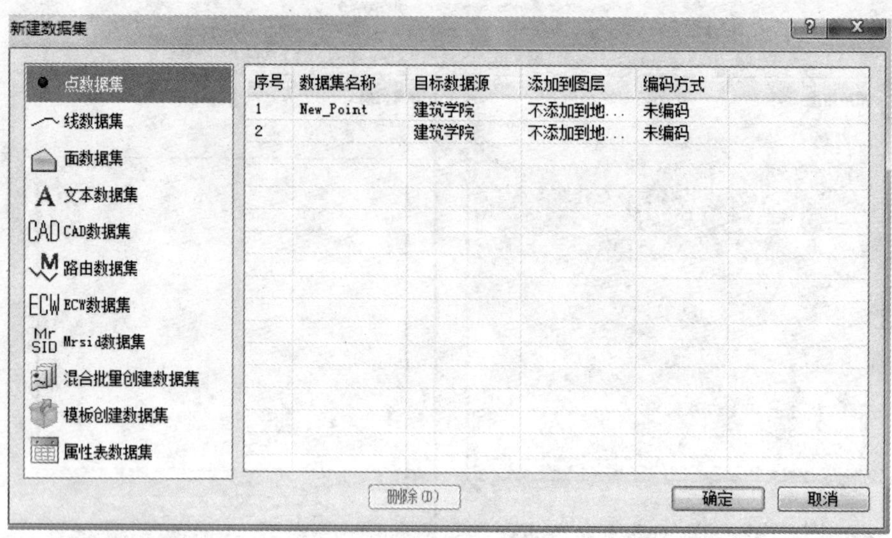

图 7-19　新建数据集

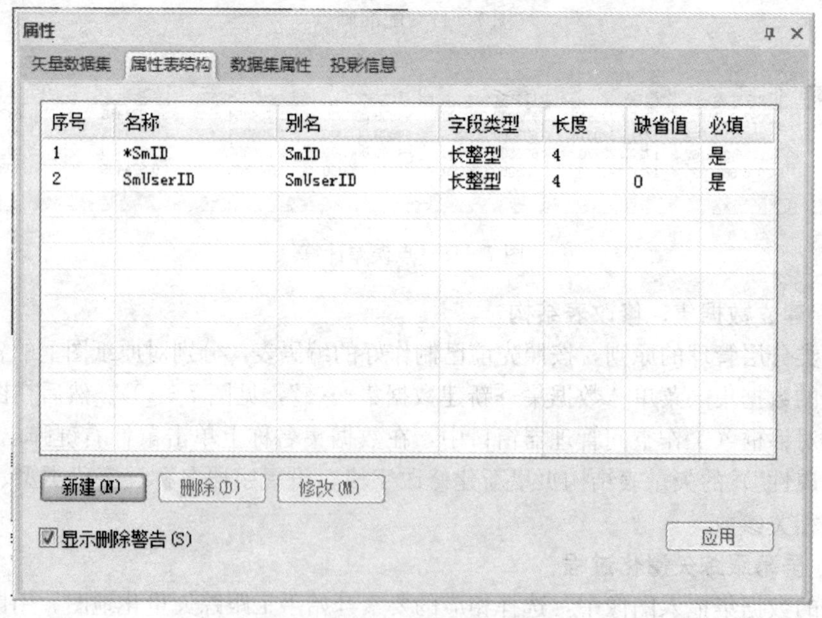

图 7-20　数据集属性设置

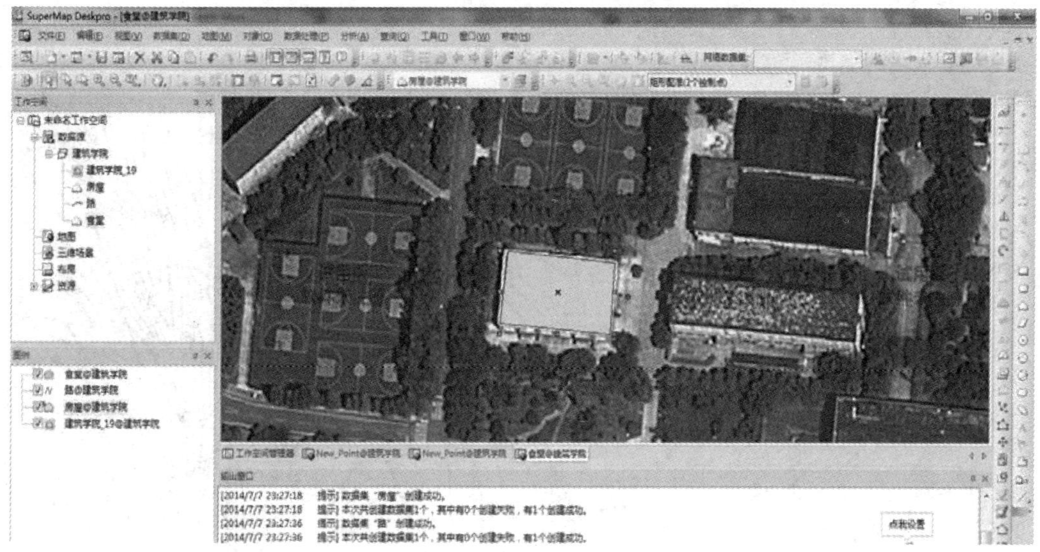

图 7－21　矢量化过程

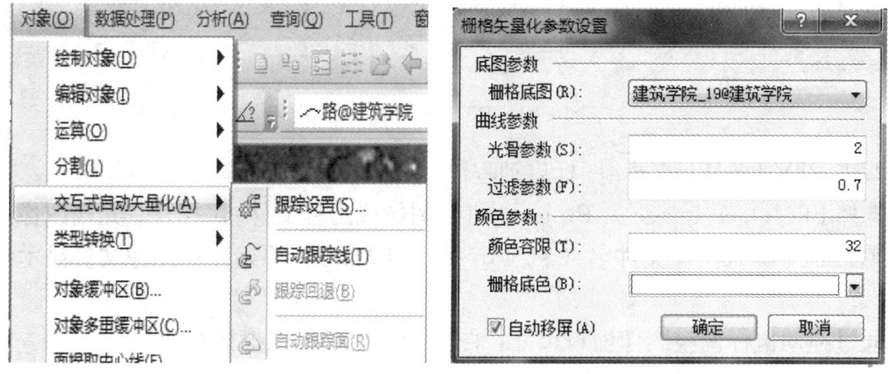

图 7－22　半自动跟踪设置

图 7－23　自动跟踪工具栏

7.5　R2V 软件矢量化

Raster2Vector（R2V）for Windows/NT 是一种高级光栅图矢量化软件系统。在 Windows & NT 环境中，为用户提供了光栅图像到矢量图形的多种转换方式。其非常适合于 GIS、地形图、CAD 等应用。

使用 R2V 软件来矢量化光栅图像（见图 7－24）的操作步骤：

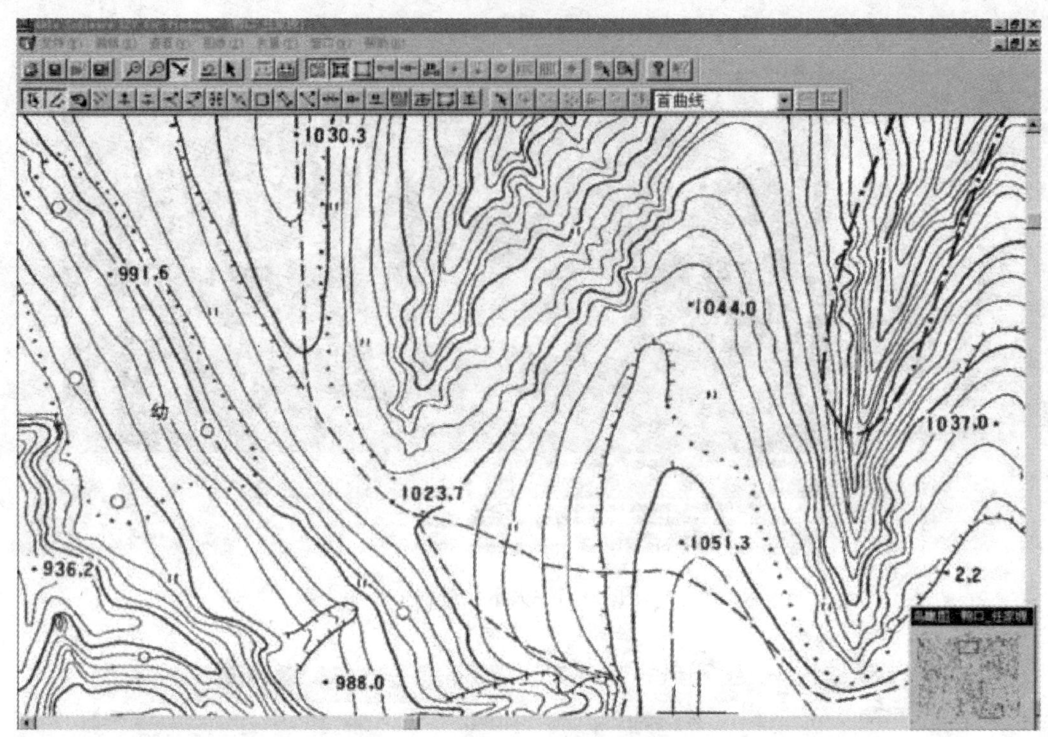

图 7-24 RTV 矢量化地形图

(1) 双击 R2V for Windows 图标启动程序。

(2) 选择 File/Open Image or Project (打开图像或工程文件), 打开一光栅图像文件, 在打开文件对话框中输入图像文件名 (*. TIF 或 *. BMP)。原始光栅图像文件显示在图像窗口中。

(3) 通过拖动鼠标调整图像窗口尺寸, 图像会按正确的纵横比缩放。

首先, 进行一些显示方面的操作。

选定一个矩形区域后按 F2 键可放大窗口, 按 F3 键则缩小显示。光标键及 PgUp 及 PgDn 键可用于在图像的不同部位移动放大的窗口。如果光栅图像为 1 位黑白图像, 可以通过 View/Set Image Color 选项调整图像显示颜色。如果是灰度图像, 则使用 Adjust Contrast 选项来改变图像显示质量。

然后, 可以应用图像处理功能来提高矢量化的质量。

如在灰度图像上使用图像圆滑 (Image smoothing) 处理、在黑白图像上使用去点 (Despeckle) 均可相应地去掉图像"噪点"。

要改变图像的方向, 可以使用 Image 菜单下的垂直翻转 (VerticalFlip)、水平翻转 (Horizontal Flip)、任意角度旋转 (Rotate)、90°转置 (Transpose) 等选项进行操作, 而重采样 (Resample) 可以改变图像的分辨率。如果仅需处理部分图像, 则可以使用 Image/Crop Region 操作来保留选定的区域而去掉图像其他部分, 或使用 Image/Set ROI 命令。

如果扫描的图像分辨率太高, 可以使用 Resample 命令降低图像分辨率, 缩小图像尺寸, 这样可加快处理速度。在应用上述图像处理命令后, 应该将图像另存为新的图像文件,以保存所作的改变。

上述操作完成后，对于黑白或灰度图像，可直接开始进行图像矢量化处理。如果是彩色图像，还应对其进行颜色分类：

分类（classification）操作以使图像更清晰。对于有“噪点”的彩色图像，可以利用 Image/PixelTool 下的选取项来去除“噪点”，Map Pixel Values 选项可以修正色彩，而重画光栅点，可以清除不需要的点。

如果扫描图像上仅有单一类型的线条，如地形等高线图，可以用 Vector/Auto Vectorize 命令直接矢量化。

若需要生成几个层来组织矢量化数据，可使用命令 Edit/Layer Define 定义好所需层。选择一层作当前层来保存自动或手动矢量化的数据，该层数据矢量化完成后，选择其他层作为当前层在其上继续做其他矢量化工作。在编辑或处理中，只需打开当前层（关闭其余图层）的数据。

如果扫描图像质量够好，可以选择 Vector/Auto Vectorize 命令直接进行全自动矢量化。系统会显示一对话框供设置矢量化参数，选择 START 即可开始矢量化处理。此时光标变成一个沙钟处理表示系统正在忙于处理，处理结束后，光标会变回箭头状。识别出的矢量线段将以绿色显示在图像窗口中。

使用 View/Overlay 中的选项可以打开或关闭某些显示要素，如线的结点、线的端点及线段的 ID 号。线段的颜色可以使用 Use Layer Color 命令按照其所处的层的定义来改变，如果该线段标注有 ID 号，也可使用 View/Set Line Color By ID 命令按其 ID 号来改变颜色。

如果处理的图像比较复杂，有各种图素混合在一起，须使用 R2V 的交互跟踪功能进行有选择的矢量化。为进行交互跟踪，先选择 Edit/Lines 进入线编辑器，进入线编辑器后，通过选择主菜单、工具条或弹出菜单条中选项光标处于 NewLine（新线）编辑状态，并确认 Auto Trace 项被选中。先用鼠标左键在要跟踪矢量的线上点一起点，再用同样的方法在该线上点另一点以便系统跟踪，在有图像交叉或断裂的地方，跟踪会暂停等候点下一点继续跟踪。可以用<Backspace>键删掉最后的跟踪点，当一条线跟踪矢量完后，按<Space>空格键或其他键结束。重复上面的步骤，跟踪矢量其他的线段。

如果需要同时矢量化一组线，如地形等高线，可以使用线编辑器中 Multi - Line Trace（多线跟踪）功能。在主菜单、工具条或弹出菜单条中选择 Multi - Line Trace 模式，按下鼠标左键横跨需要跟踪的一组线段画一直线，R2V 会自动矢量化所选择的这些线。对其他的线重复这样操作即可。

(4) 使用 Edit/Lines 命令编辑矢量化过的线段，用鼠标右键可调出编辑选项弹出式菜单。编辑功能可从主菜单 Edit/Line Editor 调用或直接按主菜单下的工具条。

使用编辑器，可以添加线，添加、移动、删除结点，断开线，删除线，删除选择区或所有的线。在设置 ID 值参数后，线可被指定的 ID 值标注。各种矢量数据后处理及显示命令在 Vector 菜单项下可选用。

(5) 为了将生成的矢量数据转换到特定的投影坐标系统中，如 UTM，使用 Vector/Select Control Points 选项去设定控制点。可以选择 4 点或更多的点并指定其目的坐标。需要注意的是，在矢量数据被输出到矢量文件之前，控制点并未作用于矢量数据。只有在数据输出到文件时，坐标校正才起作用。

使用控制点可将光栅图像进行地理参照（Geo - reference）生成图像世界文件（Image World File）。光栅图像也可使用 Image/Warp 命令与选择的控制点进行坐标对齐或几何校正。

(6) 使用 Save Project 命令将所有的数据存储为 R2V 工程（Project）文件，完成了所有的处理及编辑操作，可选择 File/Export Vector 输出矢量数据。生成的矢量数据可被存储为 Arc/Info（ARC）、ArcView 形文件（SHP）、MapInfo（MIF）、XYZ（三维点文件）、DXF 及 MapGuide SDL 等文件格式。

在输出特定的矢量格式文件时，系统会提示设置一些选项，如是否使用控制点校正矢量数据、需要使用何种变换方法等。选择使控制点有效并设置转换方法（如双线性法 Bi - Linear）后，即可输出数据。

习　题

1. 简述地形图扫描数字化的工作步骤。
2. 简述利用 CASS 扫描矢量化的工作步骤。
3. 简述用 Supermap 矢量化的工作步骤。
4. 简述用 R2V 软件矢量化的工作步骤。

单元八　数字测图成果质量检查验收

学习目标

了解并学习数字地形图成果质量要求，熟悉数字测图成果检查与验收制度，掌握产品质量评定方法、程序和质量体系内容。测绘产品的质量控制是测绘工程项目管理的重点之一，也是确定工程成败的关键步骤。测绘工作者必须严格按照 GB/T 18316—2008 的标准进行严格质量检查验收和质量评定工作。

8.1　大比例尺数字地形图成果质量要求

8.1.1　空间参考系

数字测绘成果要求采用的坐标系统、高程基准、地图投影及投影参数正确，1∶500～1∶2000采用高斯—克吕格投影，按 3 度分带，也可选择任意经度作为中央经线的高斯-克吕格投影。高程基准采用 1985 年国家高程基准，采用独立高程基准时，应与 1985 年国家高程基准联测或有确定的转换关系和参数。投影平面的大地基准按 GB/T 14912—2005 规定宜采用 1980 年西安坐标系的大地基准，投影平面坐标宜与 1980 年西安坐标系有确定的转换关系和参数。

地图分幅与编号应符合 GB/T 13989—2012 的规定，1∶500～1∶2000 大比例尺地形图图幅应按矩形分幅，其规格为 40cm×50cm 或 50cm×50cm。图幅编号按西南角图廓点坐标公路数编号 *X* 坐标在前，*Y* 坐标在后，也可按测区统一顺序编号。对于已测过地形图的测区，也可沿用原有的分幅和编号。

8.1.2　位置精度

1. 平面精度

地图内图廓点、公路格网或经纬网交点、控制点等坐标值应符合理论值和已测坐标值。数据接边图形平滑自然，几何位置在限差之内，属性一致。

按照 GB/T 14912—2005 对地物点平面精度的规定，地形图上地物点相对于邻近图根点的点位中误差和邻近地物点点间的距离中误差不应超过表 8-1 的规定。当测图单纯为城市规划或一般用途时，可选用表 8-1 中括号内的指标；当所需精度有特殊要求时，可根据相应的专业需要在技术设计书中进行规定。

表 8-1　　地物点平面位置精度　　m

地区分类	比例尺	点位中误差	邻近地物点间距中误差
城镇、工业建筑区、平地、丘陵地	1∶500	±0.15（±0.25）	±0.12（±0.20）
	1∶1000	±0.30（±0.50）	±0.24（±0.40）
	1∶2000	±0.60（±1.00）	±0.48（±0.80）

续表

地区分类	比例尺	点位中误差	邻近地物点间距中误差
困难地区、隐蔽地区	1∶500	±0.23（±0.40）	±0.18（±0.30）
	1∶1000	±0.45（±0.80）	±0.36（±0.60）
	1∶2000	±0.90（±1.60）	±0.72（±1.20）

GB/T 17278—2009 也规定：地物点对最近野外控制点的图上点位中误差不得大于表 8-2的规定，特殊和困难地区地物点对最近野外控制点的图上点位中误差按地形类别放宽 0.5 倍。

表 8-2　平面位置精度　mm

地形图比例尺	平地、丘陵地	山地、高山地
1∶500～1∶2000	0.6	0.8
1∶5000～1∶100 000	0.5	0.75

2. 高程精度

各类控制点的高程值符合已测高程值，地图上的实测数据，高程注记点相对于邻近图根点的高程中误差不应大于相应比例尺地形图基本等高距的 1/3，困难地区放宽 0.5 倍；等高线插求点相对于邻近图根点的高程中误差，平地不应大于基本等高距的 1/3，丘陵地不应大于基本等高距的 1/2，山地不应大于基本等高距的 2/3，高山地不应大于基本等高距。

高程注记点、等高线对最近野外控制点的高程中误差不得大于表 8-3 的规定，特殊和困难地区高程中误差可按地形类别放宽 0.5 倍。

表 8-3　高程精度　m

		平地	丘陵地	山地	高山地
1∶500	注记点	0.2	0.4	0.5	0.7
	等高线	0.25	0.5	0.7	1.0
1∶1000	注记点	0.2	0.5	0.7	1.5
	等高线	0.25	0.7	1.0	2.0
1∶2000	注记点	0.4	0.5	1.2	1.5
	等高线	0.5	0.7	1.5	2.0
1∶5000	注记点	0.35	1.2	2.5	3.0
	等高线	0.5	1.5	3.0	4.0

GB/T 14912—2005 规定，一个测区内同一比例尺地形图宜采用相同基本等高距（基本等高距的选取见表 8-4），当基本等高距不能显示地貌特征时，应加绘半距等高线。平坦地区和城市建筑区，根据用图的需要，可不绘等高线，只用高程注记点表示。高程注记点密度为图上每 100cm^2 内 5～20 个，一般选择明显地物点或地形特征点。

表 8-4　　地形图基本等高距　　m

比例尺	地形类别			
	平地	丘陵地	山地	高山地
1∶500	0.5	1.0 (0.5)	1.0	1.0
1∶1000	0.5 (1.0)	1.0	1.0	2.0
1∶2000	1.0 (0.5)	1.0	2.0 (2.5)	2.0 (2.5)

注　括号内的等高距依用途需要选用。

8.1.3　属性精度

要求描述地形要素的各种属性值正确无误，各属性项名称、类型、长度、顺序、个数等定义符合要求。要素代码符合规范规定。

8.1.4　完整性

要求各地物要素完整，无遗漏或多余、重复现象；分层正确，无遗漏层或多余层、重复层现象；数据层内部各层应包括的文件完整，无遗漏或多余文件；各种名称及注记正确、完整，无遗漏或多余、重复现象。

8.1.5　逻辑一致性

点、线、面定义、数据层、数据集符合规定；要素类在正确的层或数据集中，无交错混杂情况发生；数据文件格式和存储组织符合规划和设计要求；数据文件完整，无缺失；文件命名符合要求；要素间拓扑关系定义正确；应重合部分必须严格一致，拷贝到相应数据层中；相交或相接线段无悬挂或过头现象；连续地物保持连续，无错误的伪节点现象；闭合要素保持封闭，辅助线正确；应断开的要素处理符合要求。

8.1.6　时间准确度

生产过程中按要求使用了现势资料，生产成果能及时反映出各种地形要素的现势性。

8.1.7　元数据质量

元数据内容正确、完整，无多余、重复或遗漏现象。

8.1.8　表征质量

要素几何类型表达正确；线划光滑、自然，节点密度适中，形状保真度强，无折刺、回头线、粘连、自相交、抖动、变形扭曲等现象；有方向性的地物符号方向正确；要素综合取舍与图形概括符合相应测图规范或编绘规范的要求，能正确反映各要素的分布地理特点和密度特征；地图符号使用正确，颜色、尺寸、定位等符合要求；符号配置合理，保持规定合理的间隔，清晰、易读；注记选取、字体、大小、字向、字色与配置密度符合要求，清晰易读，指向明确无歧义；图廓内外整饰符合要求，无错漏、重复现象。

8.1.9　附件质量

附件包括图历簿，制图过程中所使用的参考资料、控制点成果资料，数据图幅清单，设计书、检查验收报告等。要求图历簿填写正确完整，无错漏或多余、重复现象。其他附件是否完整、无缺失。

8.2 数字测图成果质量检查与验收

8.2.1 数字测图成果检查与验收制度

对数字测绘成果进行质量检查与验收应符合《数字测绘成果质量检查与验收》(GB/T 18316—2008) 的相关规定，一般施行二级检查一级验收制度。二级检查一级验收制度是指数字测绘成果应依次通过测绘单位作业部门的过程检查、测绘单位质量管理部门的最终检查和生产委托方的验收。各级检查工作应独立进行，不应省略或代替。

检查应宜"幅"为单位，当有需求时，在生产委托方测绘单位认可的情况下可以以区域、要素类集合、要素类划分检查单位成果。对同一技术设计要求下生产的同一测区单位成果集合的批成果进行检查。

1. 过程检查

过程检查需要对批成果中的单位成果全数检查，对通过自查、互查的单位成果进行过程检查，需要逐单位成果详查，并对检查出的问题、错误和复查结果进行记录；对于检查出的错误修改后应复查，直到检查无误后方可提交最终检查。

详查是对单位成果质量要求的全部检查项进行检查。

2. 最终检查

最终检查是对批成果中的单位成果进行全数检查并逐幅评定单位成果质量等级。最终检查要求如下：

(1) 最终检查应对各单位成果逐一详查，对野外实地检查项，可抽样检查，检查样本量不应低于表 8-5 的规定。

(2) 检查出的问题、错误，复查的结果应在检查记录中记录。

(3) 审核过程检查记录。

(4) 检查不合格的单位成果退回处理，处理后再进行最终检查，直至合格为止。

(5) 检查合格的单位成果，对于检查出的错误必须修改后经复查无误后，方可提交验收。

(6) 检查完成应编写检查报告，随成果一并提交验收。

(7) 最终检查完成后，应书面提交申请验收。

表 8-5 样本量确定表

批量	样本量	批量	样本量
≤20	3	121～140	12
21～40	5	141～160	13
41～60	7	161～180	14
61～80	9	181～200	15
81～100	10	≥200	分批次提交，批次数应最小，各批次的批量应均匀
101～120	11		

注 当批量小于或等于 3 时，样本量等于批量，为全数检查。

抽取样本应均匀，在以“幅”为单位的检验批中随机抽取，也可根据生产方式或时间、等级等采用分层随机抽样。对于项目设计书、专业设计书，生产过程中的补充规定，技术总结，检查报告及检查记录，仪器检定证书和检验资料复印件，以及其他需要的文档资料等100％抽样检查。

3. 验收

验收要求如下：

(1) 在单位成果最终检查全部合格后，才可进行验收。

(2) 样本内的单位成果应逐一详查，样本外的单位成果根据需要进行概查。

(3) 检查出的问题、错误，复查的结果应在检查记录中详细记录。

(4) 应审核最终检查记录。

(5) 验收不合格的批成果退回处理，并重新提交验收，重新验收时，应重新抽样。

(6) 验收合格的批成果，应对检查出的错误进行修改，并通过复查核实。

(7) 验收工作完成后，应编写检验报告。

验收工作程序如下：

(1) 组成批成果（由同一技术设计书指导下生产的同等级、同规格单位成果汇集而成，量大可根据生产时间、作业方法、作业单位不同分别组成批成果）。

(2) 确定样本量。

(3) 抽取样本（按不同班组、设备、环境、困难类别、地形类别等因素将批成果分别按比例确定抽取样本数）。

(4) 检查。

(5) 单位成果质量评定。

(6) 批成果质量判定。

(7) 编制检验报告。

8.2.2 质量评价体系

1. 编印普通地图质量评价体系

地形图是一种普通地图，GB/T 24356—2009《测绘成果质量检查与验收》对普通地图的编绘及印刷原图质量和权重的一般性要求见表8-6。

表8-6　普通地图的编绘原图、印刷原图质量元素及权重表　幅

质量元素	权	检查项
数学精度	0.15 (0.20)	(1) 展点精度（包括图廓尺寸精度、方里网精度、经纬网精度等）。 (2) 平面控制点、高程控制点位置精度。 (3) 地图投影选择的合理性
数据完整性与正确性	0.10 (0.00)	(1) 文件命名、数据组织和数据格式的正确性、规范性。 (2) 数据分层的正确性、完备性
地理精度	0.20 (0.40)	(1) 地理资料的现势性、完备性。 (2) 制图综合的合理性。 (3) 各要素的正确性。 (4) 图内各种注记的正确性。 (5) 地理要素的协调性

续表

质量元素	权	检查项
整饰质量	0.45 (0.30)	(1) 地图符号、色彩的正确性。 (2) 注记的正规、完整性。 (3) 图廓外整饰要素的正确性
附件质量	0.10 (0.10)	(1) 图历簿填写的正确性、完整性。 (2) 图幅的抄接边正确性。 (3) 分色参考图（或彩色打印稿）的正确性、完整性

注 当成果为模拟形式时，权值为括号内的数值；当为数字成果时，权值为括号外的数值。

由表8-6可知，编绘与印刷成品更注重地图整饰质量。对于数字测图提交的纸质成果地图检查可适当参照该表。

2. 大比例尺地形图质量评价体系

GB/T 24356—2009也对大比例尺地形图的质量评定元素、检查项及权重有了更为详细的规定，见表8-7。

表8-7 大比例尺地形图成果质量元素及权重表

质量元素	权	质量子元素	权	检查项
数学精度	0.20	数学基础	0.20	(1) 坐标系统、高程系统的正确性。 (2) 各类投影计算、使用参数的正确性。 (3) 图根控制测量精度。 (4) 图廓尺寸、对角线长度、格网尺寸的正确性。 (5) 控制点间图上距离与坐标反算长度较差
		平面精度	0.40	(1) 平面绝对位置中误差。 (2) 平面相对位置中误差。 (3) 接边精度
		高程精度	0.40	(1) 高程注记点高程中误差。 (2) 等高线高程中误差。 (3) 接边精度
数据及结构正确性	0.20			(1) 文件命名、数据组织正确性。 (2) 数据格式的正确性。 (3) 要素分层的正确性、完备性。 (4) 属性代码的正确性。 (5) 属性接边质量
地理精度	0.30			(1) 地理要素的完整性与正确性。 (2) 地理要素的协调性。 (3) 注记与符号的正确性。 (4) 综合取舍的合理性。 (5) 地理要素接边质量

续表

质量元素	权	质量子元素	权	检　查　项
整饰质量	0.20			(1) 符号、线划、色彩质量。 (2) 注记质量。 (3) 图面要素协调性。 (4) 图面、图廓外整饰质量
附件质量	0.10			(1) 元数据文件的正确性、完整性。 (2) 检查报告、技术总结内容的全面性及正确性。 (3) 成果资料的齐全性。 (4) 各类报告、附图（接合图），附表、簿册整饰的规整性。 (5) 资料装帧

质量评价体系中检查项是说明质量的最小单位，是质量检查和评定的最小实施对象。大比例尺地形图的检查项和质量评定指标划分了 30 项之多。检查注重地理精度、数学精度、整饰质量及数据和结构正确性等质量元素。

3. 大比例尺数字地形图测绘成果质量评价体系

对于大比例尺数字地形图，GB/T 18316—2008 规定的质量元素、子元素和具体检查项明显更为详细些，相关检查项具体可汇总为 50 多个（见表 8-8）。

表 8-8　　数字地形图质量检查元素、子元素和检查项表

质量元素	质量子元素	检　查　项
空间参考系	大地基准	坐标系统
	高程基准	高程基准
	地图投影	投影参数
		图幅分幅
位置精度	平面精度	平面位置中误差
		控制点坐标
		几何位移
		矢量接边（几何位置）
	高程精度	等高距
		高程注记点高程中误差
		等高线高程中误差
		控制点高程
属性精度	分类正确性	分类代码值
	属性正确性	属性值
完整性	多余	要素多余
	遗漏	要素遗漏

续表

质量元素	质量子元素	检查项
逻辑一致性	概念一致性	属性值（名称、类别、长度、顺序数等）定义是否有误
		数据集（层）定义是否合理
	格式一致性	数据归档
		数据格式
		数据文件
		文件命名
	拓扑一致性	拓扑关系
		不重合错误数
		重复错误数
		未相接错误数
		不连续错误数
		未闭合错误数
		未打断错误数
时间精度	现势性	原始资料
		成果数据
表征质量	几何表达	几何类型（点、线、面）
		几何异常
	地理表达	要素取舍
		图形概括
		要素关系
		方向特征
	符号	符号规格
		符号配置
	注记	注记规格
		注记内容
		注记配置
	整饰	内图廓外整饰
		内图廓线
		公里网线
		经纬网线
附件质量	元数据	项错漏
		内容错漏
	图历簿	内容错漏
	附属文档	完整性
		正确性
		权威性

GB/T 18316—2008 对质量评价体系总共规定了空间参考系位置精度、属性精度、完整性、逻辑一致性、时间精度、影像/栅格质量、表征质量及附件质量 9 大类质量元素，各类质量元素又细分为若干质量子元素。根据数字测绘成果种类的不同，其质量元素和各子元素的检查项可根据实际用途需要适当进行扩充和调整，扩充和调整的检查项目，应根据生产委托方的批准适用于检查批成果内的所有单位成果。

具体评价实施时，可依据项目设计书、专业技术设计书等技术文件中规定的技术要求、质量要求，选取或扩充规定的检查项目。检查项目应在检查报告、检验报告中完整描述。在详查中不应有遗漏和错位使用现象。概查可选取重要的有针对性的或可能出现系统性错误的检查项目。

8.2.3　质量检查方法

1. 质量检查方式

(1) 参考数据比对。与高精度数据、生产中使用的原始数据、可收集到的国家各级部门公布、发布与出版的资料数据等各类参考数据对比，确定被检查数据是否错漏。综合考虑分析两者差异原因和偏差。该方法主要适用于室内检查方式。

(2) 野外实测。通过与野外实际测量数据相比较，确定被检验数据是否有错漏现象，并评判其成果质量等级。该方法适用于外业实测检查方式，如对一幅地形图抽取几十个明显地物特征点，现场实测其坐标，以评定其点位平面和高程精度情况。

(3) 内部检查。检查图中各类地物属性、概念、拓扑关系等方面的逻辑一致性、接边精度等，多为室内检查项目。

质量检查可使用计算机自动检查，如通过软件自动分析和判断结果，计算机可对拓扑错误、统计数值、值域和属性计算值等进行检查；人工检查，如地形要素及其属性数据的错漏、坐标和高程数据的现场实测等；人机交互检查，如检查有向点的方向等，该方法以人工分析与判别为主，计算机辅助检查。

2. 质量检查结果的记录

在检查记录中详细填写出各检查项目的质量问题及其处理结论，检查结论是对各质量元素以“符合”“不符合”，错误率表述。检查记录不得随意更改、增删，内容要求填写完整、及时、规范、清晰并有检查人员和复查人员的签名。

3. 质量问题的处理

对检查中发现的各类问题，均应修改或返工，直至符合质量要求为止，已修改的质量问题均应复查并做好相关记录和标记。

8.3　数字测图产品质量评定

单位成果质量等级评定可分为优、良、合格与不合格四等级，其质量得分分别为大于或等于 90 分、75～90 分、60～75 分及小于 60 分。当单位成果中出现 A 类错漏或高程精度、平面位置精度及相对位置精度检测中，任一项粗差比例超过 5%，都可判断为不合格。

大比例尺地形图质量错漏分类为 A、B、C 类和 D 类四种，A 类指出现高程系统错误、投影计算错误、图根控制测量精度超限、平面或高程起算点使用错误、地物平面和高程精度超限、数据不齐全、格式错误、错层或漏层、地貌严重失真、图幅普遍不接边、注记错漏1/5以上、符号线划注记规格与图式不符、缺主要成果资料或其他严重的错漏等现象，即可判定为不合格产品。

质量评定遵循以下要求：

(1) 点、线、面和注记要素分别统计个数，全图要素全部包含进行统计。

(2) 各质量元素得分都以符合条件为100分（满分），当检查项出现不合格时，不计分，质量元素为不合格。

(3) 出现整体或普遍问题或错误率超出技术要求时，不需统计错漏个数，不需计算分值，质量元素为不合格。

(4) 单位成果（地形图检查单位为幅）质量评定结果选取各质量元素分值中的最小得分为本单位成果最终得分，附件质量可不参加计算。

(5) 当质量元素出现不合格、位置精度（平面和高程位置中误差检查点要求分布均匀、数量上不少于50个）检查粗差比例超过5%时，单位成果直接判定为不合格品。

(6) 实际应用中，有新扩充的检查项目应明确检查内容、检查结果技术要求、合格条件、合格后计分办法，并经生产委托方的批准。

(7) 同批次产品质量评定：当样本或概查中出现不合格单位成果，或不能提交批成果的技术性文档（设计书、技术总结、检查报告等）和资料性文档（接合表、图幅接单等）时，批成果不合格。

质量评定结束后需提交检查报告，检查报告由测绘生产单位编制，单位领导审核后，随数字测图成果一并提交验收。检查报告主要内容有任务概要、检查工作概况、检查技术依据、主要技术问题及处理情况、质量统计和检查结论等。

习 题

1. 数字测图产品检查验收制度是什么？
2. 大比例尺数字测图质量检查项目有哪些？
3. 数字测绘成果质量如何评定？
4. 检查样本数如何确定？

单元九　数字地形图的应用

学习目标

与传统地图相比，数字地图有许多优点（载体不同，管理与维护不同），具有明显的优越性和广阔的发展前景，因此其应用越来越广泛。本单元将分别就数字地形图在工程建设中的应用及数字地面模型的应用进行详述。9.1 节主要以 CASS9.1 软件为例介绍数字地形图的具体工程应用。学习时，应对比传统纸质地图的工程应用方式，理解基础理论知识，并结合生产实际重点掌握在 CASS 环境下利用数字地形图进行工程应用的流程。在 9.2 节的学习中，应先理解 DTM 数字地面模型的概念，将其与 DEM 区别开，然后以规则格网和不规则格网两种模型结构为主，掌握其建立方法，最后紧密结合测绘工作实际，了解数字地面模型在工程及可视化方面的具体应用。

9.1　数字地形图在工程建设中的应用

在经济建设和国防建设中，各项工程建设在规划、设计和施工阶段，都需要应用工程建设区域的地形和环境条件等基础资料。其中地形图是主要地形资料，没有切实可靠的地形资料是无法进行设计的。以往的规划设计都是在纸质地形图上进行的，随着计算机技术和数字化测绘技术的迅速发展，设计工作转化为使用计算机进行，设计工作对地形图的要求也有了新的发展。在 CAD、清华三维 EPS 等软件的支持下，在数字地形图上可以直接进行规划设计，大大方便了工程设计人员，提高了工作效率。因此，数字地形图是进行规划、设计、工程建设的重要依据和基础资料。

在数字化成图软件环境下，利用数字地形图可以很容易地获取各种地形信息，如量测任意点的坐标、点与点之间的距离，量测直线的方位角、点的高程、两点间的坡度和在图上设计坡度线等，而且查询速度快，精度高，还可以很方便地制作各种专题图。因此，数字地形图现在被广泛地应用于国民经济建设、国防建设和科学研究等各个方面。

目前，用于数字化成图的软件很多，而且大多数都具有在工程中应用的功能。本节针对工程建设对地形信息的需求及量测工作，对比纸质地图应用功能，以南方 CASS9.1 数字化成图软件中工程应用部分为例，结合实际情况，对软件操作步骤进行详细说明，以方便读者了解数字地形图在工程建设中的应用功能。主要内容包括：①基本几何要素的查询；②土方量计算；③断面图的绘制；④公路曲线设计。

9.1.1　基本几何要素的查询

利用数字地形图查询基本几何要素，几何要素包括指定点坐标、两点距离及方位、线长，以及实体面积、表面积等。

在工程建设施工放样时，需要先了解已知控制点的坐标，以及已知控制点与其他特殊点之间的点面关系（如距离、方位等），这就需要对坐标及距离、方位、线长等几何要素进行查询。

1. 查询指定点坐标

CASS9.1 软件查询图（见图 9-1）中名为“凤凰山”的控制点的操作步骤如下：

用鼠标选取“工程应用”菜单中的“查询指定点坐标”，用鼠标点取所要查询的点。命令行提示如下：

指定查询点：>>

正在恢复执行 CXZB 命令。

指定查询点：

测量坐标：X=104.621m，Y=216.977m，H=373.500m

说明：系统底部命令行显示的坐标是测量坐标系中的坐标，与笛卡尔坐标系（在命令行中输入 ID 可以显示出来）中 X 和 Y 的顺序相反。用此功能查询时，系统在命令行给出的 X、Y 是测量坐标系的值。

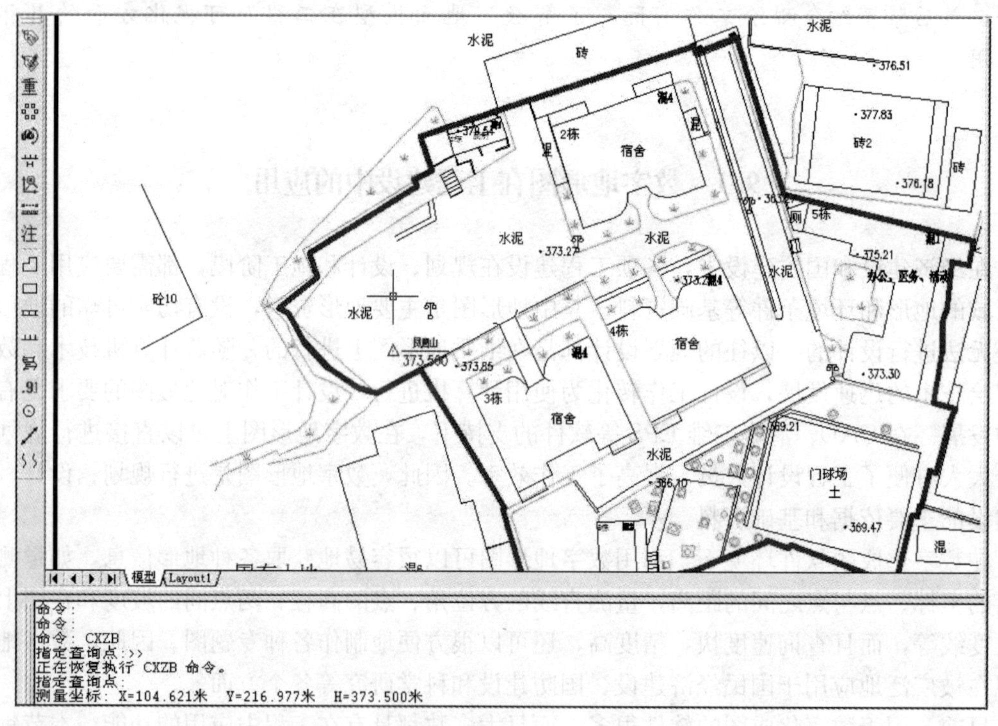

图 9-1 查询指定点坐标

2. 查询两点距离及方位

CASS9.1 软件查询图（见图 9-1）中名为“凤凰山”的控制点与 3 栋宿舍房屋左上角之间的距离及方位的操作步骤如下：

用鼠标选取“工程应用”菜单下的“查询两点距离及方位”，用鼠标分别点取所要查询的两点。命令行提示如下：

命令：distuser

第一点：

第二点：

两点间实地距离＝11.973m，图上距离＝23.946mm，方位角＝117°41′27.49″

说明：CASS 9.1 所显示的坐标为实地坐标，所以所显示的两点间的距离为实地距离。方位角指点 1 到点 2 的直线与北方向的夹角。

3. 查询线长

CASS9.1 软件查询图（见图 9－1）中加粗权属线长度的操作步骤如下：

用鼠标选取“工程应用”菜单下的“查询线长”，用鼠标点取图上曲线。命令行提示如下：

命令：getlength

请选择要查询的线状实体：

选择对象：找到 1 个

选择对象：共有 1 条线状实体

实体总长度为 300.802m，在命令行中输入 list 命令也可以显示出线长距离。

4. 查询实体面积

在地籍调查及土地勘测定界等工程项目中，实体面积是最基本的构成内容，如宗地、图斑等的面积，可以运用软件得到所需要的数据。

CASS 9.1 软件查询图（见图 9－1）中 3 栋宿舍的面积的操作步骤如下：

用鼠标选取“工程应用”菜单下的“查询实体面积”。当实体闭合时，可以用“（1）选取实体边线”的方式，如果实体不闭合，可以用“（2）点取实体内部点”的方式。“（1）选取实体边线”命令行提示如下：

命令：areauser

（1）选取实体边线（2）点取实体内部点＜1＞；

请选择实体：

实体面积为 204.87m^2。

说明：该功能得出的结果是在水平面的投影面积，不是表面积。

5. 计算表面积

对于不规则地貌，其表面积很难通过常规的方法来计算，CASS9.1 采用建模的方法来计算，系统通过 DTM 建模，在三维空间内将高程点连接为带坡度的三角形，再通过每个三角形面积累加得到整个范围内不规则地貌的面积。

CASS9.1 软件查询图（见图 9－2）中 1 号菜地的表面积的操作步骤如下：

点击“工程应用\计算表面积\根据坐标文件”命令，命令区提示：

请选择：（1）根据坐标数据文件（2）根据图上高程点：选 1 回车；

选择计算区域边界线：选菜地边界线；

输入 CMDECHO 的新值＜1＞：0；

请输入边界插值间隔（m）：＜20＞键盘输入 5；

表面积＝258.972m^2，详见 surface.log 文件（实体面积为 251.16m^2）。

另外，计算表面积还可以根据图上高程点，操作的步骤相同，但计算的结果会有差异，因为由坐标文件计算时，边界上内插点的高程由全部的高程点参与计算得到，而由图上高程

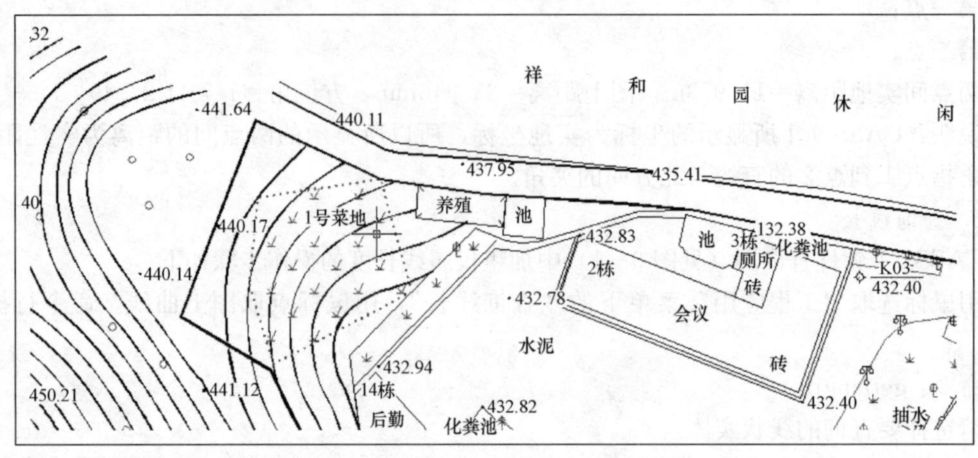

图 9-2　查询表面积

点来计算时，边界上内插点只与被选中的点有关，故边界上点的高程会影响表面积的结果。到底由哪种方法计算合理与边界线周边的地形变化条件有关，变化越大的，越趋向于由图面上来选择。

9.1.2　土方量的计算

土方工程也称为土石方工程。工程建设常见的土木工程中，土石方工程有场地平整、基坑（槽）与管沟开挖、路基开挖、人防工程开挖、地坪填土、路基填筑及基坑回填。要合理安排施工计划，尽量不要安排在雨季，同时为了降低土石方工程施工费用，贯彻不占或少占农田和可耕地并有利于改地造田的原则，要做出土石方的合理调配方案，统筹安排。这就需要进行填挖土方量的概预算和精确计算。由于土方量的多少直接影响着工程的造价，因而要求土方量的计算要根据不同的地形、不同的计算范围及不同的已知条件，采取适合的计算方法。

利用数字地形图计算土石方量，CASS9.1 提供了 DTM 法土方计算、断面法土方计算、方格网法土方计算、等高线法土方计算、区域土方量平衡等方法。

1. DTM 法土方计算

DTM 法土方计算适合长宽基本相当和表面不规则的场地土方工程，如房地产开发中的场地平整等。由 DTM 模型来计算土方量是根据实地测定的地面点坐标（X，Y，Z）和设计高程，通过生成三角网来计算每个三棱锥的填挖方量，最后累计得到指定范围内填方和挖方的土方量，并绘出填挖方分界线。

DTM 法土方计算共有三种数据来源，第一种是由坐标文件计算，第二种是依照图上高程点进行计算，第三种是依照图上的三角网进行计算。前两种算法包含重新建立三角网的过程，第三种方法直接采用图上已有的三角形，不再重建三角网。

下面将详细讲解根据不同数据源进行 DTM 土方计算的过程，依照图上高程点及依照图上三角形只是已知条件不同，过程、计算方法和计算结果大同小异。案例数据如图 9-3 所示，将“池塘 1”填为高程为 386 的平地，要求处理边坡。

(1) 根据坐标计算。用复合线画出所要计算土方的区域，一定要闭合，但是尽量不要拟合。因为拟合过的曲线在进行土方计算时会用折线迭代，影响计算结果的精度。操作步骤

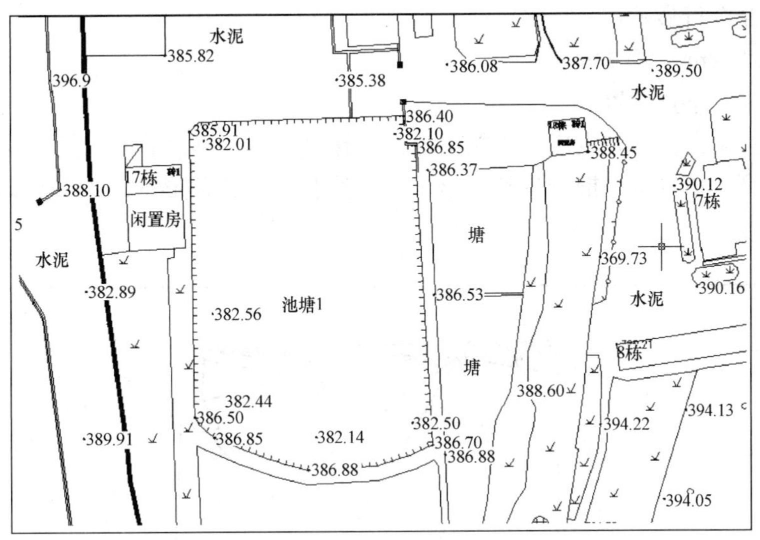

图 9－3　DTM 法土方计算示例数据

如下：

用鼠标选取“工程应用＼DTM 法土方计算＼根据坐标文件”。

命令行提示：选择边界线：用鼠标点取所画的闭合复合线，在跳出的对话框中选择图形文件对应的坐标文件。弹出参数设置对话框，如图 9－4 所示。

参数说明：

区域面积：该值为复合线围成的多边形的水平投影面积。平场标高：指设计要达到的目标高程。边界采样间隔：边界插值间隔的设定，默认值为 20m，该值越小，边界内插的三角形越细密，一般改为 5m。

边坡设置：根据实际情况可以选择是否处理边坡，不处理边坡时，填挖后将在边界形成斗坎。选中处理边坡复选框后，则坡度设置功能变为可选，选中放坡的方式（向上或向下：指平场高程相对于实际地面高程的高低，平场高程高于地面高程则设置为向下放坡。低于地面高程则设置为向上放坡。不能计算向范围线内部放坡的工程。本例设计高程为 386m，低于实际高程，故设置向上放坡）。然后输入坡度值。设置好计算参数后按确定后，屏幕显示计算结果的提示框，如图 9－5 所示。

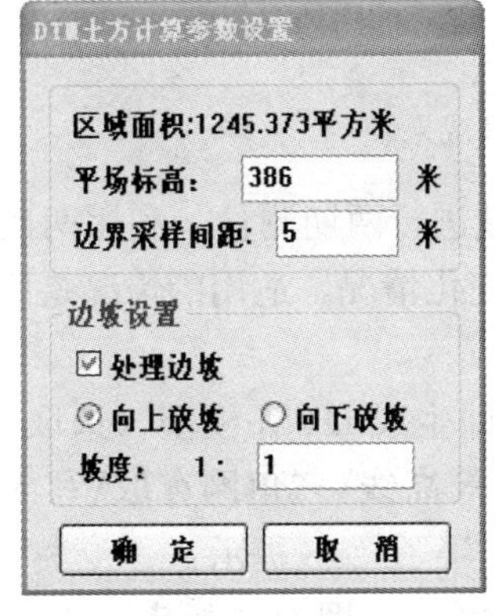

图 9－4　DTM 法土方计算参数

图 9－5　DTM 法土方计算结果

按确定，命令行显示：

挖方量＝23.2m^3，填方量＝2799.0m^3。

请指定表格左下角位置：

点击在图上空白位置，生成三角网法土方计算成果表，包含平场面积、最大高程、最小高程、平场标高、填方量、挖方量和图形。边界外有蓝色三角形的地方为处理边坡的位置。如图 9－6 所示。

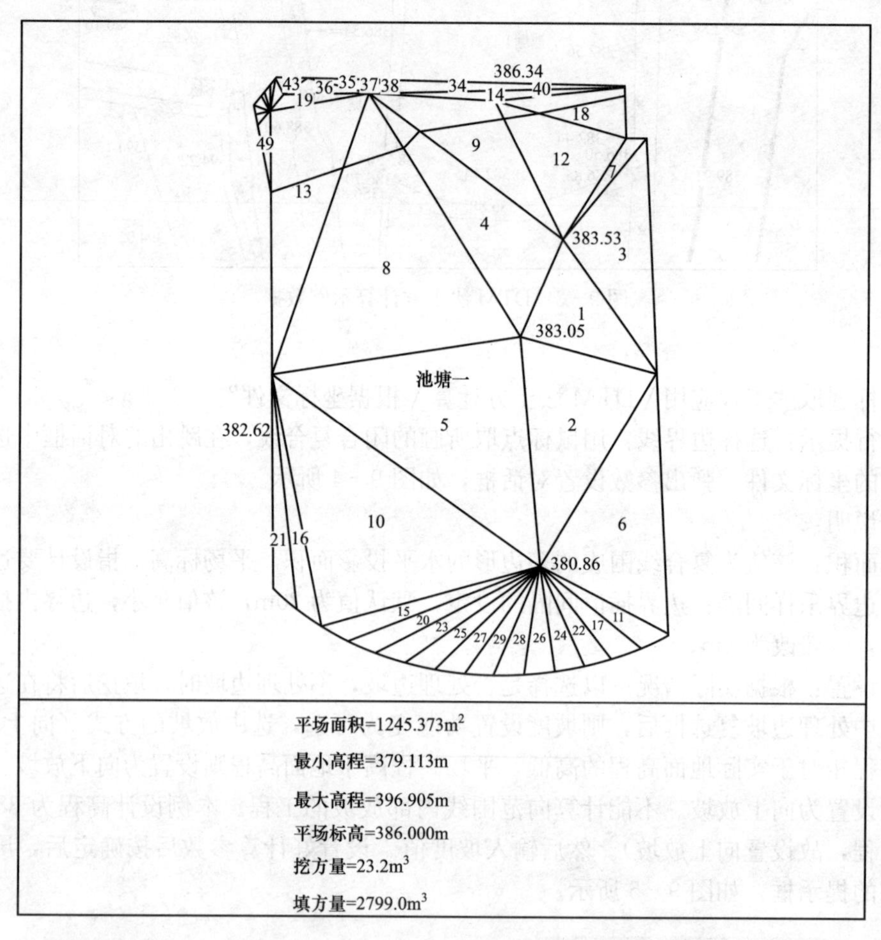

图 9－6　DTM 法土方计算成果表

（2）两期土方计算。两期土方计算是指对同一区域进行两期测量，利用两次观测得到的高程数据建模后叠加，计算出两期之中区域内土方的变化情况。适用的情况是两次观测时该区域都是不规则表面。

两期土方计算前，要先对该区域分别进行建模，即生成 DTM 模型（选取“等高线\建立 DTM”），并将生成的 DTM 模型保存起来（选取“等高线\三角网存取\写入文件”）。然后选取“工程应用\DTM 法土方计算\计算两期土方量”，命令区提示：

第一期三角网：（1）图面选择（2）三角网文件 ＜2＞：图面选择表示当前平幕上已经

显示的 DTM 模型，三角网文件指保存到文件中的 DTM 模型。

第二期三角网：(1) 图面选择 (2) 三角网文件 <1>：同上，默认选 1，则系统弹出计算结果，点击“确定”后，屏幕会出现两期三角网叠加的效果。

命令行提示：总挖方=4.5m^3，总填方=4695.6m^3

2. 断面法土方计算

断面法土方计算适合沿纵向延伸的土石方工程，如路基开挖等土石方工程。

断面法土方的计算分为两步，首先计算根据实际横断面与设计横断面计算该里程的填方或挖方面积，然后根据相邻两横断面的填挖面积与距离计算土方量。因此，断面的多少应根据设计地面和自然地面复杂程序及设计精度要求确定。在地形变化不大的地段，可少取断面。相反，在地形变化复杂，设计计算精度要求较高的地段要多取断面。两断面的间距一般小于 100m，通常采用 20～50m。

CASS 9.1 将由设计断面不同分为道路断面、场地断面、任意断面三种类型，分别适用于不同的情况。

(1) 道路断面法土方计算。数据如图 9-7 所示。该道路总长 4000 多米，按照设计坡度的不同划分为不同的计算区间，将各区间的填挖土方量相加即得总的土方量。这里只介绍计算+629.271 里程到 +669.152 里程间土方量的计算过程。具体步骤如下：

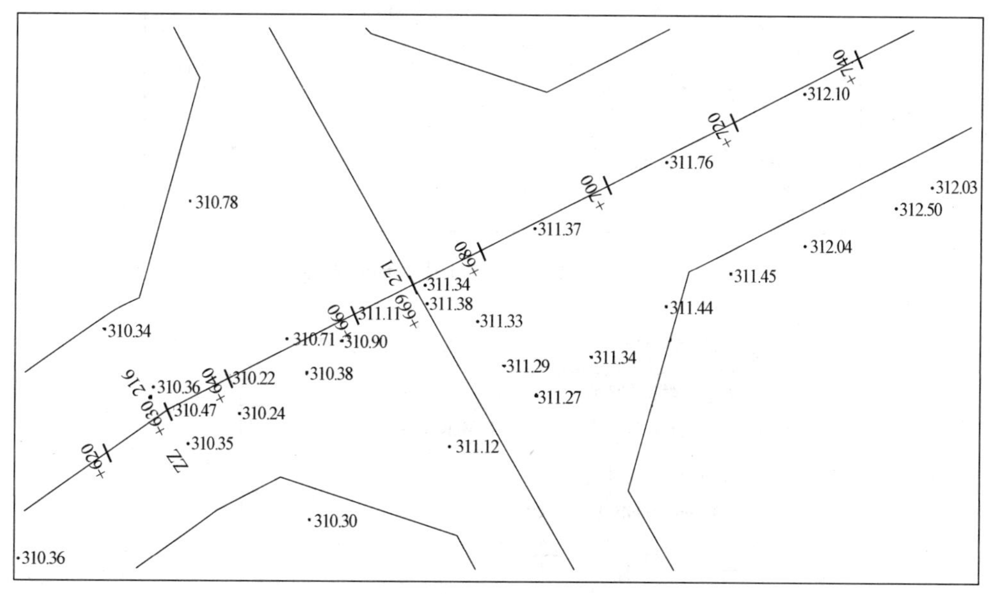

图 9-7　测量原始地形数据（路宽 30m）

第一步：生成里程文件。

里程文件用离散的方法描述了合格横断面的地形。接下来的所有工作都是在分析里程文件里的数据后才能完成。生成里程文件根据已知条件不同有五种方法，如根据纵断面、复合线、等高线、三角网、数据文件等。最常用的是由纵断面生成，下面将详细介绍。

在使用生成里程文件前，要事先用复合线绘制出纵断面线，将每个里程的中桩连接起来。用鼠标点取“工程应用＼生成里程文件＼由纵断面生成＼新建”。

屏幕提示：请选取纵断面线：用鼠标点取所绘纵断面线，弹出如图 9－8 所示的对话框。

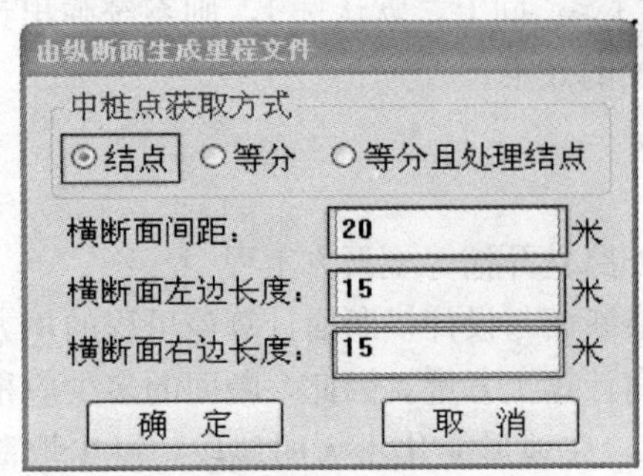

图 9－8　由纵断面生成里程文件

以上参数根据实际情况设置，执行结果如图 9－9所示。

横断面线生成以后，可以根据实际情况进行添加、变长、设计等修改工作。

当横断面设计完成后，用鼠标点取“工程应用\生成里程文件\由纵断面生成\生成”，将设计结果生成里程文件（见图 9－10）。

生成的里程文件格式（片段）：

BEGIN，630.216：1（BEGIN，起始断面：断面序号）

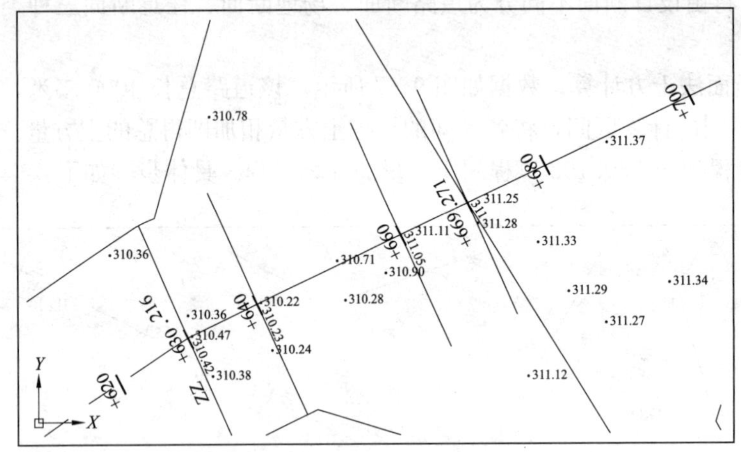

图 9－9　根据纵断面线生成的横断面线

生成里程文件

高程点数据文件名

C:\Program Files\CASS70\SYSTEM\gcd.dat

生成的里程文件名

C:\Program Files\CASS70\SYSTEM\3.hdm

里程文件对应的数据文件名

断面线插值间距：5　　起始里程：630.216

确 定　　取 消

9－10　生成里程文件

－15.000，310.440（左边桩，高程）

－10.000，310.330（左边桩，高程）

－5.000，310.357（左边桩，高程）

0.000，310.421（中桩，高程）

5.000，310.361（右边桩，高程）

10.000，310.359（右边桩，高程）

15.000，310.326（右边桩，高程）

相邻两桩的距离由图 9-10 中“断面线插值间距”参数决定，每个桩的高程是根据数据文件中的高程值插值计算而得。

第二步：输入道路设计参数。

用鼠标点取“工程应用\断面法土方计算\道路设计参数”，根据设计图输入每个横断面的设计数据。然后指定保存路径及文件名。当每个横断面的设计数据一致时，可以跳过此步。

第三步：选择土方计算类型。

用鼠标点取“工程应用\断面法土方计算\道路断面”，弹出如图 9-11 所示的对话框，选择第一步生成的里程文件及第二步生成的道路设计参数文件（黑色线框包围部分的参数在选择了道路设计参数文件时将会自动屏蔽，如果每个横断面的设计数据一致，可以跳过第二步，直接在此处输入设计数据）。

输入绘图参数后确定，并根据提示生成道路断面。如果生成的部分设计断面参数需要修改，用鼠标点取“工程应用\断面法土方计算\修改设计参数”，可以逐个修改设计横断面线的设计参数；如果生成的部分实际断面线需要修改，用鼠标点取“工程应用\断面法土方计算\编辑断面线”功能，可以修改实际断面线的高程等。如果生成的部分断面线的里程需要修改，用鼠标点取“工程应用\断面法土方计算\修改断面里程”，可以修改选中的断面线的里程。

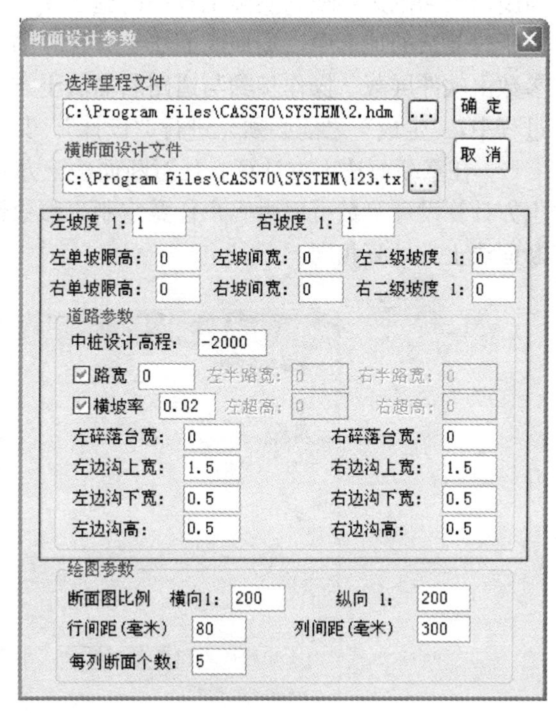

图 9-11 道路断面计算

第四步：计算工程量。

在软件任务栏中，用鼠标点取“工程应用\断面法土方计算\图面土方计算”。

命令行提示：

“选择要计算土方的断面图：”

在图面上选中需要计算的横断面图，回车。

命令行提示：

“指定土石方计算表左上角位置：”

点击图上适当的位置，计算结果如表 9-1 所示。

表 9-1　　**土石方数量计算表**

里程	中心高（m）		横断面积（m）		平均面积（m）		距离（m）	总数量（m）	
	填	挖	填	挖	填	挖		填	挖
K0+630.22	1.92		54.85	0.00					
					55.89	0.00	9.78	548.78	0.00
K0+640.00	2.15		57.13	0.00					
					47.97	0.00	20.00	959.38	0.00
K0+660.00	1.40		38.81	0.00					
					38.48	0.00	9.27	338.03	0.00
K0+668.27	1.26		34.11	0.00					
合计								1844.2	0.0

至此，该区段的道路填挖方量已经计算完成，可以将道路纵横断面图和土石方计算表打印出来，作为工程量的计算结果。

（2）场地断面法土方计算。场地断面法土方计算与道路断面法不同之处在于，场地断面中横断面与切割边界线（实际工程中的施工线）的交点处可以设计不同的设计高程，因此可以用于较复杂的地形中。场地断面法土方计算的设计参数如图 9-11 所示，中间线框中的道路参数由软件屏蔽。操作步骤与道路断面法土方计算不同之处在于，在第一步生成里程文件的过程中，“生成”之前必须先进行“设计”。其后步骤相同。

（3）任意断面法土方计算。任意断面法土方计算与道路断面法不同之处在于，任意断面法土方计算设计参数可以由客户任意定制，参数设置对话框如图 9-12 所示。操作步骤与道路断面法土方计算相同。

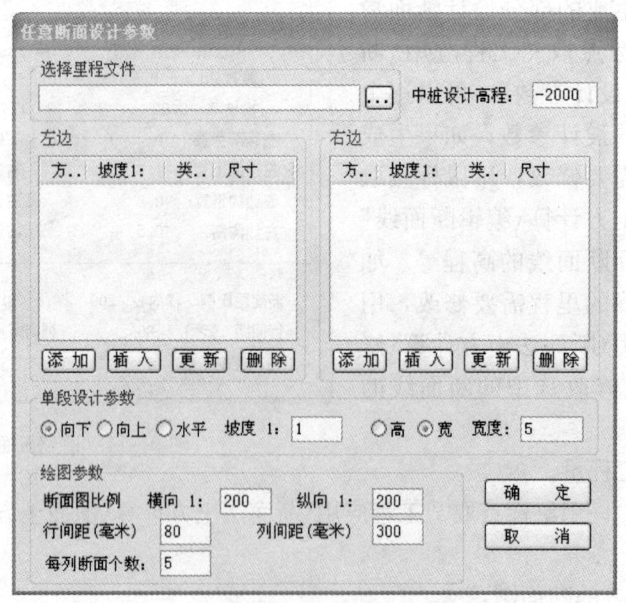

图 9-12　任意断面设计参数

（4）二断面线间土方计算。二断面线间土方计算是计算两工期之间或土石方分界土方的工程量。

第一步：生成里程文件。

用第一期工程、第二期工程（或是土质层石质层）的高程文件分别生成里程文件一和里程文件二。

第二步：生成纵横断面图。

使用其中一个里程文件生成纵横断面图。用一个里程文件生成的横断面图，只有一条横断面线，另外一期的横断面线需要使用“工程应用”菜单下“断面法土方计算”子菜单中的“图上添加断面线”命令。点击“图上添加断面线”菜单。

在选择里程文件中填入另一期的里程文件，点击“确定”按钮，命令行显示：

选择要添加断面的断面图：框选需要添加横断面线的断面图。

回车确认，断面图上就有两条横断面线了。

第三步：计算两期工程间工程量。

用鼠标点取“工程应用”菜单下“断面法土方计算”子菜单中的“二断面线间土方计算”。

点击菜单命令后，命令行显示：

输入第一期断面线编码（C）/＜选择已有地物＞：选择第一期的断面线。

输入第二期断面线编码（C）/＜选择已有地物＞：选择第二期的断面线。

选择要计算土方的断面图：框选需要计算的断面图。

回车确认，命令行显示：

指定土石方计算表左上角位置：点取插入土方计算表的左上角。

至此，二断面线间土方计算就完成了。

3. 方格网法土方计算

由方格网来计算土方量是根据实地测定的地面点坐标（X，Y，Z）和设计高程，通过生成方格网来计算每个方格内的填挖方量，最后累计得到指定范围内填方和挖方的土方量，并绘出填挖方分界线。

系统首先将方格四个角上的高程相加（如果角上没有高程点，通过周围高程点内插得出其高程），取平均值与设计高程相减。然后通过指定的方格边长得到每个方格的面积，再用长方体的体积计算公式得到填挖方量。方格网法简便直观，易于操作，因此这一方法在实际工作中应用非常广泛。

用方格网法算土方量，设计面可以是平面，也可以是斜面，还可以是由三角网文件定义的复杂面，可以广泛用于场地平整土石方工程的计算。

(1) 设计面是平面时的操作步骤。

用复合线画出所要计算土方的区域，一定要闭合，但是尽量不要拟合。因为拟合过的曲线在进行土方量计算时会用折线迭代，影响计算结果的精度。在任务栏上选择“工程应用\方格网法土方计算”菜单。

命令行提示：

“选择计算区域边界线”；选择土方计算区域的边界线（闭合复合线）。

屏幕上将弹出如图 9－13 所示的方格网土方计算对话框，在对话框中选择所需的坐标文件；在“设计面”栏选择“平面”，并输入目标高程；在“方格宽度”栏，输入方格网的宽度，这是每个方格的边长，默认值为 20m。由原理可知，方格的宽度越小，计算精度越高。但如果给的值太小，超过了野外采集点的密度也是没有实际意义的。

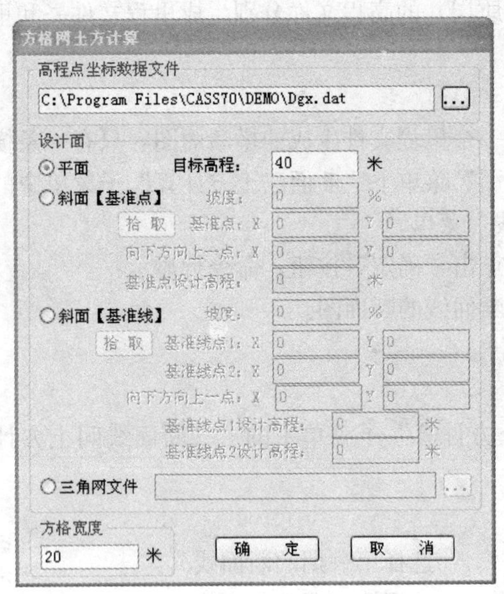

图 9－13 方格网土方计算

点击“确定”即可获取填挖方量。

同时图上绘出所分析的方格网，填挖方的分界线（绿色折线），并给出每个方格的填挖方，每行的挖方和每列的填方。结果如图 9－14所示。

（2）设计面是斜面时的操作步骤。设计面是斜面时，操作步骤与平面时基本相同，区别在于在方格网土方计算对话框“设计面”栏中，选择“斜面【基准点】”或“斜面【基准线】”。如果设计面是斜面（基准点），需要确定坡度、基准点和向下方向上一点的坐标，以及基准点的设计高程。

（3）设计面是三角网文件时的操作步骤。选择设计的三角网文件，点击“确定”，即可进行方格网土方计算。三角网文件由“等高线/建立 DTM”和“等高线/三角网文件存取/写入文件”生成。

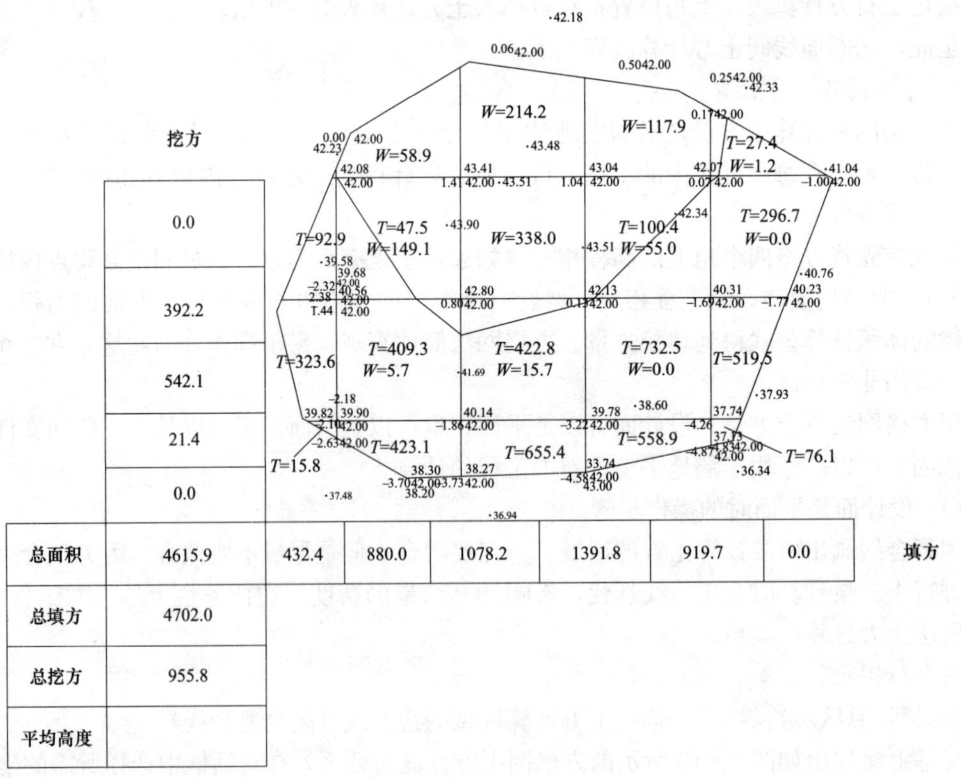

图 9－14 方格网土方计算结果

该方法可以将复杂的设计数据写入三角网文件中，如向内放坡。

4. 等高线法土方计算

用户将白纸图扫描矢量化后可以得到图形。但这样的图都没有高程数据文件，所以无法用前面的几种方法计算土方量。一般来说，这些图上都会有等高线，所以，CASS9.1 开发了由等高线计算土方量的功能，专为这类用户设计。用此功能可计算任两条等高线之间的土方量，但所选等高线必须闭合。由于两条等高线所围面积可求，两条等高线之间的高差已知，可求出这两条等高线之间的土方量。

操作步骤：在软件任务栏中点取“工程应用”下的“等高线法土方计算”。

屏幕提示：选择参与计算的封闭等高线：可逐个点取参与计算的等高线，也可按住鼠标左键拖框选取。但是只有封闭的等高线才有效。

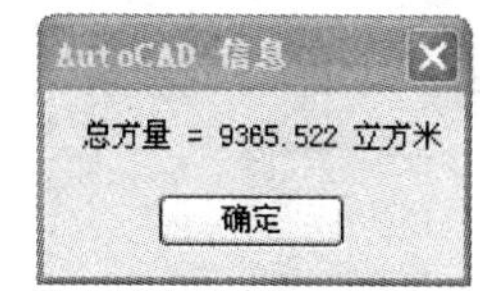

图 9－15　总方量消息框

回车后屏幕提示：输入最高点高程：＜直接回车不考虑最高点＞。

回车后：屏幕弹出如图 9－15 所示的总方量消息框。

回车后屏幕提示：请指定表格左上角位置：＜直接回车不绘制表格＞在图上空白区域点击鼠标右键，系统将在该点绘出计算成果表格，如图 9－16 所示。

可以从图 9－16 中看到每条等高线围成的面积和两条相邻等高线之间的土方量。另外，还有计算公式等。

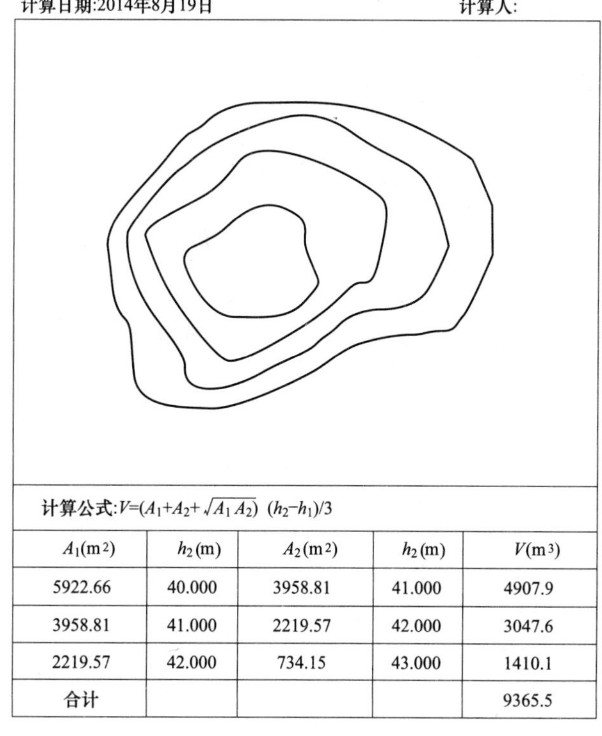

计算日期:2014年8月19日　　计算人:

计算公式:$V=(A_1+A_2+\sqrt{A_1A_2})\ (h_2-h_1)/3$

A_1(m²)	h_2(m)	A_2(m²)	h_2(m)	V(m³)
5922.66	40.000	3958.81	41.000	4907.9
3958.81	41.000	2219.57	42.000	3047.6
2219.57	42.000	734.15	43.000	1410.1
合计				9365.5

图 9－16　等高线法土方计算

5. 区域土方量平衡

土方平衡的功能常在场地平整时使用。当一个场地的土方平衡时，挖掉的土石方量刚好等于填方量。以填挖方边界线为界，从较高处挖得的土石方直接填到区域内较低的地方，就可完成场地平整。这样可以大幅度减少运输费用。此方法只考虑体积上的相等，并未考虑砂石密度等因素。

操作方法：在图上展出点，用复合线绘出需进行土方平衡计算的边界。在软件任务栏中点取“工程应用\区域土方平衡\根据坐标数据文件（根据图上高程点）”。如果要分析整个坐标数据文件，可直接回车，如果没有坐标数据文件，而只有图上的高程点，则选根据图上高程点。命令行提示：

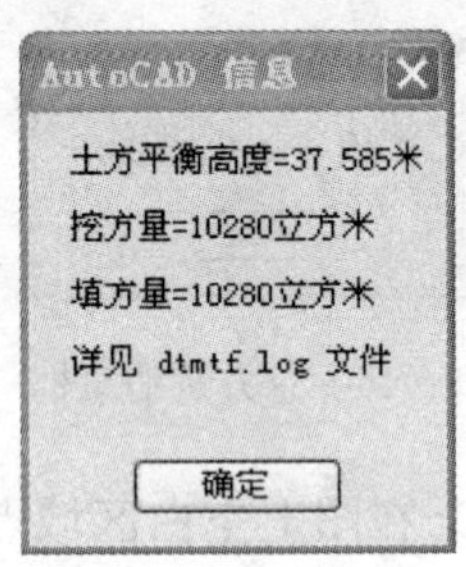

图 9-17 土方量平衡计算结果

选择边界线：点取第一步所画闭合复合线。

输入边界插值间隔（m）：＜20＞这个值将决定边界上的取样密度，如前面所说，如果密度太大，超过高程点的密度，实际意义并不大，一般用默认值即可。

如果前面选择“根据坐标数据文件”，这里将弹出对话框，要求输入高程点坐标数据文件名，如果前面选择的是“根据图上高程点”，此时命令行将提示：

选择高程点或控制点：用鼠标选取参与计算的高程点或控制点。回车后弹出如图 9-17 所示的对话框。

点击对话框的确定按钮，命令行提示：请指定表格左下角位置：＜直接回车不绘制表格＞在图上空白区域点击鼠标左键，在图上绘出计算结果表格，如图 9-18所示。

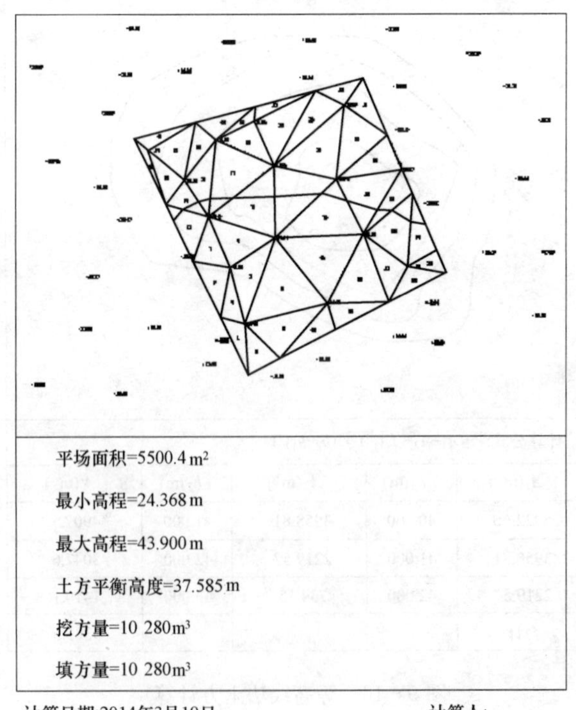

图 9-18 土方量平衡计算结果

9.1.3　断面图的绘制

断面图在地形图上分为纵断面图和横断面图，纵断面图是采用直角坐标，以横坐标表示里程桩号，纵坐标表示高程，为了明显地反映沿着中线地面起伏形状的道路剖面图。横断面图是指中桩处垂直于道路中线方向的剖面图。理论上，一条道路只有一个纵断面，有无数个横断面。

在工程设计中，当需要知道某一方向的地面起伏情况时，常按此方向直线与等高线的交点的平距和高程，绘制断面图。如图 9－19 所示，欲沿 MN 方向绘制断面图，首先在图上作 MN 直线，找出与各等高线相交点。在绘图纸上绘制水平线 MN 作为横轴，表示水平距离；过 M 点作 MN 的垂线作为纵轴，表示高程。然后在地形图上自 M 点分别量取至相交各点的距离，并在图上自 M 点沿 MN 方向截出相应的各点。再在地形图上读取各点高程，在图 9－19 下方以各点高程作为纵坐标，向上画出相应的垂线，得到各交点在断面图上的位置，用光滑曲线连接这些点，即得 MN 方向的断面图。

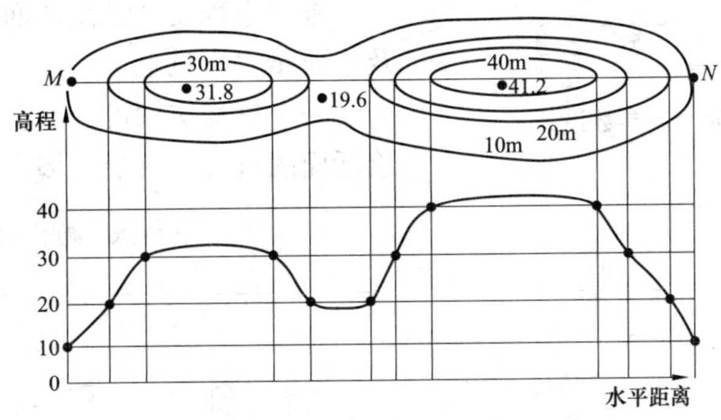

图 9－19　按一定方向绘制断面图

为了明显地表示地面的起伏变化，高程比例尺常为水平距离比例尺的 10～20 倍。为了正确地反映地面的起伏形状，方向线与地性线（山脊线、山谷线）的交点必须在断面图上表示出来，以使绘制的断面曲线更符合实际地貌，其高程可按比例内插求得。

应用数字地形图绘制断面图一般来说有以下四种方法：

（1）由坐标文件生成；

（2）根据里程文件；

（3）根据等高线；

（4）根据三角网。

其中根据里程文件可以绘制出由里程文件定义的多个断面图，即横断面图，其他三种方法只能绘制单个断面图。

1. 由坐标文件生成断面图

先用复合线绘制断面线，在软件任务栏中点取“工程应用\绘断面图\根据已知坐标”功能。

根据命令行出现的提示，选择断面线：用鼠标点取上步所绘断面线。屏幕上弹出“断面线上取值”的对话框，如果“坐标获取方式”栏中选择“由数据文件生成”，则在“坐标数据文件名”栏中选择高程点数据文件。如果选“由图面高程点生成”，此步则在图上选取高程点，前提是图面存在高程点，否则此方法无法生成断面图。

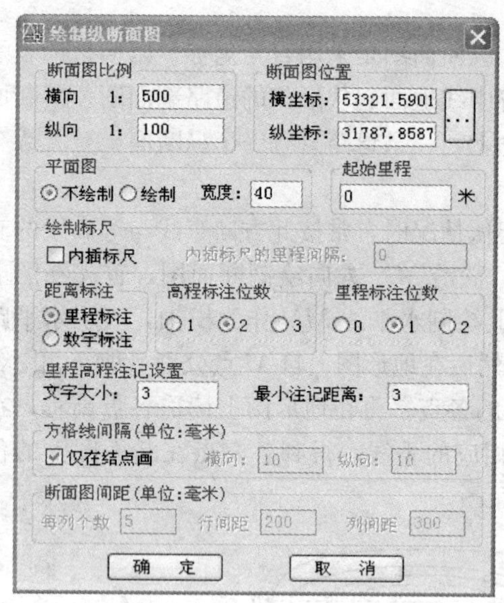

图 9-20 断面绘制参数设置

输入采样点间距：输入采样点的间距，系统的默认值为 20m。采样点的间距的含义是复合线上两结点之间若大于此间距，则每隔此间距内插一个点。

输入起始里程<0.0>：系统默认起始里程为 0。

点击“确定”之后，屏幕弹出绘制纵断面图对话框，如图 9-20 所示。

输入横向比例（系统的默认值为 1∶500）和纵向比例（系统的默认值为 1∶100），屏幕上出现所选断面线的断面图，如图 9-21 所示。

2. 根据里程文件绘制断面图

根据里程文件绘制断面图，里程文件的格式及生成步骤详见上节。

一个里程文件可包含多个断面的信息，此时绘断面图就可一次绘出多个断面。里程文件的一个断面信息内允许有该断面不同时期的数据，这样绘制这个断面时就可以同时绘出实际断面线和设计断面线。

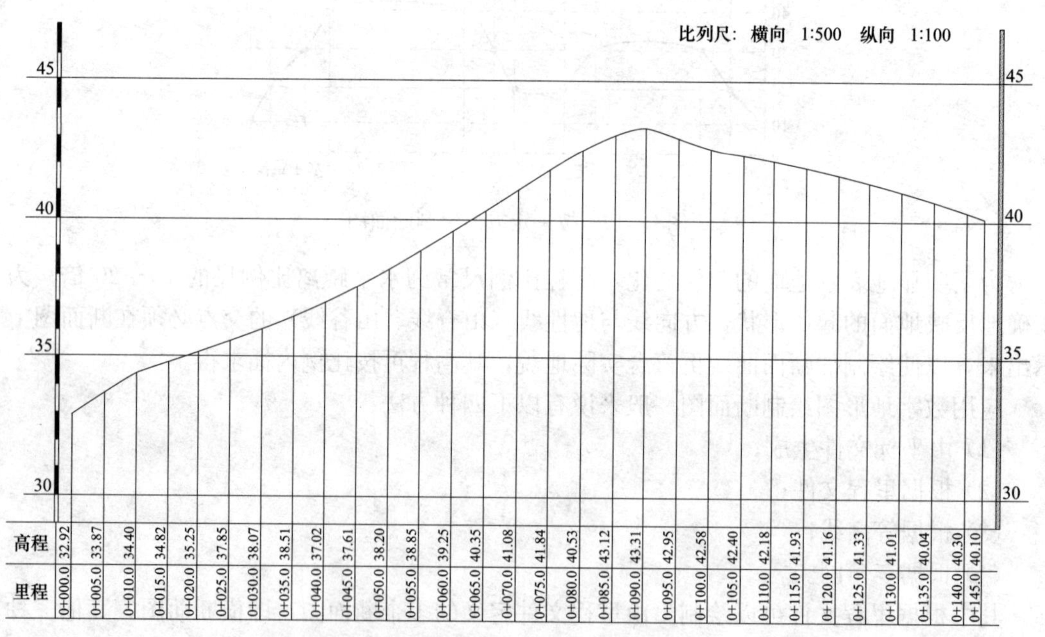

图 9-21 断面图绘制结果

3. 根据等高线绘制断面图

如果图面存在等高线，则可以根据断面线与等高线的交点来绘制纵断面图。

在软件任务栏中选择“工程应用\绘断面图\根据等高线”命令，根据命令行的提示可生成断面图。

4. 根据三角网绘制断面图

如果图面存在三角网，则可以根据断面线与三角网的交点来绘制纵断面图。

在软件任务栏中选择“工程应用\绘断面图\根据三角网”命令，根据命令行的提示也可生成断面图。

9.1.4　数字地形图在公路曲线设计中的应用

随着我国国民经济的迅速发展，公路建设突飞猛进，公路建设规划和设计所需的主要基础资料是地形图，其难点和重点都在曲线设计方面，由于以往的纸质地形图利用起来比较困难，因此，数字地形图在公路曲线设计中的应用越来越广。

公路工程一般由路线、桥涵、隧道及各种附属设施等构成。兴建公路之前，为了选择一条既经济又合理的路线，必须对沿线进行勘测。

一般地讲，路线以平、直最为理想。但实际上，由于受到地物、地貌、水文、地质及其他等因素的限制，路线的平面线型必然有转折，即路线前进的方向发生改变。为保证行车舒适、安全，并使路线具有合理的线型，在直线转向处必须用曲线连接起来，这种曲线称为平曲线。平曲线包括缓和曲线和圆曲线两种。车辆在曲线上行驶，会产生离心力。由于离心力的作用，车辆将向曲线外侧倾倒，影响车辆的安全行驶和顺适。为了减少离心力的影响，路面必须在曲线外侧加高，称为超高。在直线上超高为 0，在圆曲线上超高为 h，这就需要在直线与圆曲线之间插入一段曲率半径由无穷大逐渐变化至圆曲线半径 R 的曲线，使超高由零逐渐增加到 h，同时实现曲率半径的过渡，这段曲线称为缓和曲线。缓和曲线可采用回旋线（也称为辐射螺旋线），三次抛物线、双扭线等线型。目前我国公路系统中，均采用回旋线作为缓和曲线。圆曲线又称单曲线，是由一定半径的圆弧构成，它是路线弯道中最基本的平曲线形式。

现有的一些数字测图软件中基本上都可以利用勘测数据，在图面上进行公路曲线设计，生成公路曲线要素表，指导实际公路工程施工工作。下面仍以 CASS9.1 为例进行详细介绍。

1. 单个交点公路曲线设计

在进行设计时，CASS9.1 也可以处理单个交点及要素文件。在软件任务栏用鼠标点取“工程应用\公路曲线设计\单个交点”。

屏幕上弹出“公路曲线计算”的对话框，输入起点、交点和各曲线要素，如图 9-22 所示。

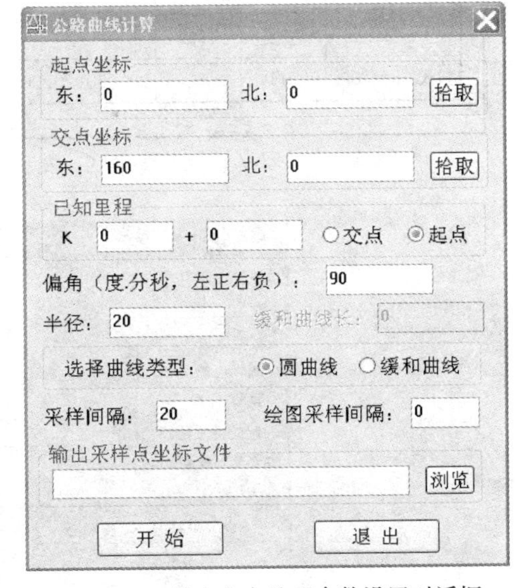

图 9-22　单个交点处理参数设置对话框

参数设置好后，点击“开始”，屏幕上会显示公路曲线和平曲线要素表，如图 9-23 所示。

2. 多个交点公路曲线设计

(1) 曲线要素文件录入。在软件任务栏上用鼠标选取“工程应用\公路曲线设计\要素文件录入”，命令行提示：(1) 偏角定位 (2) 坐标定位：＜1＞选偏角定位则弹出要素输入框（见图 9-24）。

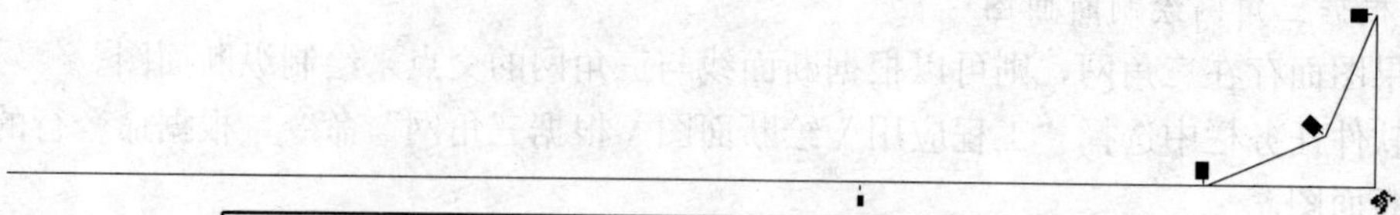

里程	X	Y
K0+000.000	0.000	0.000
K0+020.000	0.000	20.000
K0+040.000	0.000	40.000
K0+060.000	0.000	60.000
K0+080.000	0.000	80.000
K0+100.000	0.000	100.000
K0+120.000	0.000	120.000
K0+140.000	0.000	140.000
K0+155.708	5.858	154.142
K0+160.000	9.194	156.829
K0+171.416	20.000	160.000

平曲线要素表

	JD	偏角		R	T	L	E	ZY	QZ	YZ
		左偏	右偏							
1	K0+16 000	90°0′00″		20.000	20.000	31.416	8.284	K0+140.000	K0+155.708	K0+171.416

图 9-23 单个交点处理结果

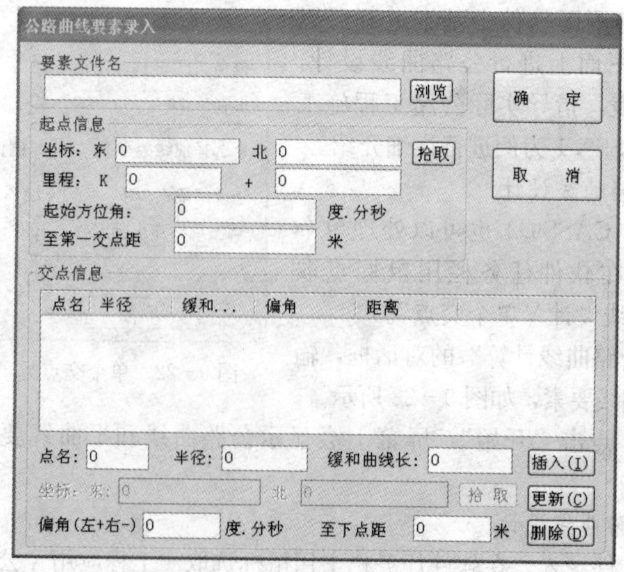

图 9-24 偏角法曲线要素录入

1）偏角定位法。起点需要输入数据：①起点坐标；②起点里程；③起点看下一个交点的方位角；④起点到下一个交点的直线距离。

各个交点所输入的数据：①点名；②偏角；③半径（若半径是 0，则为小偏角，即只是折线，不设曲线）；④缓和曲线长（若缓和曲线长为 0，则为圆曲线）；⑤到下一个交点的距离（如果是最后一个交点，则输入到终点的距离）。

分析：通过<起点的坐标>、<到下一个交点的方位角>和到第一交点的距离可以推算出<第一个交点的坐标>。根据<到下一个交点的方位角>和<第一个交点的偏角>可以推算出<第一个交点到第二个交点的方位角>；根据<第一个交点到第二个交点的方位角>和<到第二个交点的距离>和<第一个交点的坐标>可以推出<第二个交点的坐标>。依次类推，直到终点。选坐标定位则弹出要素输入框见图 9－25。

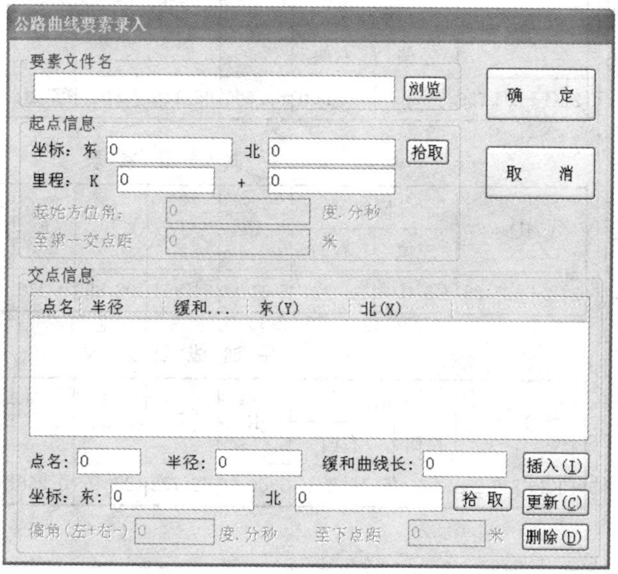

图 9－25　坐标法曲线要素录入

2）坐标定位法。起点需要输入的数据：①起点坐标；②起点里程。

各交点需输入的数据：①点名；②半径（若半径是 0，则为小偏角，即只是折线，不设曲线）；③缓和曲线长（若缓和曲线长为 0，则为圆曲线）；④交点坐标（若是最后一点则为终点坐标）。

分析：由<起点坐标>、<第一交点坐标>、<第二交点坐标>可以反算出<起点>至<第一交点>，<第一交点>至<第二交点>的方位角，由这两个方位角可以计算出第一曲线的偏角，由偏角半径和交点坐标则可以计算其他曲线要素。依次类推，直至终点。

（2）要素文件处理。鼠标选取“工程应用\公路曲线设计\曲线要素处理”命令，弹出如图 9－26 所示的对话框：在要素文件名栏中

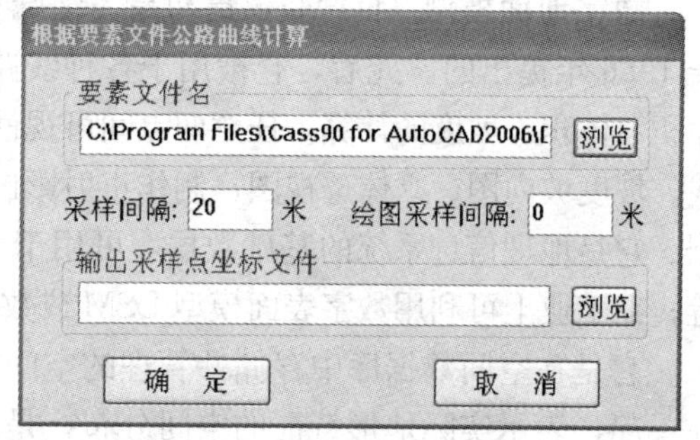

图 9－26　要素文件处理

输入事先录入的要素文件路径，再输入采样间隔、绘图采样间隔。“输出采样点坐标文件”为可选。点击“确定”后，在屏幕指定平曲线要素表位置后绘出曲线及要素表，如图 9-27 所示。

里程	X	Y
K0+000.000	0.000	0.000
K0+020.000	20.000	0.000
K0+040.000	40.000	0.000
K0+060.000	60.000	0.000
K0+080.000	80.000	0.000
K0+100.000	100.000	0.000
K0+120.000	120.000	0.000
K0+140.000	140.000	0.000
K0+160.000	160.000	0.000
K0+180.000	180.000	0.000
K0+200.000	200.000	0.000
K0+220.000	220.000	0.000
K0+240.000	240.000	0.000
K0+260.000	260.000	0.000
K0+280.000	280.000	0.000
K0+300.000	300.000	0.000
K0+320.000	320.000	0.000
K0+340.000	340.000	0.000
K0+360.000	360.000	0.000
K0+380.000	380.000	0.000
K0+400.000	400.000	0.000

平曲线要素表

	JD	偏角		R	T	L	E	ZY	QZ
		左偏	右偏						
1	K1+824.030	91°1′52.0″		20.000	20.363	31.776	8.542	K1+603.667	K1+619.5

平曲线要素表

	JD	偏角		R	Th	Lh	L	EH	ZH
		左偏	右偏						
2	K1+892.759		90°5′49.0″	65.000	65.110	25.000	127.211	27.563	K1+817.6

平曲线要素表

	JD	偏角		R	T	L	E	ZY	QZ
		左偏	右偏						
3	K2+495.881	1°8′4.0″		5500.000	54.451	108.899	0.270	K2+441.410	K2+485.6

平曲线要素表

	JD	偏角		R	T	L	E	ZY	QZ
		左偏	右偏						
4	K2+870.278		1°18′25.0″	5500.00	62.732	125.458	0.358	K2+807.546	K2+870.2

图 9-27 曲线及要素表

9.2 数字地面模型及其应用

9.2.1 数字地面模型的概念

数字地面模型（DTM），最初是美国麻省理工学院 Miller 教授为了高速公路的自动设计于 1956 年提出的。此后，它被用于各种线路（铁路、公路、输电线）的设计及各种工程的面积、体积、坡度的计算，任意两点间可视性判断及绘制任意断面图；在测绘中用于绘制等高线、坡度坡向图、立体透视图，制作正射影像图与地图的修测；在遥感中可作为分类的辅助数据。它是地理信息系统的基础数据，可用于土地利用现状的分析、合理规划及洪水险情预报等；在工业上可利用数字表面模型 DSM 或数字正射影像绘制出表面结构复杂的物体的形状。

它是在空间数据库中存储并管理的空间数据集的通称，是以数字形式按一定的结构组织在一起，表示实际地形特征的空间分布，是地形属性特征的数字描述。只有在 DTM 的基础上才能绘制等高线。

DTM 的核心是地球表面特征点的三维坐标数据和一套对地面提供连续描述的算法。最基本的 DTM 至少包含了相关区域内一系列地面点的平面坐标（X，Y）和高程（Z）之间的映射关系，即 $Z=f(X, Y)$，X、$Y\in$ DTM 所在区域。此外，在数字地面模型中还包括高程、平均高程、极值高程、相对高程、最大高差、相对高差、高程变异、坡度、坡向、坡度变化率、地面形态、地形剖面等多种信息。严格地说，DTM 是定义在某一区域 D 上的 n 维向量有限序列，即

$$\{V_i,\ i=1,\ 2,\ \cdots,\ n\}$$

其向量 $V_i=(V_{i1},\ V_{i2},\ \cdots,\ V_{in})$ 的分量为地形、环境、资源、土地利用、人口分布等多种信息的定量或定性描述。它是带有空间位置特征和地形属性特征的数字描述，包含着地面起伏和属性两个含义，当 DTM 中地形属性为高程时就是数字高程模型 DEM，所以 DEM 和 DTM 是有区别的，DEM 只是 DTM 的一种特例。在地理信息系统中，DEM 是建立 DTM 的基础数据，其他的地形要素可由 DEM 直接或间接导出，如坡度、坡向等。

9.2.2　数字地面模型的特点

与传统的地图相比较，DTM 作为地形表面的一种数字表达形式有着无可比拟的优越性。

(1) 容易以多种形式显示地形信息。地形数据经过计算机软件处理后，产生多种比例尺的地形图、纵横断面图和立体图。而常规地形图一经制作完成后，比例尺不容易改变，改变或者绘制其他形式的地形图，则需要人工处理。

(2) 精度不会损失。常规地形图随着时间的推移，图纸将会变形，失掉原有的精度。而 DTM 采用数字媒介，因而能保持精度不变。另外，由常规地形图用人工的方法制作其他种类的地图，精度会受到损失，而由 DTM 直接输出，精度可得到控制。

(3) 容易实现自动化、实时化。常规地形图要增加和修改都必须重复相同的工序，劳动强度大而且周期长，不利于地形图的实时更新。而 DTM 由于是数字形式的，因此增加或改变地形信息只需将修改信息直接输入到计算机，经软件处理后 立即可产生实时化的各种地形图。

概括起来，数字地面模型具有以下显著的特点：便于存储、更新、传播和计算机自动处理；具有多比例尺特性，可根据需要选择比例尺，如 lm 分辨率的 DEM 自动涵盖了更小分辨率如 10m 和 100m 的 DEM 内容；特别适合于各种定量分析与三维建模。

9.2.3　数字地面模型的结构

从测绘的角度看，只具有高程这种地形属性的 DTM 模型（即 DEM）是新一代的地形图，它通过存储在介质上的大量地面点空间数据和地形属性数据，以数字形式来描述地形地貌。为了表示起伏地形必须存储三维数据，这首先必须研究该模型的结构。

它一般有两种常用数据模型，即规则格网与不规则三角网结构。

1. 规则格网结构

为了减少数据的存储量及便于使用管理，可利用一系列在 X、Y 方向上都是等间隔排列的地形点的高程 Z 表示地形，形成一个矩形格网 DEM。其任意一个点 P_{ij} 的平面坐标可根据该点在 DEM 中的行列中 j、i 及存放在该 DEM 文件头部的基本信息推算出来。这些基本信息应包括 DEM 起始点（一般为左下角）坐标（X_0，Y_0）。DEM 格网在 X 方向与 Y 方向的间隔 D_X、D_Y 及 DEM 的行列数 N_Y、N_X 等。如图 9－28 所示，点 P_{ij} 的平面坐标（X_i，Y_j）为

$$\begin{cases} X_i = X_0 + i \times D_X (i = 0,1,\cdots,N_X - 1) \\ Y_i = Y_0 + j \times D_Y (j = 0,1,\cdots,N_Y - 1) \end{cases} \tag{9-1}$$

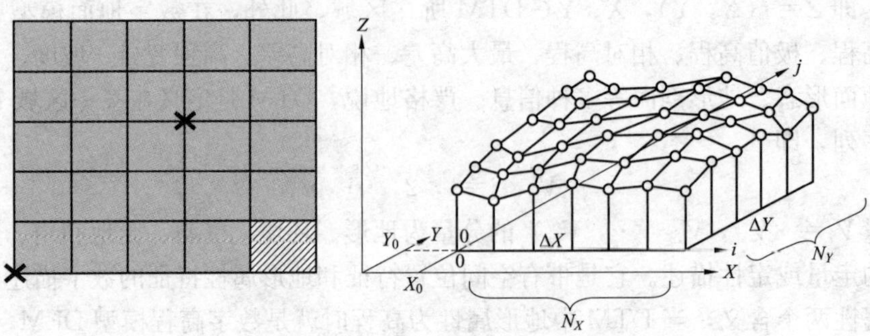

图 9-28 矩形格网 DEM 模型

在这种情况下，除了基本信息外，DEM 就变成一组规则存放的高程值，在计算机高级语言中，它就是一个二维数组或数学上的一个二维矩阵 $\boldsymbol{Z}_{i,j}$。

$$\boldsymbol{Z}_{ij} = \begin{bmatrix} Z_{0,0} & Z_{0,1} & Z_{0,2} & \cdots & Z_{0,n-1} \\ \cdots & \cdots & \cdots & \cdots & \cdots \\ Z_{m-1,0} & Z_{m-1,1} & Z_{m-1,2} & \cdots & Z_{m-1,n-1} \end{bmatrix} \tag{9-2}$$

矩形格网 DEM 存储量最小（还可进行压缩存储），非常便于使用且容易管理，比较方便的进行数据检索，用统一的算法完成检索和插值计算，因而是目前运用最广泛的一种形式。

2. 不规则格网结构

由于规则矩形格网模型有时不能准确表示地形的结构与细部，因此基于 DEM 描绘的等高线不能准确地表示地貌。为克服其缺点，可采用附加地形特征数据，如地形特征点、山脊线、山谷线、断裂线等，从而构成完整的 DEM。若将按地形特征采集的点按一定规则连接成覆盖整个区域且互不重叠的许多三角形，构成一个不规则三角网 TIN（Triangulated Irregular Network）表示的 DEM，通常称为三角网 DEM 或 TIN，见图 9-29。

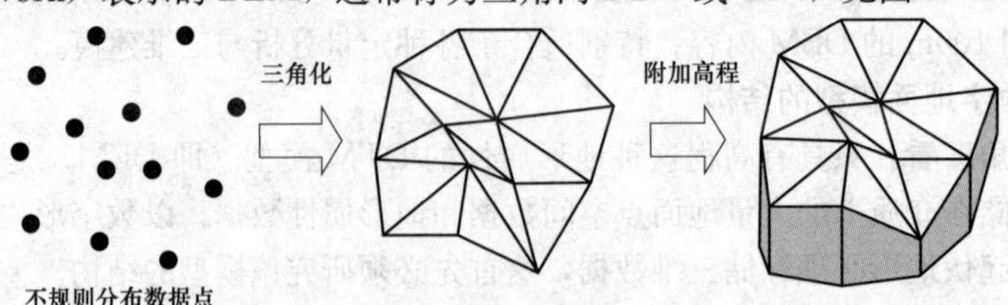

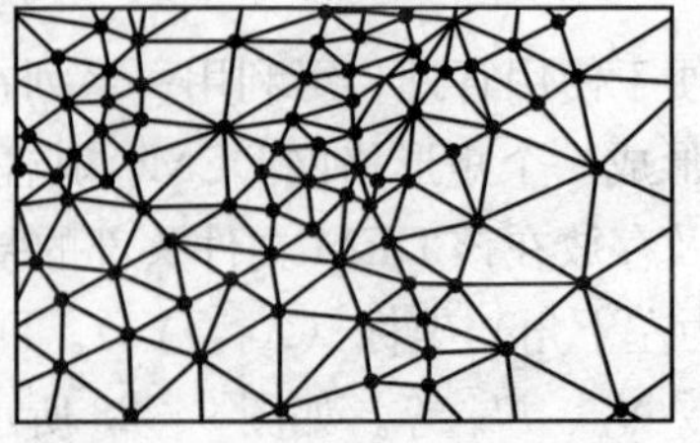

图 9-29 不规则三角格网

TIN 能较好地顾及地貌特征点、线，表示复杂地形表面比矩形格网（Grid）精确。其缺点是数据量较大，数据结构较复杂，因而使用与管理也较复杂。近年来许多人对 TIN 的快速构成、压缩存储及应用做了不少研究，得了一些成果，为克服其缺点发扬其优点做了许多有益的工作。为了充分利用上述两种形式 DEM 的优点，德国 Ebner 教授等提出了 Grid－TIN 混合形式的 DEM，即一般地区使用矩形格网数据结构（还可以根据地形采用不同密度的格网），沿地形特征则附加三角网数据结构。

9.2.4　数字地面模型的建立

建立 DTM 有各种方法，由于地球表面本身的非解析性，若采用某种代数式和曲面拟合的算法来建立地形的整体描述比较困难，因此一般建立区域的数字地面模型是在该区域内采集相当数量可表达地形信息的地形数据来完成的。

而在实际工作中，地形由于受到表面既有连续也有断裂、挖损等不连续因素的影响，且采集的地形数据量是有限的，采样点的位置、密度，以及选择构造 DTM 的算法及应用时的插值算法，均会影响 DTM 的精度和使用效率。因此，需要研究如何利用有限数据来准确表达实际的地形变化。

1. 数据的获取

为了建立 DTM，必须量测一些点的三维坐标，这就是 DTM 的数据获取，通常是按一定的测量方法（野外直接测量、数字摄影测量等），在测区内测量一定数量的离散点的平面位置和高程，这些点称为控制点（数据点或参考点）。接着，以控制点为网络框架，在其中内插大量的高程点。这些离散点数据的获取是建立模型工作中花费时间最长、用工最多的，而且又是最重要的一个环节，将直接影响到模型的精度、效率和成本。目前，这些离散点数据的获取方式有以下几种：

(1) 人工量取。用方格网在地形图上逐点量取和内插求出网格点的三维坐标。

(2) 现有地图数字化。利用数字化仪对已有地图上的信息（如等高线）进行数字化的方法，目前常用的数字化仪有手扶跟踪数字化仪和扫描数字化仪。

(3) 地面测量。利用全站仪在野外实测、GPS 接收机等仪器采集数据。

(4) 数字摄影测量方法。这是 DEM 数据采集最常用的方法之一。利用附有自动记录装置（接口）的立体测图仪或立体坐标仪、解析测图仪及全数字摄影测量系统，进行人工、半自动或全自动量测来获取数据。

(5) 空间传感器。利用全球定位系统 GPS，结合雷达和激光测高仪等进行数据采集。

2. 数据预处理

(1) 格式转换。由于数据采集的软、硬件系统各不相同，因而数据的格式可能也不相同，常用的代码有 ASCII 码、BCD 码及二进制码。每一记录的各项内容及每项内容的类型位数也可能各不相同，要根据数据内插软件的要求，将各种数据转换为该软件所要求的数据格式。

(2) 原始数据的预处理。通过数据转换后，即可得到一个区域内的 DTM 原始数据。这些输入计算机的数据中，还含有一些不符合模型建立要求的数据。因此，必须对这些数据进行过滤和剔除，以顺利完成构网，建立模型。主要内容包括：坐标校正（一幅生产出来的 DEM 数据，必须有自己的坐标系）、数据过滤、粗差剔除（由于人为或者非人为原因造成的明显杂点必须去除）、重合或近重合数据的剔除、给定高程限值和必要的数据加密、子区边界提取等工作。

(3) 特征数据预处理。为了便于计算机程序识别，提高工作效率及保证等高线的绘制精度和正确走向，除了地面坐标数据外，地形和地物的特征信息（如地性线、山谷线、断裂线等）也是不可缺少的信息。这些信息是由地形地物的特征代码及连接点关系代码表示的。从原始数据中提取地形地物特征的依据是数据记录中的特定编码，不同类型的原始数据在不同的测量软件中分别有各自的编码方式。在DTM的特征提取部分主要有以下几项工作：

1) 识别原始数据记录中的特征编码。

2) 将地形地物线性特征码及相关空间定位数据转换为DTM标准数据格式。

3) 提取地性线、断裂线及其他特殊地形。

4) 数据编辑。

3. 构网建立数字高程模型

(1) 矩形格网（Grid）的建立。矩形格网是在区域平面内划分为相同大小的矩形单元，以每个矩形单元顶点作为DTM的数据结构的基础，它是DTM数据结构规则状格网中最常用的，正方形格网是其特例。

建立矩形格网的原始数据，若是利用航测仪器采集，一般都是按等间隔直接采集矩形格网的顶点坐标。若是野外测量获得的离散点坐标，其分布一般是不规则的，为了建立矩形格网，必须通过数学方法计算出新的规则格网结点的坐标（它不一定是地形的特征点）。格网结点坐标是DTM构成和应用的基础，其精度直接影响DTM的精度。因此，从离散点生成格网结点的插值算法必须最大限度地保持原始数据的精度，同时保持原始数据中地形特征的信息。在现实情况中，由于地形变化的趋势和幅度的复杂情况，不可能用明确的函数关系表达出来，只能根据有限数量的离散点（采样点）和适当的内插方法进行近似的描述。此外，还要考虑到处理的效率、可靠性、内插数据的用途等诸多因素来选用计算方法，而不能孤立地说哪种方法最好。矩形格网点高程插值的过程就是根据给定的平面坐标 $P(x, y)$，利用邻近的已知点作为参考点，计算出 P 点的高程。其具体算法有线性插值、高次多项式插值、曲面重叠插值和最小二乘法插值等。

线性插值是最简单，也是精度较低的一种算法，其数学模型为 $z=a_0+a_1x+a_2y$，用被插值点 P 最邻近的三个点构成一个平面计算网格点的高程。在地势平坦、数据点较密集且均匀的大比例尺测量的情况下可采用此模型。

多项式（曲面）插值是用曲面来描述地形，实践证明二次曲线 $z=a_0+a_1x+a_2y+a_3xy+a_4x^2+a_5y^2$ 逼近最为有效，其参考点可取8、7、6、5个或4个。

最小二乘法插值也是利用曲面进行插值，但附加条件为最小二乘，求出各模型的参数。

距离加权平均法插值不利用任意曲面插值函数，直接使用被插值点 P 附近参考点的坐标数据，根据参考点距 P 点的距离，计算该参考点对插值结果的影响。

多层曲面插值是多个曲面叠加进行插值，叠加的每个曲面一般是较简单的二次多项式曲面，二次曲面是常用来叠加的数学模型。

(2) 不规则三角格网（TIN）的建立。

1) TIN的概念。不规则三角形格网是直接利用测区内野外实测的地形特征点（离散点）构造出邻接的三角形而组成的格网结构。TIN每个基本单元的核心是组成不规则三角形三个顶点的三维坐标，这些坐标完全来自原始测量成果。由于采样时选取观测点是由地形决定的，因而由离散点构成的三角形必然是不规则的。网络中三角形的数目只有在格网形成之后才能确定。

2）TIN 的构建算法。TIN 构造过程是将邻近的三个离散点连接成初始三角形，再以这个三角形的每个边为基础连接邻近离散点组成三角形。新的三角形的边又作为连接其他离散点的基础，如此下去，直到所有三角形的边都无法再扩展成新的三角形，而且所有离散点都包含在三角形的顶点中。在生成 TIN 的过程中，还要考虑地性线、地物等对格网的影响，应用中通常把地性线等地形特征线作为 TIN 中三角形的边，在扩展 TIN 时先从地形特征线开始，以保证 DTM 格网最大限度地符合实际地形。构造 TIN 时，由于取相邻离散点的判断准则不同，就产生了生成 TIN 的不同算法。常用的算法有泰森多边形法、最近距离算法、最小边长和算法等。

a. 泰森（Thiessen）多边形方法。泰森多边形的概念是：将分布在平面区域上的一组离散点用直线分隔，使每个离散点都包含在一个多边形之内。进行分隔的规则是，每个多边形内只包含一个离散点，而且包含离散点 P_i 的多边形中，任意一点 Q 到 P_i 的距离都小于 Q 点到任一其他离散点 P_j 的距离。把每两个相邻的泰森多边形中的离散点用直线连接，生成三角形网，这样数学模型便完成。泰森模型的显著特点是：每个三角形的外接圆内不包含其他离散点，而且三角形的最小内角达到最大值，又称 Delaunay 三角形和 Delaunay 三角形格网，见图 9－30。

b. 最近距离算法。用这种算法生成 TIN 时，首先要在离散点中找到两个距离最近的点，以这两点的连线为基础，寻找与此段连线最近的离散点构成三角形，然后对这个三角形的三条边按同样准则进行扩展，构成新的三角形。如此反复，直到没有可扩展的离散点或所有的三角形边都有无法再构造出新三角形为止。实际应用中判断选择最近离散点的依据是离散点与线段端点形成的角的大小，如图 9－31 所示。AB 为构造三角形的基础线段，选择能构成最大角度的点 C 组成三角形，判别方法是判断 $\cos\alpha$ 值的大小，$\cos\alpha$ 值较小者距离最近。

c. 最小边长和算法。这一模型要求在构成三角形时，离散点的选择应使三角形的三边长之和达到最小值，在从离散点集合选择两个最近的点 A 和 B 构成基础边 AB，在其余的离散点中进行比较，选择到 A 和 B 的距离之和最小的一点作为三角形的另一个顶点 C 构成第一个三角形；再次用同样的方法对此三角形的每条边进行扩展，直到所有离散点都包含在三角形格网中时，构造三角格网的过程即结束，见图 9－32。

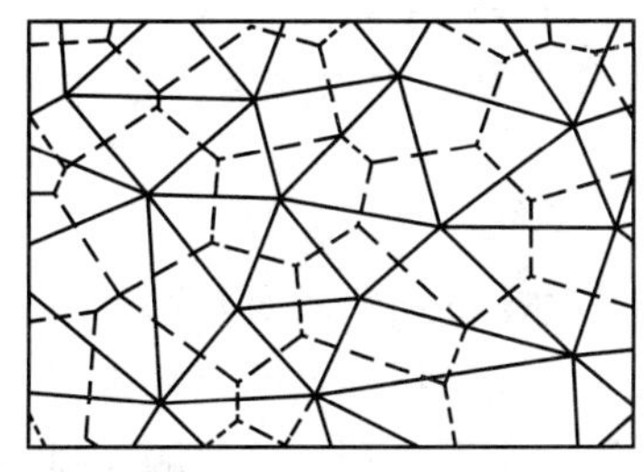

图 9－30　泰森多边形

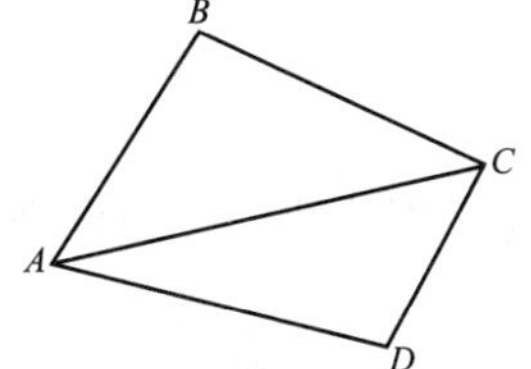

图 9－31　最近距离算法三角形

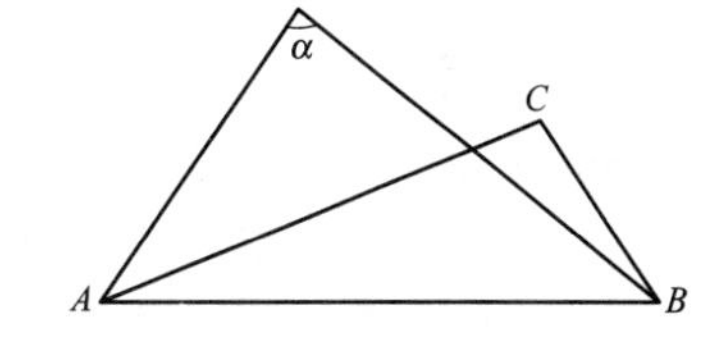

图 9－32　最小边长和算法三角形

3）TIN 建立过程中特殊地貌和地物的处理。在建立 TIN 的过程中必须考虑特殊地貌和地物对 TIN 结构的影响，并进行特殊处理，以满足等高线和断面的生成、土方量计算、地图绘制等 DTM 应用的需要和正确性。

a. 断裂线的处理。在建 TIN 时，需要把断裂线（坡度变化陡峭的地形如陡坎、河岸等变化不连续的地形边线）提取出来并扩展成几个极窄的条形闭合区域（见图9-33）。在绘制地形图时，等高线与地物是分层处理的，等高线层中等高线绘制到闭合（折）线时断开，而在地物层闭合线正是坎子符号绘制的地方，两层叠加输出，绘出的就是地形图。

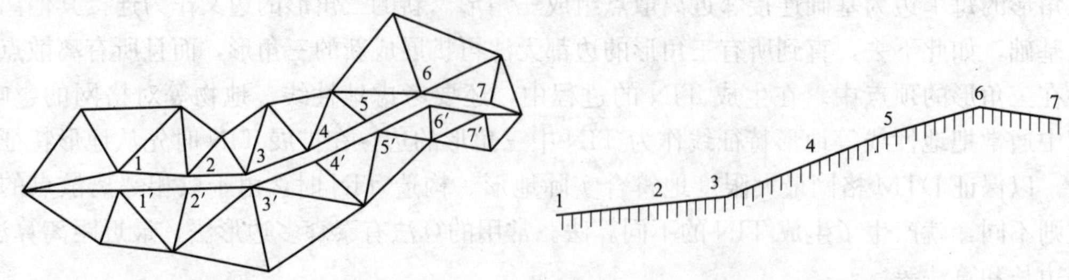

图9-33 陡坎的处理及坎子的图式符号

b. 地物的处理。等高线遇地物（如房屋、道路）时需要断开，所以地形模型中要将它们处理成闭合区，扩展三角形是由房屋边线向外扩展，等高线遇闭合区边界即终止。

c. 地性线的处理。TIN结构的DTM是以三角形为基本单位表达实际地形的，山谷线、山脊线等地性线不应该通过TIN中任一个三角形的内部，因此构造TIN时应使地性线包含在三角网的三角形边中，以山谷线、山脊线为起始边。在原始数据中即需要标定地性线的信息。生成TIN的过程中，以组成地性线的线段为基础，向两侧扩展出三角形格网，这样就保证了三角形格网数字地形模型与地形相符。

d. 影响三角形格网结构的其他因素。如不规则区域边界可能使程序在无数据地区构造出三角形格网，或构造出与实际地形特征不相符的部分三角形格网，从而影响了三角形格网结构。为了解决这些问题，需要在构造三角形格网过程中加入对区域边界的识别，不允许TIN向区域边界外扩展，同时检查边界附近的三角形格网中是否有异常的三角形（如某个三角形的部分区域已处于边界以外）。

9.2.5 数字地面模型的应用

数字地面模型的应用是很广泛的。在测绘中可用于绘制等高线、坡度、坡向图，进行可视化分析，制作立体透视图，制作正射影像图、立体景观图、立体匹配片、立体地形模型及地图的修测；在各种工程中可用于体积、面积的计算，各种剖面图的绘制及线路的设计；军事上可用于导航（包括导弹与飞机的导航）、通信、作战任务的计划等；在遥感中可作为分类的辅助数据；在环境与规划中可用于土地利用现状的分析、各种规划及洪水险情预报等。本章重点介绍数字地面模型在测绘中的应用。

1. 绘制等高线图

等高线图就是一种描绘地形高度的等值线图。根据规则格网DEM自动绘制等高线（见图9-34），主要包括以下两个步骤：①等高线的跟踪。利用DEM的矩形格网点的高程内插出格网边上的等高线点，并将这些等高线点按顺序排列。②等高线的光滑。利用这些顺序排列的等高线点的平面坐标X，Y进行插补，即进一步加密等高线点并绘制成光滑的曲线。

实际上，基于TIN也可以绘制等高线。这种方法将直接利用原始观测数据，避免了DTM内插的精度损失，因而等高线精度较高；对高程注记点附近的较短封闭等高线也能绘制；绘制的等高线分布在采样区域内而并不要求采样区域有规则四边形边界。而同一高程的等高线只穿过一个三角形最多一次，因而程序设计也较简单。但是，由于TIN的存储结构不同，等高线的具体跟踪算法也有所不同。

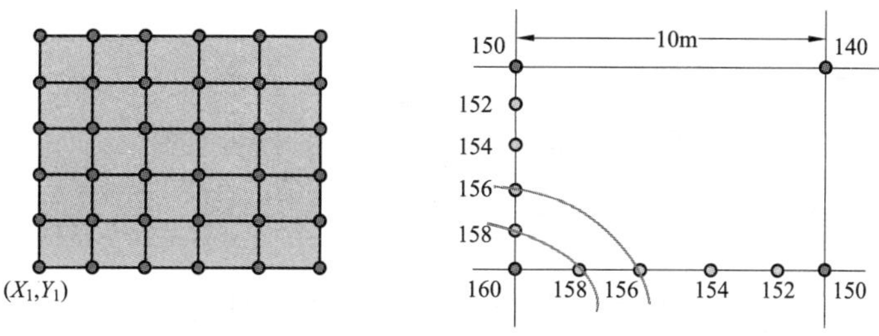

图 9-34　利用规则格网绘制等高线

2. 制作坡度图与坡向图

(1) 坡度图。坡度表示地面倾斜率，可以定义为地表单元的法向与 Z 轴的夹角，即切平面与水平面的夹角。坡度倾角（α）的计算公式是 $\tan\alpha=h/l$。在计算出各地表单元的坡度后，可对不同坡度设定不同的灰度级，可得到坡度图。

(2) 坡向图。坡向反映了斜坡所面对的方向，其在植被分析、环境评价等领域有重要的意义。可以定义为地表单元的法向量在水平面上的投影与 X 轴之间的夹角。在计算出每个地表单元的坡向后，可制作坡向图，通常把坡向分为东、南、西、北、东北、西北、东南、西南 8 类，再加上平地，共 9 类，用不同的色彩显示，即可得到坡向图见图 9-35。

坡度和坡向的计算通常使用 3×3 的格网窗口在 DEM 数据矩阵中连续移动计算完成，每个窗口中心为一个高程点，如图 9-36 所示。

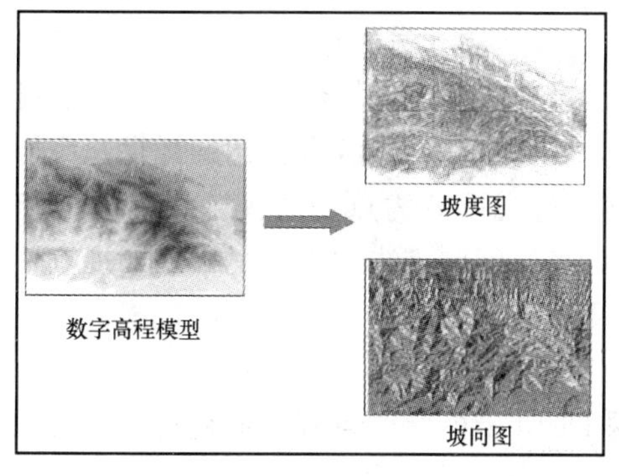

图 9-35　坡度图和坡向图生成

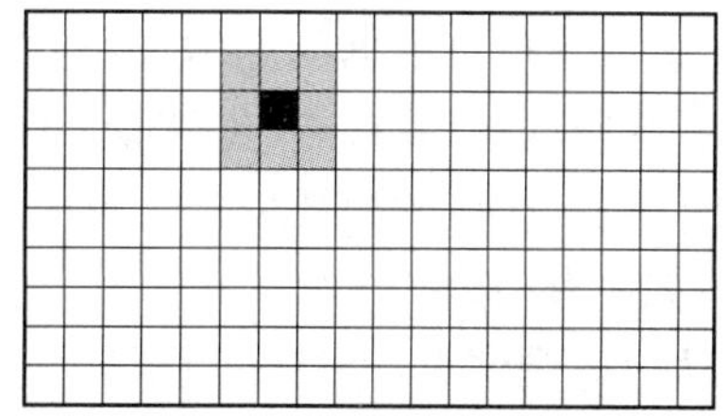

图 9-36　DEM 数据矩阵

3. 基于 DEM 的可视化分析

(1) 制作地形剖面图。在工程建设中，常需要作出某一方向或某一线路的地形断面图。铅垂平面和地形面相截，将地形断面轮廓线平行投影到平面上，所得到的投影轮廓面称为地形断面。

用 DEM 可以很方便地制作任一方向的地形剖面（见图 9-37、图 9-38），从而进行剖面分析，以线代面，研究区域的地貌形态、轮廓形状、地势变化、地质构造、斜坡特征、地表切割强度等，如果在地形剖面上叠加其他地理变量，如坡度、土壤、植被、土地利用现状等，还可以为土地利用规划、工程选线和选址等提供决策依据。

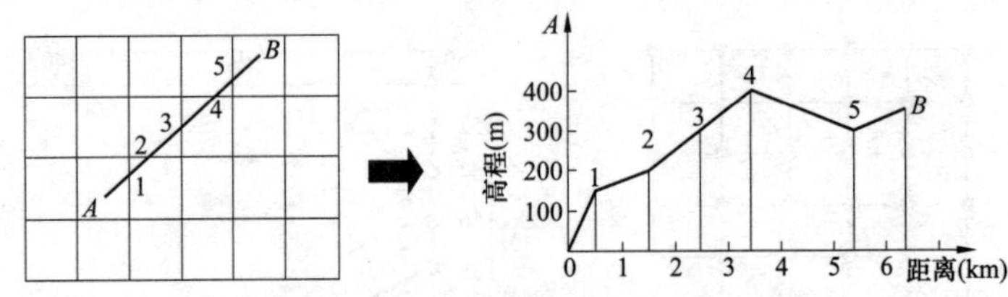

图 9-37　利用规则格网制作地形剖面图

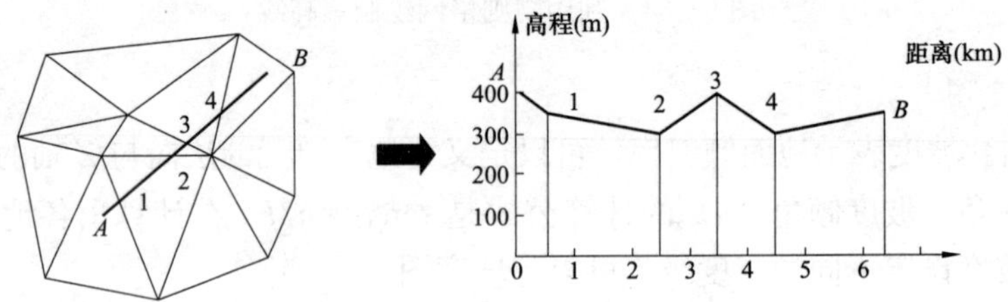

图 9-38　利用 TIN 制作地形剖面图

具体的制作方法为：已知两点的坐标 A（x_1，y_1），B（x_2，y_2），则可求出两点连线与格网或三角网的交点，并内插交点上的高程，以及各交点之间的距离。然后按选定的垂直比例尺和水平比例尺，根据距离和高程绘出剖面图。

需注意的是，剖面图不一定必须沿直线绘制，也可沿一条曲线绘制。

(2) 通视分析。通视分析是指以某一点为观察点，研究某一区域通视情况的地形分析。它有着广泛的应用背景。典型的例子是观察哨所的设定，显然观察哨所的位置应该设在能监视某一感兴趣的区域，视线不能被地形挡住。这就是通视分析中典型的点对区域的通视问题。与此类似的问题还有森林中火灾监测点的设定、无线发射塔的设定等。有时还可能对不可见区域进行分析，如低空侦察飞机在飞行时，要尽可能躲避敌方雷达的捕捉，飞行显然要选择雷达盲区飞行。根据问题输出维数的不同，通视可分为点的通视、线的通视和面的通视。点的通视是指计算视点与待判定点之间的可见性问题；线的通视是指已知视点、计算视点的视野问题；区域的通视是指已知视点、计算视点能可视的地形表面区域集合的问题。一般解决的方法有两种：

1) 以 O 为观察点，对格网 DEM 或三角网 DEM 上的每个点判断通视与否，通视赋值为 1，不通视赋值为 0。由此可形成属性值为 0 和 1 的格网或三角网。

2) 以观察点 O 为轴，以一定的方位角间隔算出 $0°$～$360°$的所有方位线上的通视情况。对于每条方位线，通视的地方绘线，不通视的地方断开，或相反。这样可得出射线状的通视图。其关键算法为：判断格网或三角网上的某一点是否通视。

a. 倾角法。如图 9-39 所示，观察点与各交点的倾角为 β_i（i=A、B、C）。若 $\tan\alpha >$ max（$\tan\beta_i$，i=A、B、C），则 OP 通视；否则，不通视。

b. 剖面图法。见图 9-40，判断两点连线是否与剖面相交。如果相交，则不通视；不相交，则通视。

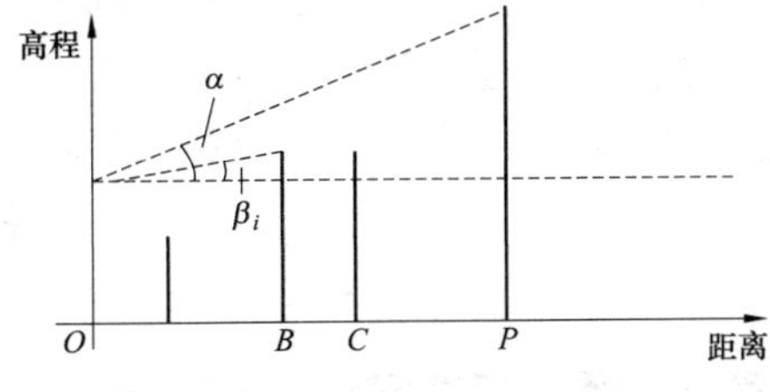

图 9－39　倾角法判断点是否通视

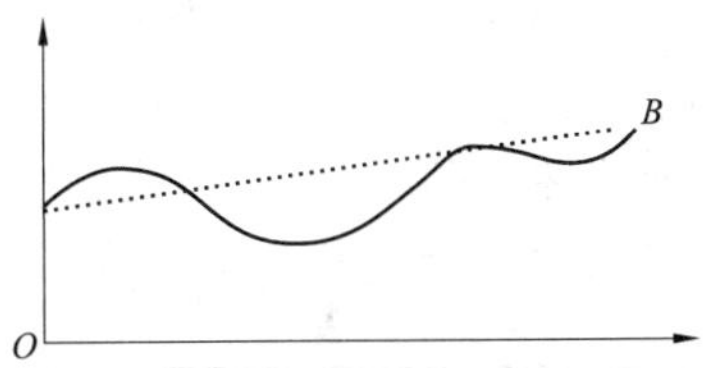

图 9－40　剖面图法判断点是否通视

（3）虚拟城市。基于大比例尺城区地形图生成的三维城市模型可称为虚拟城市。由于具备丰富的数据来源，可生成包括点状符号在内的较详细的各地物要素的三维模型及地形模型。结合平面图形上的各类注记，可以为地图模型增加街道、街区、建筑物三维注记。如果有典型建筑物的图像，可以为相应的模型贴上纹理，这样能使建立的三维城市模型更加生动逼真。

通过改变观察角度、高度能够实现在虚拟城市内的模拟行走、低空飞行等。

（4）制作地貌晕渲图。利用 DEM 制作晕渲的基本原理是：在 DEM 数据的基础之上，先根据光照强度、高程值及有关数据建立数学模型，再编制程序输入计算机进行处理，然后驱动输出设备实现地貌晕渲。具体来说，是将地面立体模型的连续表面分割成许多个单元（如矩形），然后根据单元平面与入射光线之间的关系计算出每个单元的照度，确定其灰度值，并把它投影到平面上，达到模拟现实地貌起伏的效果。

由 DEM 自动生成的晕渲，准确、快捷和美观（见图 9－41），相对于手工晕渲来说有其特点。但是在利用 DEM 制作地貌晕渲时必须注意的是：①高程点的矩阵必须同适宜的投影相符；②自动地貌晕渲的质量好坏在很大程度上取决于数据精度的可靠性和数字高程数据的详细程度；③如何以非线性方式简化大比例尺数字高程模型以便获得小比例尺地图的适宜综合，即保持重要要素，舍去次要要素，也是自动晕渲需考虑的问题之一。

图 9－41　地貌晕渲图

（5）模拟飞行。DEM 图像通过与 TM 或者其他传感器获取的遥感图像中不同的波段进行叠加，生成仿真的真彩色或者假彩色三维地形模型，在此基础上进行飞行模拟，在飞行模拟环境中，可以根据观察的需要，对地面显示速度、方位、观察位置、高程和透视角度等进行交互控制，完全达到身临其境的效果。同时，它能将大范围、广视角和小范围、高精度有机地结合起来进行显示，可以从不同的高度、方位由远及近地观察目标的总体及部分特征。

(6) 地面模型透视图。根据数字高程模型绘制透视立体图是 DEM 的一个极其重要的应用。将三维地面表示在二维屏幕上实际是一个投影问题，即通过三维到二维的坐标转换，隐藏线处理，把三维空间数据投影到二维屏幕上。为了取得与人类视觉相一致的观察效果，产生立体感强、形象逼真的透视图，在计算机图形处理领域广泛采用透视投影（见图 9-42)。

图 9-42 立体透视图示例

随着计算机图形处理工作的增强及屏幕显示系统的发展，使立体图形的制作具有更大的灵活性，人们可以根据不同的需要，对同一个地形形态作各种不同的立体显示。基本处理过程如下：

1) 透视变换，在二维屏幕空间显示三维立体；

2) 色调计算；

3) 隐藏面消除，即解决前景挡后景的问题；

4) 图形输出。

4. CASS 下利用 DTM 绘制三维模型

在 CASS9.1 软件中可以利用建立的 DTM 生成三维模型，观察立体效果，进行相关分析。具体流程如下：

(1) 绘制三维模型。在软件任务栏单击菜单项【等高线】，出现下拉菜单，选择【三维模型】移动鼠标至【绘制三维模型】，然后选择等高线数据文件（如 DGX.dat)，之后，命令行会出现提示：

输入高程乘系数<1.0>：输入 5

输入格网间距<8.0>：输入 8

是否拟合 (1) 是 (2) 否<1>：输入 1。这时，将显示此数据文件的三维模型。

其中，“高程乘系数”表示高程放大或缩小的倍数。如果用默认值，建成的三维模型与实际情况一致。如果测区内的地势较为平坦，可以输入较大的值，将地形的起伏状态放大。

因本图坡度变化不大，输入高程乘系数（5）将其夸张显示，即表示放大 5 倍（结果见图 9－43）。

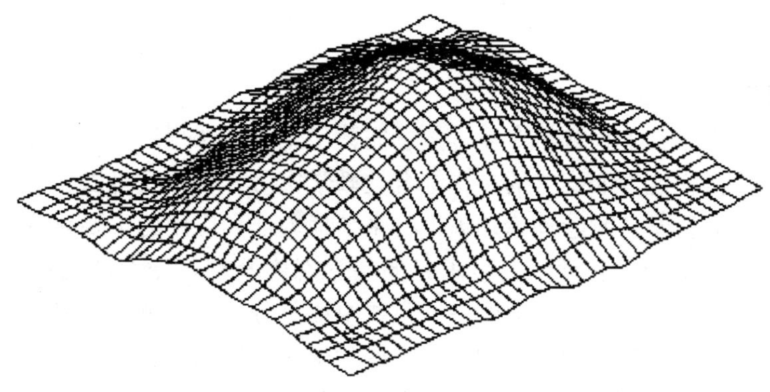

图 9－43　三维效果

（2）三维显示。利用低级着色方式、高级着色方式功能还可对三维模型进行渲染等操作；利用菜单项【显示】下的【三维静态显示】功能可以转换角度、视点、坐标轴，【三维动态显示】功能则可以绘出更高级的三维动态效果。

习　题

1. 如何在数字地形图上确定直线的距离、方位角和坡度？
2. 结合南方 CASS 数字化成图软件，详细说明利用数字地形图计算土方量的方法。
3. 如何利用数字地形图进行多个交点的公路曲线设计？
4. 什么是数字地面模型，它和数字高程模型是什么关系？
5. 数字地面模型有哪几种常用数据模型？如何建立？
6. 数字地面模型在各个领域的基础应用有哪些？简述其内容。

附录A 数字化测图实训指导书

A.1 实训意义及目的

数字化测图实训是在工程测量专业学生学完数字化测图课程后，为了巩固所学过的理论知识，加强其动手操作能力而安排的一次综合性教学实习。实习安排以三周为宜。

该实习是学生对所学的测绘理论知识进行系统地验证和应用的重要环节，也是巩固和深化理论知识，培养动手能力和训练实事求是的科学态度及刻苦耐劳的工作作风的手段。因此，数字化测图实训教学是测量教学的一个重要组成部分，它是测绘工程技术人员最基本的训练课题之一。通过大比例尺地形图的测绘，使学生对地形图测绘的基本方法和全过程有一个全面的了解和实践，为后续课程的学习打下一个良好的基础。

通过实训应达到如下目的：

(1) 掌握测绘大比例尺地形图的方法、过程及要领，为后续专业课的学习和走上工作岗位打下坚实基础。

(2) 熟练掌握图根控制测量中的各项内业计算，加强本专业“测、绘、算”的基本功训练。

(3) 基本掌握数字化测绘地形图的技术方案设计、实施、与技术总结等文档的编写能力。

(4) 熟练掌握图根控制测量的外业测量工作，熟练掌握碎部点采集方法、内业制图的方法要求。

(5) 掌握数字化测图成果的质量检查、验收与质量评价方法，在实践中学习和巩固数字测图相关的各种法规和标准。

(6) 培养学生在实践中灵活运用所学知识独立解决地形测量实际问题的能力。

(7) 认识地形测量的科学性、艰苦性、重要性，培养良好的专业品质和职业道德，增强个人工作的责任感和测绘工作所必需的团结协作精神；使每个学生具有严谨、细致、准确、快速的工作作风和科学态度。

教学方式以学生分组亲自动手操作为主、教师监督与指导、学生小组讨论、集体分析共同解决问题、编写技术设计书和实习总结报告、最后点评与考核等。

A.2 实训内容及具体要求

地形图测绘是一项比较繁重而细致的工作，前期要确保一切准备工作到位，包括人员的组织安排、仪器的选取和校检，以及一些技术规范的准备和参阅；中期工作要认真有条不紊，平面控制部分通过GPS-RTK和导线测量联合进行，高程控制部分采用四等水准测量做首级控制，等外水准测量加密二级图根网的高程，以保证足够的精度要求，采用拓普康GTS-320进行野外数据采集，采用南方CASS9.1系统进行内业的成图工作；后期查图纠错要认真，完成已测地形图的整饰工作，最后按地形图标准图幅打印出图，交由组内和组间互查，并由指导老师检查验收。

全班按4人为一组划分成若干实习小组，每小组指定一名组长。每个小组完成一定测区至少一幅大比例尺地形图的测绘任务。具体实训内容如下：

A. 2. 1　技术方案设计

在广泛收集资料（包括任务要求、技术规定和已有测量资料等）的基础上，踏勘测区，了解并调查包括天气情况、主要居民地、水系、植被、交通状况和管线、地貌等分布密集情况，进行技术设计，提交大比例尺数字化测图技术设计书，每组一份。

（1）技术设计编写的基本原则。

a. 技术设计方案一般应先考虑整体而后局部，且顾及发展；要满足用户要求，重视社会效益和经济效益。

b. 要从作业区实际情况出发，考虑作业单位的实力（人员技术素质和装备情况），挖掘潜力，选择最佳作业方案。

c. 广泛收集，认真分析和充分利用已有的测绘产品和资料。

d. 积极采用新技术、新方法和新工艺。

（2）技术设计书的内容。

a. 任务概述。说明任务来源、测区范围、地理位置、成图比例尺（1∶500）、任务量和采用的技术规定、时间工期与质量要求，应附测区交通、地理位置示意图。

b. 测区概况。说明测区高程、相对高差、地形类别、困难类别和居民地、道路、水系、植被等要素的分布与主要特征；说明气候、风雨季节及生活条件等情况。

c. 已有资料的利用。说明已有资料采用的平面和高程基准、比例尺、等高距、测制单位和年代，对已有资料的评价和可以利用的情况说明。已有资料包括测区已知点资料、原有测区地形图或影像图等。

d. 作业依据。采用的技术依据，已发布的国家或地方测图相关的图式、技术规范和标准等。

e. 控制测量方案设计。说明采用的平面和高程控制测量方法、等级和精度要求，图根控制测量的方法（导线、RTK 等）、各类控制点的布设方案（选点、设置和构图）、（水平角、水平距离和高差等的具体施测方法和使用的仪器，以及有关技术（各种限差）要求。应附各级控制网的布设略图和水准路线的设计略图。

f. 数字测图方案。说明成图规格（比例尺、分幅和编号方法），确定测图方法和使用的仪器，以及有关技术（限差规定、视距长度、综合取舍等）要求，在隐蔽地区、困难地区或特殊情况下拟采用的测图方法。较具体的对各类地物进行数据采集的要求、数据处理、成图和数字图输出方法等。

g. 检查验收方案。根据 GB/T 18316—2008《数字测绘成果质量检查与验收》的规定和要求，严格组织自检、互检和验收等各项工作，确定数字测绘成果的各质量元素和具体的检查项目，编写具体检查与验收制度，做好测图成图的质量控制工作。

h. 应提交的资料。技术设计书中应列出需要提交的所有资料清单，并编制表格。

i. 建议和措施。对组织测绘、提高效率和保证质量等方面提出合理建议，全面充分地考虑到作业中可能遇到的各类困难和技术问题，针对可能发生的各种突发事件等，制定解决办法和处理预案。

A. 2. 2　仪器与软件的配置准备

对领取的仪器进行必要的检验及校正，该工作由小组成员协作完成，并以小组为单位提交检验报告。在作业中，对仪器和软件操作出现的任何问题做好详细记录，并及时联系指导老师。

A.2.3 控制测量作业要求

各组负责一定的测区范围，要求将自己负责区域内及其附近的控制点展绘成图，完成后立即提交，以便检查控制测量成果是否有误。前期进行图根平面控制和高程控制测量，两者可同时进行，也可分别施测。图根点选点要求尽量避开道路中央、避开人流车流密集的区域，在视野开阔、便于架站的地方选点，周围有以前做好的点位时尽量使用原有的点位。图根点点位标识可采用木（铁）桩，当图根点作为首级控制或等级点稀少时，应埋设适当数量的标石。不同组间施测同一条路线可选取关键点位共用，以便检核组间的坐标精度。解算出的图根点坐标相对于邻近等级控制点的点位中误差不应大于图上0.2mm，高程中误差不应大于基本等高距的1/6。加密图根点不宜超过两次附合。

选取的各级控制点的数量，应以满足测图需要为原则，1：500 比例尺，密度一般不低于64 点/km^2；1：1000 比例尺，密度不低于 16 点/km^2；1：2000 比例尺，密度不低于 4 点/km^2。

使用全站仪和 RTK 采点，一般地区不宜少于表 A-1 中的规定。

表 A-1　　一般地区解析图根点的数量

测图比例尺	图幅尺寸（cm）	全站仪测图	GPS-RTK 测图
1∶500	50×50	2	1
1∶1000	50×50	3	1～2
1∶2000	50×50	4	2

注　表中所列数量，是指施测该幅图可利用的全部解析控制点数量。

（1）图根平面控制。可采用图根导线、极坐标法、边角交会法和 GPS 测量等方法。采用图根导线建立平面控制要求：

a. 踏勘选点。根据各自的技术设计，全组学生共同协商出一个统一的图根控制网（测区较大时可分二级布设）布设方案（可选择 RTK 图根、附合导线、闭合导线和支导线等），可以考虑导线的个数与人数相等，由全组学生共同选点并设立标志。

b. 外业观测。图根导线测量中的水平角均按两个测回施测，上、下半测回互差≤±40″；水平距离采用光电测距。首级导线角度闭合差≤$\pm 24\sqrt{n}$，（n 为导线转角个数）。导线全长相对闭合差≤1/5000（参照表 A-2 ）。要求小组成员每人都要进行观测、记录、前后视的作业工作，完成后每组提交一份观测记录。

表 A-2　　图根导线测量主要精度指标

级别	导线长度（km）	平均边长（m）	测回数		测回差（″）	测角中误差（″）	最弱点位中误差（cm）	方位角闭合差（″）	全长相对闭合差	坐标闭合差（m）
			J2	J6						
一级	1.56	156	1	2	18	±12	±5	$\pm 24\sqrt{n}$	1/5000	0.22
二级	0.9	90	1			±20	±5	$\pm 40\sqrt{n}$	1/3000	0.22

c. 内业计算。每人设计一套电子计算表格，独立完成一条导线测量的内业计算（每条导线原则上由记录者计算，观测者检核），每人提交一份计算成果（包括计算表格和控制点成果表）和控制网略图。

d. 极坐标法图根点测量，应符合下列规定：采用 6″级全站仪施测，角度、距离 1 测回测定。观测限差，不应超过表 A-3 的规定。

表 A-3 **极坐标法图根点测量限差**

半测回归零差（″）	两半测回角度较差（″）	测距读数较差（mm）	正倒镜高程较差（m）
≤20	≤30	≤20	$\leqslant h_a/10$

注 h_a 为基本等高距（m）。

(2) 测区高程控制。根据图根导线的布设情况及各自的技术设计，全组学生共同协商出一个统一的水准路线，尽可能构成附合水准路线和闭合水准路线，可以考虑水准路线的个数与人数相等。

为达到练习的目的，测区首级高程控制采用四等水准测量方法建立。为测图方便，导线点兼作高程控制点用。四等水准路线可布设成单一附合或闭合路线。四等水准测量测站技术精度要求符合表 A-4 的规定。

表 A-4 **四等水准测量测站技术精度要求**

等级	水准仪	视线长（m）	前后视距差（m）	前后视距累积差（m）	红黑面读数差（mm）	红黑面高差之差（mm）
四	DS3	100	5	10	3	5

四等附合（闭合）水准路线高差闭合差应小于$\pm 20\sqrt{L}$mm。

图根高程控制测量可采用等外水准测量或三角高程测量方法建立。

a. 闭合及附合水准路线，其高差闭合差容许值为$\Delta h_{容}=\pm 40\sqrt{L}$mm。

b. 支水准路线，往返测不符合值不应超过$\Delta h_{容}=\pm 40\sqrt{L}$mm。

c. 视距在 100m 以内，前后视距大致相等。

(3) 其他要求。每人设计一套计算表格，独立完成一条水准路线的内业计算（每条水准路线原则上由记录者计算，观测者检核），每人提交一份计算成果（包括计算表格和水准点成果表）和水准路线略图。

图根控制测量内业计算和成果的取位，应符合表 A-5 的规定。

表 A-5 **内业计算和成果的取位要求**

各项计算修正值（″或 mm）	方位角计算值（″）	边长及坐标计算值（m）	高程计算值（m）	坐标成果（m）	高程成果（m）
1	1	0.001	0.001	0.001	0.001

图根控制点测量结束后，必须提供下列材料。

a. 水平、垂直角测量记录的手簿及导线边角测量手簿。

b. 水准路线测量手簿。

c. 导线、水准控制网略图。

d. 导线、水准平差计算表和坐标、高程成果表。

A. 2. 4 外业数据采集要求

将小组整个测区按人数分成若干块，每人负责一块，完成各自的 1∶500 电子地形图测绘工作。

(1) 测图可采用全站仪和 RTK 配合作业。全站仪宜使用 6″以上等级全站仪，其测距标称精度，固定误差不应大±10mm，比例误差系数不应大于 5ppm。

(2) 全站仪测图的仪器安置及测站检核，应符合下列要求：

a. 仪器的对中偏差不应大于5mm，仪器高和反光镜高的量取应精确至1mm。

b. 应选择较远的图根点作为测站定向点，并施测另一图根点的坐标和高程，作为测站检核。检核点的平面位置较差不应大于图上0.2mm（即检核点平面位置误差不大于0.1m），高程较差不应大于基本等高距的1/5。

c. 作业过程中和作业结束前，应不定时对定向方位进行检查。

(3) 全站仪测距精度较高，但在野外测量时，不能盲目扩大测程及测站的覆盖范围，由于测角误差不可避免，因此应严格注意仪器的对中、整平、后视瞄准的精度。

全站仪测图的测距长度，不应超过表A-6的规定。

表A-6　　碎部点测距长度

比例尺	最大测距长度（m）
1∶500	200
1∶1000	350
1∶2000	500

地形点间距一般按照表A-7的规定，地性线和断裂线应根据其地形变化增大采点密度。

表A-7　　地形点间距

比例尺	1∶500	1∶1000	1∶2000
地形点平均间距（m）	25	50	100

(4) 外业数字测图注意事项。

a. 数字测图宜遵循对照实地进行测绘的基本原则，并应严格参照GB/T 14912—2005《1∶500　1∶1000　1∶2000外业数字测图技术规程》的要求进行组织外业施测，可采用电子平板或数字测记模式进行数据采集，独立地物主要以编码法为主进行采集，复杂地区可配合草图法补充。

b. 数字测图内业图形编辑主要依靠外业记录，外业测量时，记录员或编码观测员应详细记清测点点号、点的属性、连线关系，必要时绘制草图。否则，内业处理时，容易造成错乱。

c. 当采用草图法作业时，应按测站绘制草图，并对测点进行编号。测点编号应与仪器的记录点号相一致。草图的绘制，宜简化表示地形要素的位置、属性和相互关系等；也可使用编码法测图（见附录B），不画或少画草图，也可提前打印出测区卫片或照片影像图，带到野外代替草图。

d. 使用全站仪进行碎部点数据采集时，应严格注意输入测站点与后视点坐标。如果测站点与后视点错号（点号与位置互换），实践证明无法检测出来，造成内业处理上的不便。测站设置与定向时最好能使用调用功能以免输错坐标，并认真做好检核点的施测工作。

e. 测图中，立镜点的多少，应根据测区内地物、地貌的情况而定。原则上，要求以最少数量（必需量）的确实起着控制地形作用的特征点，准确而精细描绘地物、地貌。因此，立点应选在地物轮廓的起点、终点、弯曲点、交叉点、转折点上及地貌的山顶、山腰、鞍部、谷源、谷口、倾斜变换和方向变换的地方。

f. 1∶500 比例尺地形要素测绘要求施测的地物详细、全面、定点精度高，几乎对建筑物、构筑物、交通设施、管线、水系、植被覆盖、高程点等几乎所有的地形要素都有涉及。但野外作业时也应该主次有别、重点突出居民地、道路、花圃等一些主要地物点的采集。

g. 在建筑密集的地区作业时，对于全站仪无法直接测量的点位，可采用全站仪偏心测量的方法或支距法、线交会法等几何作图方法进行测量，可配合使用钢尺量距并记录相关数据。短距离周围环境不影响其测点精度时也可使用免棱镜功能，并注意检查测出坐标是否有明显错误。

h. 数字化测图等高线的勾绘完全取决于野外的测点，因此在地貌测绘时，立镜员应合理选择地貌特征点，并认真了解观察地形，复杂地区应简单绘制地形草图，以便使勾绘的等高线更加符合测区情况。

i. 当布设的图根点不能满足测图需要时，可采用极坐标法、支导线法、自由设站等方法增设图根控制点。

A. 2. 5　内业地形图绘制

(1) 一般性规定。

a. 测图软件使用 CASS9. 0 以上版本，安装专业数据传输软件，并进行全站仪和计算机间坐标和测量数据的双向传输后，需将坐标数据文件格式转换为 Cass 预置的数据格式。

b. 地形图符号、内业数据处理和图形编辑严格采用国家测绘局颁布的 GB/T 20257. 1—2007《国家基本比例尺地图图式　第 1 部分：1∶500、1∶1000、1∶2000 地形图图式》的统一规定。

c. 当天测得数据最好当天绘制成图，不宜拖拉后延。图形编辑应"边编辑边注记"，对于大测区来说，野外采集的信息很多，为避免错误，每编辑完一个完整的地物，应及时加上必要的符号和文字注记，如比高数值、地面铺设材质、树木种类等。

d. 在内业绘图时，绘图软件中地物符号一般按控制点、居民地、独立地物、交通设施、管线设施、水系设施、植被土质、地貌、境界线等地物类别进行分类设层，在此基础上，每大类又包含许多项，约 670 项。在内业图形编辑时，根据地物的类别选取对应的地物符号进行编辑，以满足数字化成图的规范要求。

e. 绘图要求：要素分类正确、数据结构无误，图面各要素处理合理，连贯的线状地物连续，线条要求光滑、自然、清晰，无挤压、重复现象。居民地等面状要素应封闭，无悬挂或过头现象，一栋房子是一个实体，不能用直线绘制。有方向性的要素，其符号方向必须正确。出图辅助要素分类处理，按设计书和建库标准对采集的数据进行处理。

f. 内业图形编辑完成后，应利用绘图机绘出样图，到实地进行认真的检查。检查内容主要包括地物有无漏测、属性注记是否与实际相符、陡坎的走向、电力线和通信线的连线关系、等高线是否反映实际等。对内业处理中有疑问的地方应重点检查。

g. 图形编辑应遵循"不清不绘"的原则，对记录不清的暂时不编辑，经外业检查后再进行编辑处理。内业编辑时，对经外业采集的原始测量数据（非量测的数据除外）不得擅自修改，对明显缺陷问题必须通过检查员核定后再修改。在编辑时，符号、线型、颜色、层次、属性代码按图式和规范标准执行。

h. 绘图中，一般只选取节点捕捉模式，屏幕放大到足够大，以保证定点精度，应采用端点捕捉功能使面状要素的多边形严格闭合；两个或多个图形要素共用边线且不在同一层时，要将公共边复制到面状要素所在层，并赋给该边线与面状要素相同的代码，然后截取公共边、捕捉公共线段端点，使面状要素多边形进行闭合。

i. 地形图平面精度：图上地物点相对于邻近平面控制点的平面位置中误差不超过图上±0.5mm，地物点间距中误差不超过图上±0.4mm。图面表示要主次分明，在清楚反映地形要素的情况下，按规范要求合理取舍地形、地物。

j. 数字测图在分组测量时，各组独立负责所测区域的地形图绘制、整饰，各组测量的数据编辑完成后，应将整个测区拼接起来，认真检查各组测图的衔接情况，检查处理后，再考虑整个测区地形图分幅的问题。完成后每组提交电子的数字地图一份，打印的纸张图一份。

(2) 各类地物绘制具体要求。

a. 控制点。控制点按图式规定的符号要求准确、无错漏地展绘出来，测量控制点应表示出所有的测图测站点［包括原有的GPS点，一、二级导线（或GPS）点，各等级水准点和图根点］。

b. 居民地及附属。永久性房屋应逐幢表示，临时性简易房屋可不表示。房屋等建筑物按墙基线表示，并按建筑材料和性质分类，并注记层数。

建筑物性质按“砼”“钢”“混”“砖”“石”“木”“简”“土”8类表示：

砼——指6层以上框架结构的大楼、商厦或其他坚固构筑物；

钢——指以钢材为框架的大型厂房等；

混——指2～6层，以钢筋混凝土为梁柱的砖混结构房屋；

砖——指2层或2层以下，没有钢筋混凝土柱梁的砖房屋，一般单层的房屋居多；

石——指建筑物外墙大部分用条石或石块构建；

木——指建筑物以木柱为承重结构的房屋，当此建筑物外墙用砖或混凝土构建时也应注“木”；

简——图上以▱表示，指用灰砖、竹、秫秸搭建的单层简易房屋，当单层砖房面积较小，图面不易注记的也按此表示；

土——指用黏土夯实后垒墙建造的老式土房。

建筑物上突出的悬空部分应测量最外范围的投影位置（如阳台需测绘，阳台表示为外虚、内实），主要的支柱也要实测。地下室的出入口按图式表示；建筑物的轮廓凸凹图上小于0.4mm的，可直接连线。沿街、路的商场、银行等雨搭或台阶（包括通向地下室的台阶）应表示（室外台阶和楼梯长度大于图上3mm，宽度大于图上1mm的应表示）。围墙要实测表示，单位的门墩要表示，居民小院的门墩可不表示。

围墙、栅栏、栏杆一般应测外边线（外拐点），对于上部窗花形式下部实墙的复合围墙，其下部实墙不低于1/2的按围墙表示；低于1/2、上部有栅栏的，则以栅栏符号表示；上下相等的按围墙表示。

绘制时，保证房屋闭合、地形编码符合规范要求。

c. 水系。河流、水塘以岸边线表示；水系上的桥梁、拦河坝、流向应表示，并注记水系名称。水涯线按测图时的水位测定并标注测绘时间。当水涯线与陡坎线在图上投影距离小于1mm时以陡坎线符号表示。河流在图上宽度小于0.5mm、沟渠在图上宽度小于1mm的用单线表示。水渠应测渠道边和渠底高程、堤坝应测注顶部及坡脚高程，泉、井应测注泉的出水面及井台的高程；池塘应测注塘底高程。

d. 交通。图上应准确反映陆地道路的类别和等级，附属设施的结构和关系；正确处理道路的相交关系及与其他要素的关系；河流和各级道路的通过关系。桥梁应实测桥头、桥身和桥墩位置，加注建筑结构。

公路与其他双线道路在图上均应按实宽依比例尺表示，公路应在图上每隔 15～20mm 注出公路技术等级代码，国道省道应注出道路编号。公路、街道按其铺面材料分为水泥、沥青、砾石、条石或石板、硬砖、碎石和土路等，应分别以砼、沥、砾、石、砖、碴、土等注记于图中路面上，铺面材料改变处应用点线分开。

路堤、路堑应按实地宽度绘出边界，并应在其坡顶、坡脚适当测注高程。道路通过居民地不宜中断，应按真实位置绘出，小路可中断在进出口处。

高速公路应绘出两侧围建的栅栏（或墙）和出入口，注明公路名称。中央分隔带视用图需要表示。市区街道应将车行道、过街天桥、过街地道的出入口、隔离带、环岛、街心花园、人行道与绿化带绘出。街道以路涯线表示，应注记路、街、巷名称。

大车路、乡村路、内部道路按比例实测，宽度小于图上 1mm 时只测路中线，以小路符号表示。大车路的绘制，“上虚下实，左虚右实”。

铁路的铁轨、公路路中及交叉处、桥面、里程碑等应测绘高程注记点。铁路与公路或其他道路在平面相交时，铁路符号不中断，而将另一道路符号中断。不同水平相交的道路交叉点，应绘以相应的桥梁、通道符号。有围墙栏栅的公园、工厂、机关、学校等内部的道路，除通行汽车的主要道路、全部按内部道路测绘。

e. 管线。永久性的电力线、电信线均应准确表示，电杆、铁塔位置应实测。当多种线路在同一杆架上时，只表示主要的。城市建筑区内电力线、电信线可不连线，但应在杆架处绘出线路方向，高压（大于 6.6kV）要连线。各种线路应做到线类分明，走向连贯。

架空的、地面上的、有管堤的管道均应实测，分别用相应符号表示，并注明传输物质的名称。当架空管道直线部分的支架密集时，可适当取舍。地下管线检修井宜测绘表示。

污水箅子、消防栓、阀门、水龙头、电线箱、电话亭、路灯、检修井均应实测中心位置，以符号表示，必要时标注用途。

f. 植被土质。地形图上应正确反映出植被的类别特征和范围分布。对耕地、园地应实测范围，配置相应的符号表示。大面积分布的植被在能表达清楚的情况下，可采用注记说明。同一地段生长有多种植物时，可按经济价值和数量适当取舍，符号配制不得超过三种（连同土质符号）。

独立树要准确测绘，并配置相应的符号。河流两边及居民地前后的零星竹子以竹丛符号表示；道路两侧成行树木用图式中“行树”符号表示；花圃有超过半米墩台的用实线表示。

田埂宽度在图上大于 1mm 的应用双线表示，小于 1mm 的用单线表示。田块内应测注有代表性的高程。树林要标注树的种类、高度。

各种土质按图式规定的相应符号表示。

配置性符号填充时根据实际范围大小，可适当调整填充密度。大面积区域时，密度可适当放宽到 2～3 倍。

g. 地貌。城镇建筑区的高程注记点应优先测注在街道中心、街道交叉中心、建筑物基角和相应的地面、检修井井口、桥面中心、主要堤堆顶、广场及其地形高低变换处、单位的主要出入口、主要台阶上下及主要道路变坡点等地方。高程注记点应尽量分布均匀，高程注记点间距 15～23m，沿道路可在图上每隔 10～15cm 测注一点。独立石、土堆、坑穴、陡坡、斜坡、梯田坎、露岩地等应在上下方分别测注高程或测注上（或下）方高程及量注比高。

所有碎部点高程注记至 0.01m。等高距的大小应按地形情况和用图需要来确定，1：500 一般采用 0.5m 等高距。高程注记点的密度：一般地区图上每平方厘米 5～20 个，不少于 6～7个。

地貌以等高线配合地貌符号表示，街区、居民地内及平坦的水稻田区不绘等高线。公园内的土山等需测绘等高线。计曲线上加注高程，其数字注记字头需指向高处，示坡线指向低处。图面上不允许有点线矛盾。

斜坡、陡坎应区分未加固和加固两种，陡坎是形成 70°以上陡峭地段。70°以下用斜坡表示，斜坡符号长线一般绘至坡脚，斜坡在图上投影宽度小于 2mm 时，以陡坎符号表示；坎的比高大于 0.5m 以上应表示，均必须测量高程。坡、坎密集时，可以适当取舍。

h. 注记。地理名称及各种注记是地形图的主要内容之一，是判读地形图的直接依据。图上所有居民地、道路、街巷、广场、山岭、沟谷、河流等自然地理名称，以及主要单位等名称，均应调查核实，正确注记。有法定名称的应以法定名称为准，并应正确注记。

各类注记指示正确，无错漏，注记尽量不压盖地物，字体、字大、字向应符合图式规定。

i. 图廓整饰。地形图整饰应符合规范要求，采用标准分幅（四角坐标注记坐标单位为 km）、图名、测图比例尺、内图廓线及其四角的坐标注记、外图廓线、坐标系统、高程系统、等高距、图式版本和测图时间、测图单位（小组名称）、接图表、图号、附注及其作业员信息等内容应标注完整正确。

j. 地形要素的配合处理。当房屋等建筑物边线与陡坎、斜坡、围墙等边线重合时，应以房屋等建筑物为准，其他地物可避让，移位 0.3mm（图上，下同）表示。当简易房、棚房以围墙为其墙时，以围墙表示简易房、棚房的墙。

双线路边与双线沟边重合时，双线沟边移位 0.2mm 表示；双线路边与单线沟边重合时，单线沟移位 0.3mm 表示；单线路边与双线沟边、单线沟边重合时，单线路移位 0.3mm 表示。

当两个地物中心重合或接近，难以同时准确表示时，可将较重要的地物准确表示，次要地物移位 0.3mm 或缩小 1/3 表示。

独立性地物与房屋、道路、水系等其他地物重合时，可中断其他地物符号，间隔 0.3mm，将独立性地物完整绘出。

房屋或围墙等高出地面的建筑物，直接建筑在陡坎或斜坡上，且建筑物边线与陡坎上沿线重合的，可用建筑物边线代替坡坎上沿线；当坎坡上沿线距建筑物边线很近时，可移位间隔 0.3mm 表示。

悬空建筑在水上的房屋与水涯线重合，可间断水涯线，房屋照常绘出。

水涯线与陡坎重合，可用陡坎边线代替水涯线；水涯线与斜坡脚线重合，仍应在坡脚将水涯线绘出。

双线道路与房屋、围墙等高出地面的建筑物边线重合时，可以建筑物边线代替路边线。道路边线与建筑物的接头处应间隔 0.3mm。

地类界与地面上有实物的线状符号重合，可省略不绘；与地面无实物的线状符号（如架空管线、等高线等）重合时，可将地类界移位 0.3mm 绘出。

等高线遇到房屋及其他建筑物，双线道路、路堤、路堑、坑穴、陡坎、斜坡、湖泊、双线河以及注记等均应中断。

A.2.6 数字测图成果质量检查与验收

（1）数字测图质量检查的重点。

a. 测图后期，各小组应遵循 GB/T 18316—2008 的要求，对采集成图的数据进行严格100%的检查处理，及时删除或修改错误的图形数据，组内认真组织超限数据的重测和错漏数据的补测。对检查修改后的数据，及时更新备份。

b. 数字测图依据野外记录室内编辑成图，易发生漏测、记错现象，质量检查应重点检查地物要素测量是否齐全、属性注记是否与实际相符合。

c. 野外地形特征点的施测如果密度不够、关键点位漏测，将造成等高线失真、不能如实反映客观实际地貌。应检查高程注记散点是否展绘出，其密度是否符合规定要求。

d. 数字测图测点点位精度主要依据控制点的精度质量，使用 GPS 进行控制测量也需要注意周边通信发射塔信号干扰、周边高层建筑的多路径效应等影响，认真检查所测控制点有无错误、精度是否超限，并统计出不合格率。生成控制点展点网图，小组间相互印证检查；也可小组间交换合作，抽样到现场实测控制点的坐标是否有误。

e. 测图软件预置了比较全面的各类信息图层，不同层颜色不同，重点检查绘图分层是否合理，是否有混层交叉现象；各层地形要素是否有重复、漏测现象。对于软件自身预置的一些不用的图层和各种线型、文字样式、图块等有无删除。

f. 数字测图改变了传统的制图模式，图幅分幅、图框是计算机自动完成的，接边精度高，可重点检查图名、图幅接合表、比例尺、图号坐标、施测时间、测绘单位、坐标系统、等高距、图廓间注记等信息是否正确、完整。

（2）数字地形图成果质量检查的内容。地物要素的完整性、正确性；地形要素分层的合理性；地物各层是否有重复的要素；地物各层是否有混层现象；图形编辑的完整性；各层颜色选择的正确性；注记大小、字体、字向与配置的正确、易读性；图面是否整洁美观、易读，地物的重叠处理的正确性；图廓内外信息的完整、正确性。

数字地形图是 GIS 数据库的重要信息源，因此必须检查地物属性代码选择的正确性、闭合图形的封闭性、结点的匹配精度，以及图形拓扑关系的正确性和数据文件名称、数据格式、数据组织的正确、完整性等。

（3）检查依据。

a. GB/T 14912—2005《1∶500 1∶1000 1∶2000 外业数字测图技术规程》；

b. GB/T 20257.1—2007《国家基本比例尺地图图式 第 1 部分：1：500 1：1000 1：2000 地形图图式》；

c. GB 50026—2007《工程测量规范》；

d. CJJ/T 8—2011《城市测量规范》；

e. GB/T 17941—2008《数字测绘成果质量要求》；

f. GB/T 18316—2008《数字测绘成果质量检查与验收》。

(4) 成果质量检查指标。

a. 点位精度。检查内容为明显的地物，如房屋的角点、道路的拐点、雨箅中心等。要求点位误差小于0.15m。

b. 边长精度。检查内容为明显的地物，如房屋的长度、道路的宽度等。要求相邻地物点间距与标准值相比应不大于0.15m。

c. 高程检查。检查内容为明显的地物，如井盖、道路的中心及变坡点等。要求高程注记点相对于邻近图根点的高程误差小于测图比例尺基本等高距的1/3（0.15m）。需要绘制等高线的区域是否进行等高线绘制。

d. 错误。成果图不合图式要求、坐标精度有误、图面地物与实地不符、要素重复、错层现象较多可直接判定成绩为不及格。

e. 测图的完整性（详细程度、漏测情况）。

f. 图形整饰（符号和注记正确性；字体方向正确性、大小是否一致；图形封闭性和节点精度；图面是否无压重、清晰易读、图形是否美观一致；图廓信息是否完整、正确等各项评价分值各占20%），所有错误必须返回重新修改直至合格，否则实训成绩不及格。

A.2.7 技术总结

前述所有任务完成后，整理全部成果，并开小组会议编写大比例尺数字地形图测绘技术总结报告，每人一份。技术总结报告编写提纲：

(1) 完成任务情况。

a. 任务来源、测区范围、遵守的技术要求、规范和图式；

b. 施测小组及人员、工作起止日期、实际完成的工作量。

(2) 利用资料情况。

a. 利用资料的施测单位、时间；

b. 坐标系统、采用仪器、观测方法、实测范围；

c. 利用资料的精度情况；

d. 对利用资料的检查分析和技术评价。

(3) 平面控制测量。

a. 坐标系统和起算数据；

b. 图形布置、点位设置及其数量；

c. 使用仪器、观测方法和计算方法；

d. 精度情况：方位角闭合差和全长相对闭合差。

(4) 高程控制测量。

a. 高程系统和起算数据；

b. 图形布置、点位设置及其数量；

c. 使用仪器、观测方法和计算方法；

d. 精度情况。

(5) 地形图测绘。

a. 使用仪器、成图方法及其图幅的划分；

b. 地物、地貌的取舍情况；

c. 检查项目、方法步骤和检查结果；

d. 精度情况：实地测量距离和图上量测距离之比。

(6) 测绘工程质量检查的综合评述。

(7) 提交的资料和成果清单。

(8) 实习心得体会及建议。

A.3　实训要求

(1) 要保证原始记录清晰、整洁，秒和毫米位严禁改动，不得动用橡皮和就字改字。外业观测及计算成果精度要严格执行相关测量规范。

(2) 所有外业观测记录均使用2H铅笔记录。

(3) 根据各小组的外业控制测量资料，采用手算和程序计算两种方法，每个学生应独立完成图根控制测量成果的计算。

(4) 保证仪器和人身安全，野外作业时仪器工具必须安排有专人看管，每组组员要共同负起责任。

(5) 内业绘图必须每人负责绘制一幅地形图，检查并打印上交成果图。

A.4　实训组织

(1) 实习期间的组织工作由指导教师全面负责，教师应认真负责，学生可以随时通过手机、短信、QQ群联系指导老师，保证信息畅通。

(2) 实习以小组为单位进行，每组4人，指定一名组长，实行组长负责制，负责实训工作组织和分工、仪器与工具的清点和安全管理、工作进度安排和成果质量等事宜。

组长应合理安排各项实习内容，使每位学生对各项工作都有实践机会，每人轮换实习工作的组织实施与对外联络。不能盲目追求进度，组员间应团结协作、密切配合。

(3) 班级班委负责全班实训信息反馈、监督管理、仪器调度、中间过程成果和最后的成图质量专查，负责组织机房安全和卫生清洁工作。

A.5　安全教育

全体实习同学必须参加实习动员。实习动员会由实习带队老师主持，全体指导老师参加。实习动员需要加强学生的安全观念的教育，加强组织性和纪律性教育。同时明确本次实习目的、任务和要求。

A.6　实习成果上交资料

(1) 小组应交资料。

1) 控制测量外业观测记录手簿；

2) 图根控制点坐标、高程最终成果表（DAT格式）；

3) 小组所测控制点点之记、控制网图（DWG格式）；

4) 小组测绘的总体1∶500比例尺地形图（DWG格式）、以实际比例尺打印的A1纸张的测区地形图一幅（可根据测区大小采用任意分幅，打印出图面符合GB/T 17941—2008的规定）；

5) 以小组为单位上交的数字测图技术设计书、总结书（DOC格式）。

另外，还有小组的仪器检验和校正单，质量检查报告；以班级为单位的地形图分幅接合图表，班级专查汇总报告。

(2) 个人应交资料。

1) 个人计算的图根控制点坐标、高程平差计算手簿（导线计算必须手工计算，手工计算完成后可以使用经鉴定检验合格的平差软件计算，附软件计算的成果表和导线简图)。

2) 个人所绘碎部点采集草图记录；个人内业绘制的数字地形图一幅。

3) 实习日志：写明自己每日工作内容、存在问题及解决处理结果、感受、老师答疑情况等。

4) 实习报告：着重写工程概况，技术要求，所有实习项目内容，包括平面及高程控制测量方案（布网图)，工作内容与实施方法，计算成果表；成果资料内容，实习发现问题及解决处理措施；业务方面的收获体会。

A.7 质量保证措施和要求

(1) 实训质量检查流程，见图A-1。

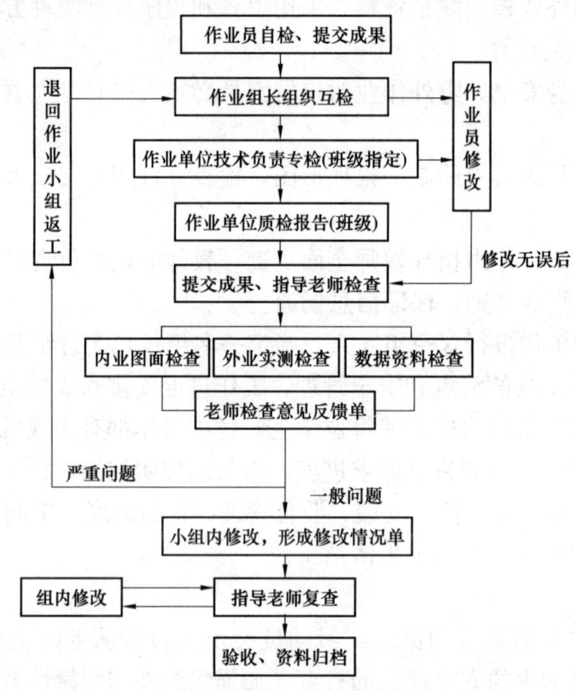

图A-1 实训质量检查流程

(2) 质量管理。实训作业严格进行质量管理，做好质量控制工作，提交各项检查资料。技术检查按照自查、互查和专查三级检查方法进行。自查由作业组完成，互查由组间完成。专查分一、二级检查，一级检查由班级为单位组织专人完成，二级检查由班级负责人完成，同时撰写技术检查报告；最后提交老师检验。一级检查是日常技术方法检查和资料随即检查，要求对资料、成果的检查量达到100%；二级检查是在宏观上要求在全部产品形成后抽查内业50%，外业30%，作出关于质量的结论。

1) 自查。自查主要是作业员对自己的产品进行全面认真的检查，内容包括地形图的内容及表示是否齐全、正确，首先由作业人员进行图幅核对检查，并进行修改，确认无误后提交作业组长检查。自查的比例：内业成果100%，外业不低于100%。

2) 互查。互查由作业组长检查或组织组间作业员互查，内容包括作业员提交的所有资料，然后根据内业检查情况，有重点地进行实地检查。

互查比例：内业成果100%，外业检查不低于30%。

3）专查。经作业组全面自检、互查后的成果成图，提交作业班级专查。专查人员可抽取各小组表现较认真负责的学生组成。专查的主要内容包括输出图件及各种成果资料，由班级指定的技术检查员进行全面的内业检查和重点的外业抽查，检查后形成检查记录，对查出的问题，会同作业员确认后修改。并编写检查报告，作出质量评价。

A.8　实习纪律及注意事项

（1）实习注意事项。

1）严格遵守学生手册中有关规定。

2）树立严肃认真的工作态度，严格执行有关数字化测图的相关的规定。

3）搞好组内和组间的团结协作。

4）加强组织性和纪律性，工作过程中不乱说、不打闹。

5）必须认真参加所有实习阶段的工作，出测和收测时要步调一致，更不得无故缺席。不得相互代替工作，一经发现按作弊处理。

6）对所领仪器和工具应精心照料、分工负责。对违章操作和保管不当造成损坏或遗失，按实验室制度由个人和小组负责赔偿。

7）在外作业时，来往车辆和行人较多，均应注意仪器和人身安全。遇到特殊情况时，应及时由组长向领导小组成员汇报。

（2）实习纪律。

1）要严格实习纪律，严格考勤制度，实习期间一般不准请假，凡特殊情况请假者，必须得到指导教师的同意。

2）实习期间安全第一，爱护公共财物，对实习工具造成损失的，无特殊事由一般由个人负责赔偿和维修。

3）实习期间各组组长认真负责，合理安排，每个实习同学都有练习的机会，组员之间要团结协作，密切配合。

A.9　实习成绩评定

（1）成绩评定依据。

1）小组和个人的外业与内业成果质量；

2）仪器操作考核；

3）个人外业、内业的出勤情况、工作态度和纪律状况。

（2）下列情况之一者，实习成绩为不及格。

1）缺席达 1 天以上者；

2）外业或内业资料不合格又拒绝重做者；

3）实习表现极差又不听劝告或严重违反实习纪律并造成恶劣影响者。

附录B 校内测图常用编码实例

B.1 控制点

C+数（1—图根点；2—导线点；3—水准点）

B.2 居民地

F——房角点（层数用数字表示在F后面即可）

F2——2层

Y—阳台，W—围墙点，M—门墩

Z—栅栏或支柱，ZT—铁丝网

T—亭廊 JSS—假石山 DX—塑像 Q—旗杆 LJT—垃圾台

B.3 交通

L—路 LB—路标 LD—路灯

B.4 管线

D+数（0—电线塔；1—低压线杆；2—高压线杆；3—通信线杆）

J—管线井盖（1—雨；2—污；3—给水；4—电力检修；5—电信人孔；6煤气天然气检修井；7—不明用途检修井）

XH—消火栓

B.5 植被土质

拟合边界： B（1—行树；2—狭长灌木；3—花圃；4—草地）

不拟合边界：H（1—行树；2—狭长灌木；3—花圃；4—草地）

A1—阔叶独立树；A2—针叶独立树；A3—果树独立树

B.6 地貌

K1—自然陡坎；K2—加固陡坎；u1—拟合自然陡坎；u2—拟合加固陡坎

G—高程

B.7 圆形物

Y+数（0半径，1—直径两端点；2—圆周三点）

参 考 文 献

[1] 陈练武. 计算机地质制图概论 [M]. 北京：西安地图出版社，2004.
[2] 李星宇. 数字地形图编辑方法 [J]. 测绘通报，2006.（11）：62－63.
[3] 纪勇. 数字测图 [M]. 北京：测绘出版社，2013.
[4] 潘正风，杨正尧，程效军，等. 数字测图原理与方法 [M]. 2 版. 武汉：武汉大学出版社，2009.
[5] 王年红. 测绘工程 CAD [M]. 北京：测绘出版社，2010.
[6] 徐泮林. 数字化成图-最新 Auto CAD 地形图测绘高级开发 [M]. 北京：地震出版社，2008.
[7] 徐绍铨，张华海，杨志强，等. GPS 测量原理及应用 [M]. 3 版. 武汉：武汉大学出版社，2012.
[8] 张博. 数字化测图 [M]. 北京：测绘出版社，2010.